智能制造应用型人才培养系列教程

|工|业|机|器|人|技|术|

工业机器人编程操作

（ABB 机器人）

张明文 于霜◆主编

王伟 葛晓忠◆副主编 霰学会◆主审

微课 附 视频

人民邮电出版社

北京

图书在版编目（CIP）数据

工业机器人编程操作 : ABB机器人 / 张明文，于霜主编. -- 北京 : 人民邮电出版社，2020.5
智能制造应用型人才培养系列教程. 工业机器人技术
ISBN 978-7-115-52761-5

Ⅰ. ①工… Ⅱ. ①张… ②于… Ⅲ. ①工业机器人—程序设计—教材 Ⅳ. ①TP242.2

中国版本图书馆CIP数据核字(2019)第267612号

内 容 提 要

本书从 ABB 机器人应用过程中需掌握的技能出发，由浅入深、循序渐进地介绍了 ABB 机器人编程及操作。全书共分为 8 章，内容包括 ABB 机器人简介、ABB 机器人编程与操作、工业机器人系统外围设备的应用、激光雕刻应用、码垛应用、仓储应用、伺服定位控制应用及综合应用。通过学习本书，读者可对 ABB 机器人实际使用过程有一个全面清晰的认识。

本书图文并茂，通俗易懂，具有很强的实用性和可操作性，既可作为本科学校和职业院校工业机器人、智能制造等相关专业的教材，也可作为 ABB 机器人培训机构用书，同时还可供相关行业的技术人员阅读参考。

◆ 主　　编　张明文　于　霜
　副 主 编　王　伟　葛晓忠
　主　　审　霰学会
　责任编辑　刘晓东
　责任印制　王　郁　马振武

◆ 人民邮电出版社出版发行　　北京市丰台区成寿寺路 11 号
　邮编　100164　　电子邮件　315@ptpress.com.cn
　网址　https://www.ptpress.com.cn
　北京捷迅佳彩印刷有限公司印刷

◆ 开本：787×1092　1/16
　印张：14.5　　　2020 年 5 月第 1 版
　字数：276 千字　　　2024 年 9 月北京第 6 次印刷

定价：46.00 元

读者服务热线：(010)81055256　印装质量热线：(010)81055316
反盗版热线：(010)81055315
广告经营许可证：京东市监广登字 20170147 号

序　一

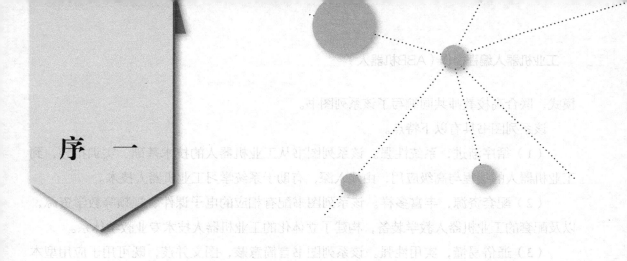

现阶段，我国制造业面临资源短缺、劳动力成本上升、人口红利减少等压力，而工业机器人的应用与推广，将极大地提高生产效率和产品质量，降低生产成本和资源消耗，有效地提高我国工业制造的竞争力。我国《机器人产业发展规划（2016—2020年）》强调："机器人既是先进制造业的关键支撑装备，也是改善人类生活方式的重要切入点。"广泛采用工业机器人，对促进我国先进制造业的崛起有着十分重要的意义。"机器换人，人用机器"的新型制造方式有效推进了工业转型升级。

工业机器人作为集众多先进技术于一体的现代制造业装备，自诞生至今已经取得了长足进步。当前，新科技革命和产业变革正在兴起，全球工业竞争格局面临重塑，世界各国紧抓历史机遇，纷纷出台了一系列国家战略：美国的"先进制造业国家战略计划"、德国的"工业4.0"计划、"欧盟2020"战略等。伴随机器人技术的快速发展，工业机器人已成为柔性制造系统（FMS）、自动化工厂（FA）、计算机集成制造系统（CIMS）等先进制造业的关键支撑装备。

随着工业化和信息化的快速推进，我国工业机器人市场已进入高速发展时期。国际机器人联合会（IFR）统计显示，截至2016年，我国已成为全球最大的工业机器人市场。未来几年，我国工业机器人市场仍将保持高速的增长态势。然而，现阶段我国机器人技术人才匮乏，与巨大的市场需求严重不协调。从国家战略层面而言，推进智能制造的产业化发展，工业机器人技术人才的培养首当其冲。

目前，许多应用型本科学校、职业院校和技工院校纷纷开设工业机器人相关专业，但普遍存在师资力量缺乏、配套教材资源不完善、工业机器人实训装备不系统、技能考核体系不完善等问题，导致无法培养出企业需要的专业机器人技术人才，严重制约了我国机器人技术的推广和智能制造业的发展。江苏哈工海渡教育科技集团有限公司依托哈尔滨工业大学在机器人方向的研究实力，根据企业需求，按照产、学、研、用相结合的模式，联合高校教师共同编写了该系列图书。

该系列图书具有以下特点。

（1）循序渐进，系统性强。该系列图书从工业机器人的技术基础、实训指导，到工业机器人的编程与高级应用，由浅入深，有助于系统学习工业机器人技术。

（2）配套资源，丰富多样。该系列图书配有相应的电子课件、视频等教学资源，以及配套的工业机器人教学装备，构建了立体化的工业机器人技术专业教学体系。

（3）通俗易懂，实用性强。该系列图书言简意赅，图文并茂，既可用于应用型本科学校、职业院校和技工院校的工业机器人应用型人才培养，也可供从事工业机器人操作、编程、运行、维护与管理等工作的技术人员学习参考。

（4）覆盖面广，应用广泛。该系列图书介绍了国内外主流品牌机器人的编程、应用等相关知识，顺应国内机器人产业人才发展需要，符合制造业人才发展规划。

该系列图书结合实际应用，教、学、用有机结合，有助于读者系统学习工业机器人技术基础知识和强化、提高实践能力。该系列图书的出版发行，必将提高我国工业机器人专业的教学效果，全面促进我国工业机器人技术人才的培养和发展，大力推进我国智能制造产业变革。

中国工程院院士 蔡鹤皋

2017年6月于哈尔滨工业大学

序　二

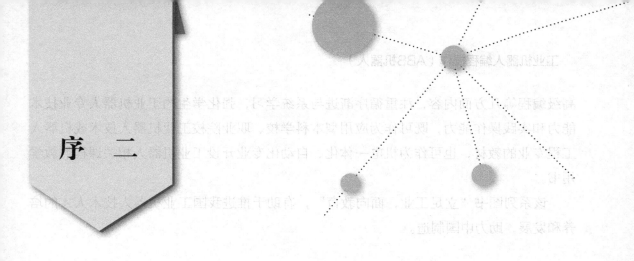

机器人技术自出现至今短短几十年取得了长足进步，伴随产业变革的兴起和全球工业竞争格局的全面重塑，机器人产业发展越来越受到世界各国的高度关注，主要经济体纷纷将发展机器人产业上升为国家战略，提出“以先进制造业为重点战略，以‘机器人’为核心发展方向”，并将此作为保持和重获制造业竞争优势的重要手段。

工业机器人是目前技术发展最成熟且应用最广泛的一类机器人。工业机器人现已广泛应用于汽车及零部件制造、电子、机械加工、模具生产等行业以实现自动化生产，并参与焊接、装配、搬运、打磨、抛光、注塑等生产制造过程。工业机器人的应用，既保证了产品质量，提高了生产效率，又避免了大量工伤事故，有效推动了企业和社会生产力发展。作为先进制造业的关键支撑装备，工业机器人影响着人类生活和经济发展的方方面面，已成为衡量一个国家科技创新和高端制造业水平的重要标志。

当前，随着劳动力成本上涨、人口红利逐渐消失，生产方式向柔性、智能、精细转变，我国制造业转型升级迫在眉睫。全球新一轮科技革命和产业变革与我国制造业转型升级形成历史性交汇，我国已经成为全球最大的机器人市场。大力发展工业机器人产业，对于打造我国制造业新优势、推动工业转型升级、加快制造强国建设、改善人民生活水平具有深远意义。

我国工业机器人产业迎来爆发性的发展机遇，然而，现阶段我国工业机器人领域人才储备严重不足，对企业而言，从工业机器人的基础操作维护人员到高端技术人才普遍存在巨大缺口，缺乏经过系统培训、能熟练安全操作工业机器人的专业人才。现代工业是立国的基础，需要有与时俱进的职业教育和人才培养配套资源。

由江苏哈工海渡教育科技集团有限公司联合众多高校和企业共同编写完成的本系列图书，依托于哈尔滨工业大学的先进机器人研究技术，综合企业实际用人需求，充分贯彻了现代应用型人才培养“淡化理论，技能培养，重在运用”的指导思想。该系列图书涵盖了国际主流品牌和国内主要品牌机器人的实用入门、实训指导、技术基础、高级编程等几方面内容，注重循序渐进与系统学习，强化学生的工业机器人专业技术能力和实践操作能力，既可作为应用型本科学校、职业院校工业机器人技术或机器人工程专业的教材，也可作为机电一体化、自动化专业开设工业机器人相关课程的教学用书。

该系列图书“立足工业，面向教育”，有助于推进我国工业机器人技术人才的培养和发展，助力中国制造。

中国科学院院士

2017 年 6 月

前 言

习近平总书记在党的二十大报告中深刻指出，“培养造就大批德才兼备的高素质人才，是国家和民族长远发展大计”，并且强调要大力弘扬劳模精神、劳动精神、工匠精神，激励更多劳动者特别是青年一代走技能成才、技能报国之路。本书全面贯彻党的二十大报告精神， 以习近平新时代中国特色社会主义思想为指导，结合企业生产实践，科学选取典型案例题材和安排学习内容，在学习者学习专业知识的同时，激发爱国热情、培养爱国情怀，树立绿色发展理念，培养和传承中国工匠精神，筑基中国梦。

机器人是先进制造业的重要支撑装备，也是未来智能制造业的关键切入点，工业机器人作为机器人家族中的重要一员，是目前技术最成熟、应用最广泛的一类机器人。然而，现阶段我国工业机器人领域人才供需失衡，缺乏经系统培训的、能熟练安全操作和维护工业机器人的专业人才。针对当前情况，为了更好地推广工业机器人技术应用和加速推进人才培养，我们编写了这本工业机器人技术教材。

本书以ABB机器人为主，结合江苏哈工海渡教育科技集团有限公司的工业机器人技能考核实训台（标准版），遵循“由简入繁、软硬结合、循序渐进”的编写原则，依据ABB机器人编程与操作的需要，科学设置知识点，以IRB 120为典型，结合实训台的模块，以激光雕刻应用、码垛应用、仓储应用、伺服定位控制应用和综合应用等案例进行讲解，倡导实用性教学，有助于激发学生的学习兴趣，提高教师的教学效率，便于初学者在短时间内全面、系统地了解机器人的编程与操作。本书的案例应用按照项目的开发顺序，系统、全面地介绍了工业机器人项目开发的流程，从项目任务分析、系统组成及配置、程序设计到编程调试，每一流程都进行了详细的介绍。

本书的参考学时为22学时，建议采用理论实践一体化教学模式，各章的参考学时见下面的学时分配表。

章	课程内容	学时分配
第 1 章	ABB 机器人简介	3

续表

章	课程内容	学时分配
第 2 章	ABB 机器人编程与操作	6
第 3 章	工业机器人系统外围设备的应用	3
第 4 章	激光雕刻应用	2
第 5 章	码垛应用	2
第 6 章	仓储应用	2
第 7 章	伺服定位控制应用	2
第 8 章	综合应用	2
学时总计		22

本书由哈工海渡机器人学院的张明文和苏州工业职业技术学院于霜任主编，王伟和葛晓忠任副主编，由霰学会主审，参加编写的还有顾三鸿、朱巍峰、周信、杨扬、李闻、华成宇。全书由张明文统稿，具体编写分工如下：于霜编写第1章；顾三鸿编写第2章；朱巍峰编写第3章；王伟和葛晓忠编写第4章、第5章；周信和杨扬编写第6章；李闻和华成宇编写第7章、第8章。本书编写过程中，得到了哈工大机器人集团和ABB（中国）有限公司的有关领导、工程技术人员，以及哈尔滨工业大学相关教师的鼎力支持与帮助，在此表示衷心的感谢！

由于编者水平有限，书中难免存在不妥之处，希望广大读者批评指正。

编　者

2023年5月

目　录

第1章 ABB机器人简介

【学习目标】

（1）了解ABB机器人的发展历程。

（2）了解工业机器人的行业概况。

（3）了解ABB机器人的产品系列。

工业机器人是集机械、电子、控制、计算机、传感器等多学科于一体的自动化装备。本章主要介绍ABB机器人的发展历程、工业机器人的行业概况、ABB机器人的产品系列等。通过本章的学习，可使读者了解ABB机器人的基本概念。

1.1 ABB 概述

1.1.1 ABB企业介绍

微课视频

ABB 概述和 ABB 工业机器人的行业概况

ABB集团总部位于瑞士苏黎世，位列全球500强企业，由瑞典的阿西亚公司和瑞士的布朗勃法瑞公司于1988年合并而成。作为电力和自动化技术领域的领导企业，ABB集团下设五大业务部门，分别为电力产品部、电力系统部、离散自动化与运动控制部、低压产品部和过程自动化部，业务遍布100多个国家。

ABB集团是工业机器人供应商，同时提供工业机器人软件、外设、模块化制造单元及相关服务，是目前全球唯一一家完整拥有汽车制造四大工艺技术，即冲压、焊接、喷涂和总装的工业机器人厂家。ABB集团旗下拥有30余款机器人产品和解决方案，已被广泛地应用于汽车制造、食品饮料、塑料、金属加工、铸造、电子、机床、制药等众多行业的焊接、装配、搬运、喷涂、精加工、包装和码垛等不同的作业环节，已在世界各地安装了超过30万台机器人，帮助客户大幅提高生产效率的同时，还可为最终用户提供全面的工艺和整体解决方案。

1.1.2 ABB机器人发展历程

ABB集团作为世界上最大的工业机器人制造公司之一，其技术在不断进步的同时也取得了一系列具有代表性的成果。

1969年，ABB售出全球第一台喷涂机器人，如图1-1所示。

1974年，ABB向瑞典南部一家机械工程公司交付了全球首台微机控制电动工业机器人——IRB 6机器人，如图1-2所示。IRB 6机器人已于1972年获发明专利。

图 1–1　首台喷涂机器人

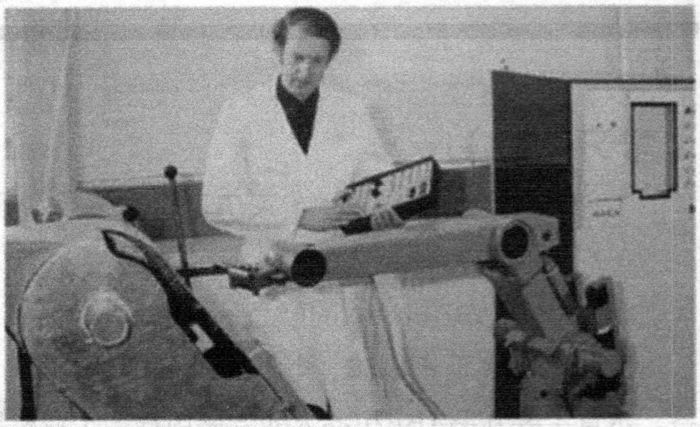

图 1–2　微机控制电动工业机器人——IRB 6 机器人

1979年，ABB推出首台电动点焊机器人（IRB 60机器人）。

1983年，ABB推出控制系统S2。该系统具有出色的人机界面（HMI），采用菜单式编程，配备工具中心点（TCP）控制功能和操纵杆，可实现多轴控制。

1986年，ABB推出有效负载为10kg的IRB 2000机器人，这是全球首台由交流电机驱动的工业机器人。其采用无间隙齿轮箱，工作范围大，精度高。

1991年，ABB推出有效负载为200kg的IRB 6000大功率机器人。该工业机器人采用模块化结构设计，是当时市场上速度最快、精度最高的点焊机器人。同年，ABB集团率先在喷涂机器人中采用中空手腕，使喷涂机器人手部的运动速度更快、更灵活。

1994年，ABB推出控制系统S4，该系统方便易用（采用Windows人机界面），采用全动态模型和Flexible Rapid编程语言。

1998年，ABB推出FlexPicker机器人——当时世界上速度最快的拾放料机器人；同年，推出首套基于虚拟控制器、与实际控制等效的仿真工具RobotStudio，极大地方便了工业机器人离线编程，如图1-3所示。

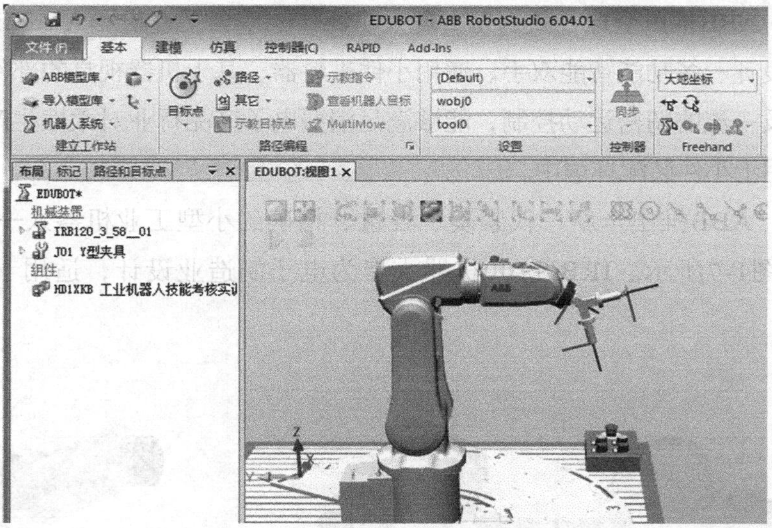
EDUBOT - ABB RobotStudio 6.04.01
文件(F)
基本
建模
仿真
控制器(C)
RAPID
Add-Ins
ABB模型库
导入模型库
机器人系统
目标点
路径
其它
示教目标点
示教指令
查看机器人目标
MultiMove
(Default)
wobj0
tool0
同步
大地坐标
建立工作站
路径编程
设置
控制器
Freehand
布局
标记
路径和目标点
EDUBOT:视图1
EDUBOT*
机械装置
IRB120_3_58__01
J01 Y型夹具
组件
HD1XKB 工业机器人技能考核实训

图 1-3 RobotStudio 离线编程软件

2001年，ABB推出全球首台有效负载高达500 kg的工业机器人——IRB 7600机器人，如图1-4所示。

2002年，ABB推出VirtualArc软件———种真实弧焊仿真工具，机器人焊接工程师可通过该工ABB具实现对MIG/MAG焊接过程的完全“离线”控制。同年，在EuroBLECH展览会上推出IRB 6600机器人———种可向后弯曲的大功率工业机器人。

2004年，ABB推出新型机器人控制器IRC 5，如图1-5所示。该控制器采用模块化结构设计，是一种全新的按照人机工程学原理设计的Windows界面装置，可通过MultiMove功能实现多机器人（最多4台）完全同步控制，从而为机器人控制器确立了新标准。

图 1-4 IRB 7600 机器人

图 1-5 IRC 5 控制器

2005年，ABB推出55种新产品和机器人功能，包括4种新型工业机器人：IRB 660机器人、IRB 4450S机器人、IRB 1600机器人和IRB 260机器人。

2015年，ABB推出全球首款真正实现人机协作的双臂工业机器人YuMi，如图1-6所示。其双臂设计、多功能智能双手、通用小件进料器、基于机器视觉的部件定位、引导式编程，以及一流的精密运动控制，能够满足消费电子产品行业对柔性生产和灵活制造的需求，应用于小件装配环境中。

2017年，ABB推出全新一代紧凑、轻量、精确的小型工业机器人——IRB 1100机器人，如图1-7所示。IRB 1100机器人专为电子制造业设计，适用于小件搬运与装配。

图 1-6　双臂工业机器人 YuMi

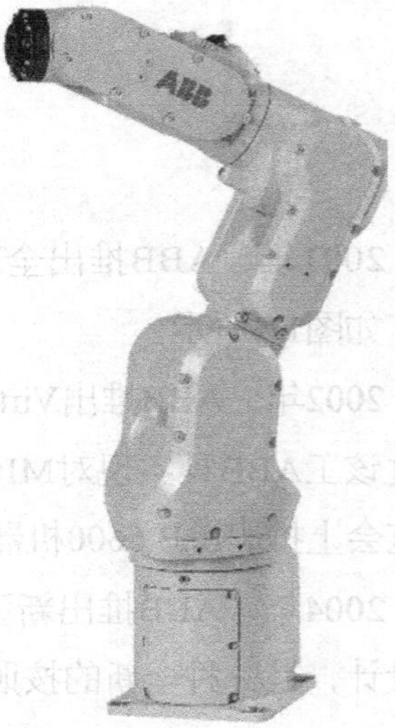

图 1-7　IRB 1100 机器人

1.2 工业机器人的行业概况

1.2.1 工业机器人的市场分析

据统计，2017年1～12月我国工业机器人产量为131 079套，累计增长68.1%。2017年我国工业机器人销量首次超过11万台，增长率为22.94%，市场份额达260亿元，我国已连续5年成为全球工业机器人最大市场。截至2017年12月底，我国工业机器人企业的总数为6 472家，年增长率为35.8%。随着我国新增工业机器人产能的进一步释放，我国工业机器人产量增长仍将持续。图1-8为2012～2017年我国工业机器人产业销量及增长率情况。

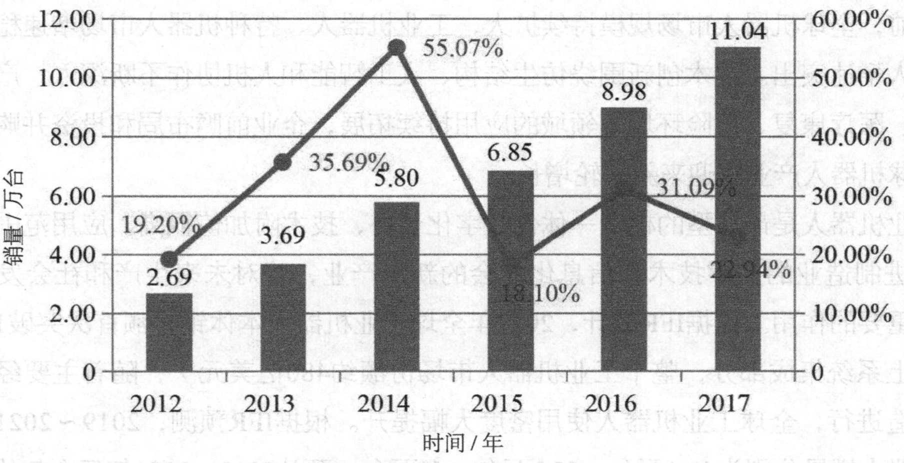
12.00
10.00
8.00
6.00
4.00
2.00
0
销量/万台
60.00%
50.00%
40.00%
30.00%
20.00%
10.00%
0
2.69
3.69
5.80
6.85
8.98
11.04
19.20%
35.69%
55.07%
18.10%
31.09%
22.94%
2012
2013
2014
2015
2016
2017
时间/年

图 1-8 2012 ~ 2017 年我国工业机器人产业销量及增长率

（数据来源：中研普华数据库）

目前，工业机器人制造是各大装备制造商纷纷介入的一块领域，无论是传统的机械制造企业还是电气企业都希望能在工业机器人市场分上一杯羹。可以预见，未来国内工业机器人制造商所面临的竞争不单单来自国外企业，如ABB、FANUC、KUKA和YASKAWA四大巨头等，更有来自国内跨行业的企业，行业的竞争程度将会更加激烈。

图1-9为外资品牌工业机器人厂商市场份额，其中ABB集团占比15.7%。ABB集团是全球电力和自动化技术领域的领导企业，致力于为工业、能源、电力、交通和建筑等行业客户端提供解决方案。ABB机器人不仅广泛地应用于传统的汽车工业，而且在3C、食品和饮料、医药、饲料加工等领域也不断拓展新的应用。

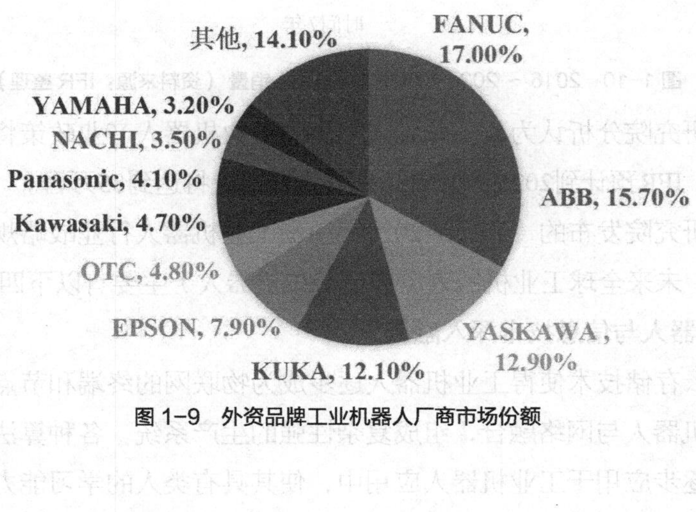
其他, 14.10%
FANUC, 17.00%
YAMAHA, 3.20%
NACHI, 3.50%
Panasonic, 4.10%
Kawasaki, 4.70%
OTC, 4.80%
EPSON, 7.90%
KUKA, 12.10%
YASKAWA, 12.90%
ABB, 15.70%

图 1-9 外资品牌工业机器人厂商市场份额

1.2.2 工业机器人未来前景

目前，全球机器人市场规模持续扩大，工业机器人、特种机器人市场增速稳定，服务机器人增速突出。技术创新围绕仿生结构、人工智能和人机协作不断深入，产品在教育陪护、医疗康复、危险环境等领域的应用持续拓展，企业前瞻布局和投资并购异常活跃，全球机器人产业正迎来新一轮增长。

工业机器人是最典型的机电一体化数字化装备，技术附加值很高，应用范围很广，作为先进制造业的支撑技术和信息化社会的新兴产业，将对未来生产和社会发展起着越来越重要的作用。根据IFR统计，2017年全球工业机器人本体销售额首次突破162亿美元（加上系统集成部分，整个工业机器人市场份额约480亿美元），随着主要经济体自动化改造进行，全球工业机器人使用密度大幅提升。根据IFR预测，2019～2021年世界工业机器人销量分别为48.4万台、55.3万台、63万台，预计2019～2021年复合年均增长率（CAGR）达到14%，2016～2021年世界工业机器人销量如图1-10所示。

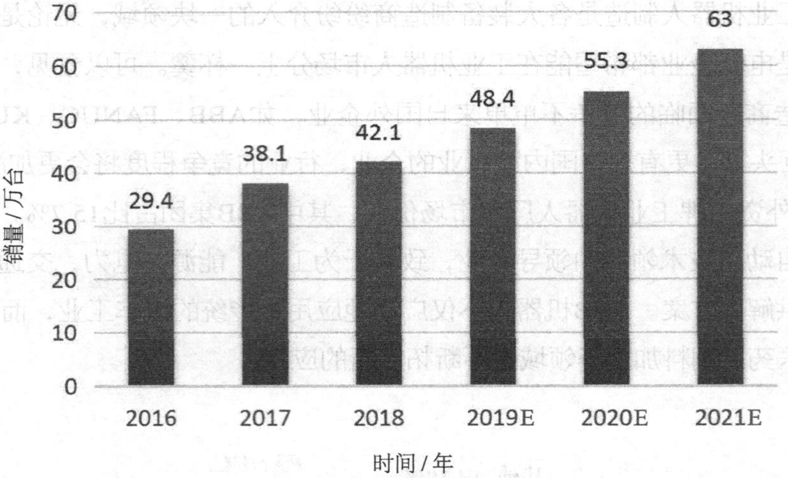

销量/万台
70
60
50
40
30
20
10
0
29.4
38.1
42.1
48.4
55.3
63
2016
2017
2018
2019E
2020E
2021E
时间/年

图 1-10　2016～2021 年世界工业机器人销量（资料来源：IFR 整理）

前瞻产业研究院分析认为，工业大国提出的工业机器人产业政策将促使工业机器人市场持续增长，IFR预计到2025年全球工业机器人销量将达到85万台。

前瞻产业研究院发布的《2018—2023年中国工业机器人行业战略规划和企业战略咨询报告》认为，未来全球工业机器人（包括ABB机器人）主要有以下四大趋势。

1. **工业机器人与信息技术深入融合**

大数据和云存储技术使得工业机器人逐步成为物联网的终端和节点。信息技术的快速发展将工业机器人与网络融合，组成复杂性强的生产系统，各种算法如蚁群算法、免疫算法等可以逐步应用于工业机器人应用中，使其具有类人的学习能力，多台工业机器人协同技术使一套生产解决方案成为可能。

2. 工业机器人产品易用性与稳定性提升

随着工业机器人标准化结构、集成一体化关节、自组装与自修复等技术的改善，工业机器人的易用性与稳定性不断被提高。

（1）工业机器人的应用领域已经从较为成熟的汽车、电子产业延展至食品、医疗、化工等更广泛的制造领域，服务领域和服务对象的不断增加，促使工业机器人本体向体积小、应用广的特点发展。

（2）工业机器人成本快速下降。工业机器人技术和工艺日趋成熟，工业机器人初期投资相较于传统专用设备的价格差距缩小，在个性化程度高、工艺和流程烦琐的产品制造中，使用机器人替代传统专用设备具有更高的经济效率。

（3）人机关系发生深刻改变。例如，工人和工业机器人共同完成目标时，工业机器人能够通过简易的感应方式理解人类语言、图形、身体指令，利用其模块化的插头和生产组件，免除工人复杂的操作。现有阶段的人机协作存在较大的安全问题，尽管具有视觉和先进传感器的轻型工业机器人已经被开发出来，但是目前仍然缺乏可靠安全的工业机器人协作的技术规范。

3. 工业机器人向模块化、智能化和系统化方向发展

目前全球推出的工业机器人产品向模块化、智能化和系统化方向发展。

（1）模块化解决了传统工业机器人的构型仅能适用有限范围的问题。工业机器人的研发更趋向于采用组合式、模块化的产品设计思路。重构模块化可帮助用户解决产品品种、规格与设计制造周期和生产成本之间的矛盾。例如，关节模块中伺服电机、减速机和检测系统的三位一体化，由关节、连杆模块重组的方式构造工业机器人整机。

（2）工业机器人产品向智能化方向发展。工业机器人的控制系统向开放性控制系统集成方向发展，伺服驱动技术向非结构化、多移动工业机器人系统改变，工业机器人协作已经不仅是控制的协调，而是工业机器人系统的组织与控制方式的协调。

（3）工业机器人技术不断延伸。目前，工业机器人产品正在嵌入工程机械、食品机械、实验设备、医疗器械等传统装备中。

4. 新型智能工业机器人市场需求增加

新型智能工业机器人，尤其是具有智能性、灵活性、合作性和适应性的工业机器人需求持续增长。

（1）智能工业机器人的精细作业能力被进一步提升，对外界的适应感知能力不断增强。在工业机器人精细作业能力方面，波士顿咨询集团调查显示，最近进入工厂和实验室的工业机器人具有明显不同的特质，它们能够完成精细化的工作内容，如组装微小

的零部件，预先设定程序的工业机器人不再需要专家的监控。

（2）市场对工业机器人灵活性方面的需求不断提高。例如雷诺使用了一批29kg的拧螺丝工业机器人，它们在仅有1.3m的机械臂中嵌入6个旋转接头，机器臂便能灵活操作。

（3）工业机器人与人协作能力的要求不断增强。未来工业机器人能够靠近工人执行任务，新一代智能工业机器人采用声呐、摄像头或者其他技术感知工作环境是否有人，如有碰撞可能它们会减慢速度或者停止运作。

1.3 ABB机器人产品系列

ABB机器人产品包括通用六轴、Delta、SCARA、四轴码垛等多个型式，负载涵盖了3~800kg，其典型产品具体介绍如下。

微课视频

ABB 机器人的产品

1. IRB 120机器人

IRB 120机器人是ABB迄今最小的多用途工业机器人，仅重25kg，额定负载3kg，工作范围达580mm，是具有低投资、高产出优势的经济可靠之选；常用于装配、物料搬运等，如图1-11所示。

2. IRB 1410机器人

IRB 1410机器人采用优化设计，专为弧焊而优化，额定负载5kg，工作范围达1 440mm，设送丝机走线安装孔，为机械臂搭载工艺设备提供便利。该机器人控制器内置各项人性化弧焊功能，可通过示教器进行操控，如图1-12所示。

3. IRB 1600机器人

IRB 1600机器人的有效负载可选择6kg或8kg（无手腕时最高可达12kg），是同级别工业机器人中功率最强大的一款产品，真正实现物尽其用；主要应用于模铸、注塑等，如图1-13所示。

图 1-11　IRB 120 机器人

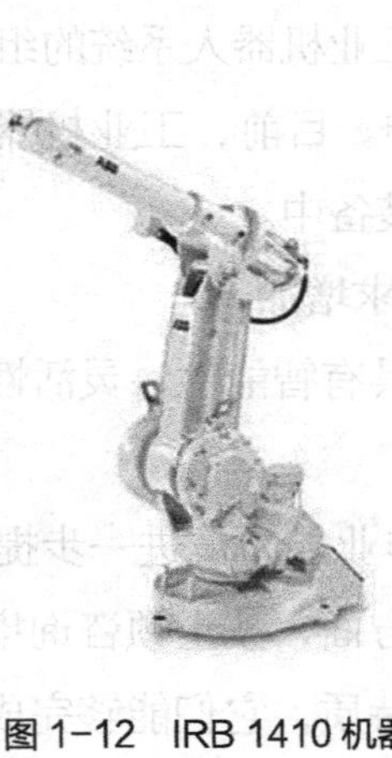

图 1-12　IRB 1410 机器人

图 1-13　IRB 1600 机器人

4. IRB 2400机器人

IRB 2400机器人是同类产品中比较受欢迎的一款工业机器人，能最大程度提高弧焊、加工、上下料等应用的生产效率，如图1-14所示。

5. IRB 52机器人

IRB 52机器人是一款紧凑型喷涂工业机器人，配备的集成工艺系统（IPS）由换色阀、空气与涂料调节阀等组成，确保高质量、高精度的工艺调节，最终实现高品质涂装，并减少涂料消耗，如图1-15所示。

6. IRB 260机器人

IRB 260机器人容易与包装线集成，工作范围更靠近底座，最大限度缩小了占地面积。该工业机器人重量轻、高度低，可轻松嵌入紧凑型生产工作站，是包装应用的理想之选，如图1-16所示。

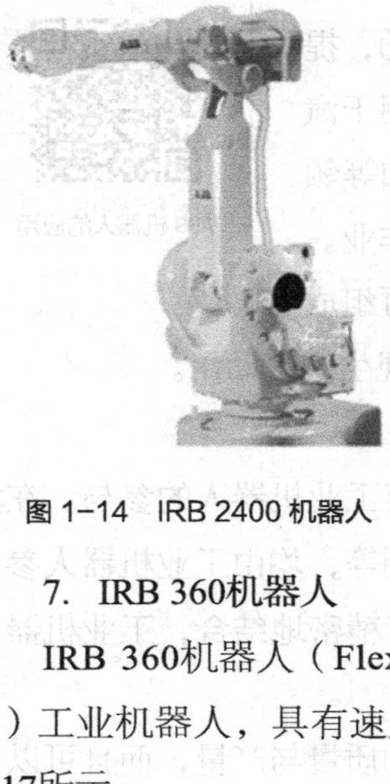

图 1-14 IRB 2400 机器人

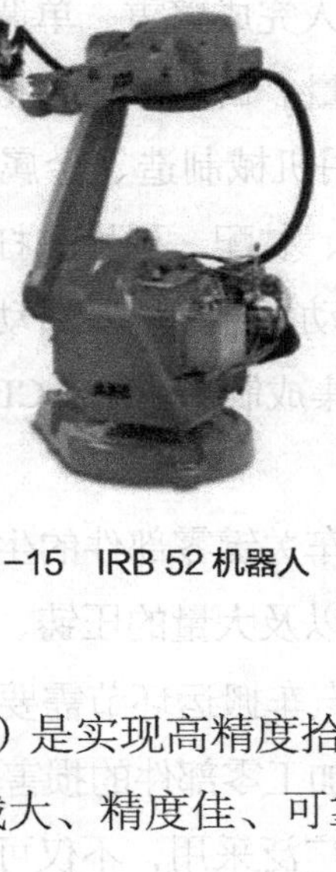

图 1-15 IRB 52 机器人

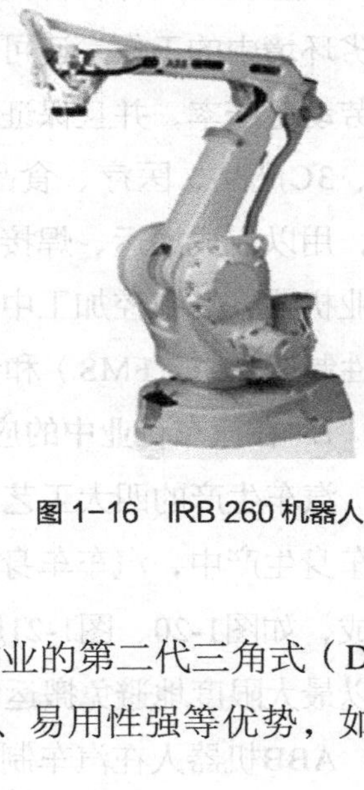

图 1-16 IRB 260 机器人

7. IRB 360机器人

IRB 360机器人（FlexPickerTM）是实现高精度拾放料作业的第二代三角式（Delta）工业机器人，具有速度快、负载大、精度佳、可靠性高、易用性强等优势，如图1-17所示。

8. IRB 910SC机器人

IRB 910SC机器人是SCARA家族的产品，适用于需要快速、重复、连贯点位运动的通用应用，如码垛、卸垛、上下料和装配等，如图1-18所示。

9. IRB 14000机器人

IRB 14000机器人（YuMi）是双臂工业机器人，能够与人类进行近距离协作。它拥有轻量化的刚性镁铝合金骨架以及被软性材料包裹的塑料外壳，能够很好地缓冲对外部的物体撞击。此外，YuMi机器人采用紧凑型设计，人体尺寸和人类肢体动作，这会让其人类同事感到安全舒适，如图1-19所示。

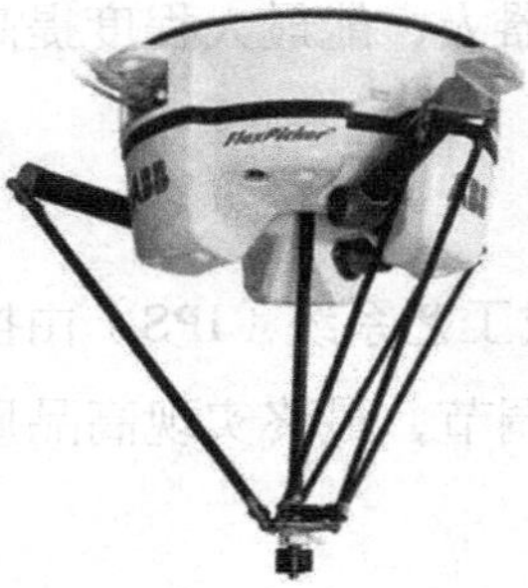

图 1-17　IRB 360 机器人

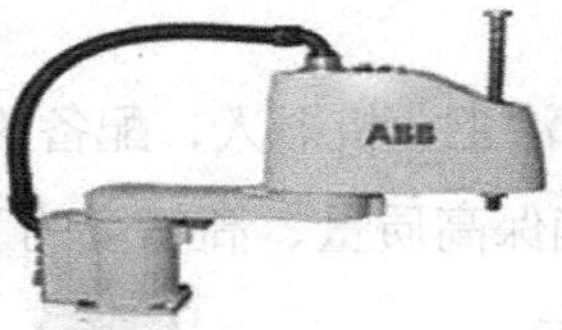
ABB

图 1-18　IRB 910SC 机器人

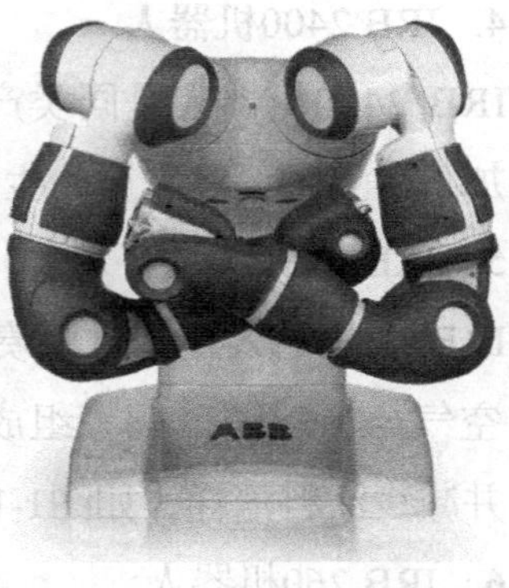
ABB

图 1-19　IRB 14000（YuMi）机器人

1.4 ABB机器人的应用

工业机器人可以替代人从事危险、有害、有毒、低温和高热等恶劣环境中的工作，还可以替代人完成繁重、单调的重复劳动，提高劳动生产率，并且保证产品质量。目前，ABB机器人主要用于汽车、3C产品、医疗、食品、通用机械制造、金属加工、船舶等领域，用以完成搬运、焊接、喷涂、装配、码垛和打磨等复杂作业。工业机器人与数控加工中心、自动引导车以及自动检测系统可组成柔性制造系统（FMS）和计算机集成制造系统（CIMS），实现生产自动化。

微课视频

ABB 机器人的应用

1. **在汽车行业中的应用**

汽车生产的四大工艺以及汽车关键零部件的生产都需要有工业机器人的参与。在汽车车身生产中，汽车车身的喷涂以及大量的压铸、焊接、检测等，均由工业机器人参与完成，如图1-20、图1-21所示。汽车搬运环节需要和生产环节精密地结合，工业机器人可以最大限度地避免搬运中对于加工零部件的损害。

ABB机器人在汽车制造业的广泛采用，不仅可提高产品的质量与产量，而且可以保障人身安全，改善劳动环境，减轻劳动强度，提高劳动生产率，节约原材料以及降低生产成本，有助于企业打造自动化生产线，实现智能生产。

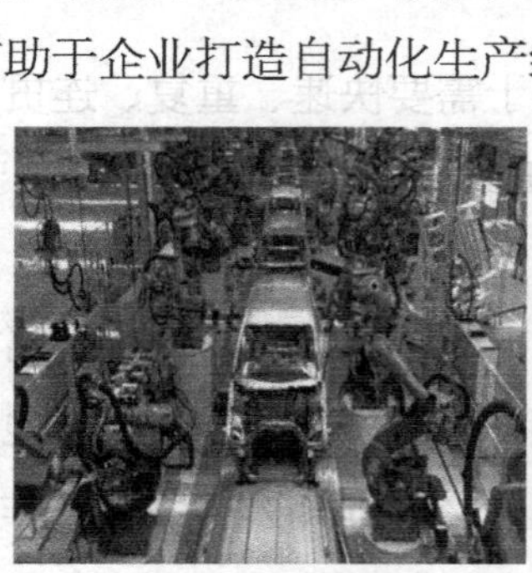

图 1-20　工业机器人焊接应用

图 1-21　工业机器人喷涂应用

2. 在3C行业中的应用

3C行业的自动化需求主要在部件加工，如玻璃面板、手机壳、电路板等功能性元件的制造、装配和检测、部件贴标、整机贴标等方面。

从计算机、通信和消费类电子产品（3C）的内包装到外包装，ABB集团可针对生产流程的各个环节提供相应的工业机器人解决方案。ABB集团推出的小型工业机器人家族及FlexPicker已“进驻”全球各地工厂，是装配、小工件搬运、检验测试等环节不可或缺的生产“骨干”。喷涂工业机器人已成为笔记本电脑、手机等一系列产品的壳盖喷涂的行业标准机型。中型工业机器人配套力控制技术，可实现高品质的研磨抛光和去毛刺飞边，是零部件精加工的理想之选。大型工业机器人既可用作注塑机（IMM）和压铸机的上下料手，从事3C产品壳盖类零部件的生产，也可用于平板显示器（FPD）的搬运。图1-22、图1-23为ABB机器人在3C行业中的应用。

图1-22　工业机器人打磨应用

图1-23　工业机器人装配应用

ABB机器人能达到契合所需的表面处理效果，进一步提高产品质量，延长生产线正常运行时间，同时兼具短周期和大批量生产所必备的柔性。

3. 在食品行业中的应用

随着人们越来越重视食品的品质与健康，食品行业面临更多针对产品的筛选工作，人工分拣速度慢、准确性差、不卫生，而且人工成本越来越高。ABB机器人的设计和制造特征适合食品和饮料行业中不同流程的各个环节，可以节省人工、提高效率及产品品质。

ABB机器人在食品行业中，主要用于体积大而笨重的物件，以及人体不能接触的洁净产品的包装，如食品、药品等的搬运、装卸和堆垛等，特别是生物制品和微生物制剂及对人体有害的化工原料的搬运装卸，如图1-24、图1-25所示。除此之外，ABB机器人还可应用到诸如巧克力、饼干、面包等的食品生产线，对食品的外观质量进行分级与分拣；用于对纸箱、袋装、罐装、啤酒箱、瓶装等各种形状成品进行包装、搬运及整齐有序地摆放。

图 1-24　工业机器人装卸应用

图 1-25　工业机器人搬运应用

4. 在金属加工行业中的应用

随着自动化需求的提升，工业机器人应用得到更大的拓展，除传统的汽车行业应用外，工业机器人在机床上下料、物料搬运码垛、打磨、喷涂、装配等金属加工行业领域也得到了广泛应用，如图1-26所示。

ABB机器人与成形机床集成，可以将人从高劳动强度、噪声污染、金属粉尘、高温高湿甚至有污染的工作环境中解放出来，解决企业用人问题，同时也能提高加工效率和安全性，提升加工精度，具有很大的发展空间。工业机器人与数控机床集成应用，使智能制造与数字化车间、智能工厂从概念走向现实。

5. 在铸造行业中的应用

在铸造生产中，工业机器人除了能够代替人在高温、污染和危险环境中工作外，还可以提高工作效率，提高产品精度和质量，降低成本，减少浪费，并可获得灵活且持久高速的生产流程。

ABB机器人与铸造工艺、铸造设备有机结合，不断研发铸造领域的项目应用，已覆盖制芯、造型、清理、抛光打磨、转运及码垛等各个工序，如图1-27所示。

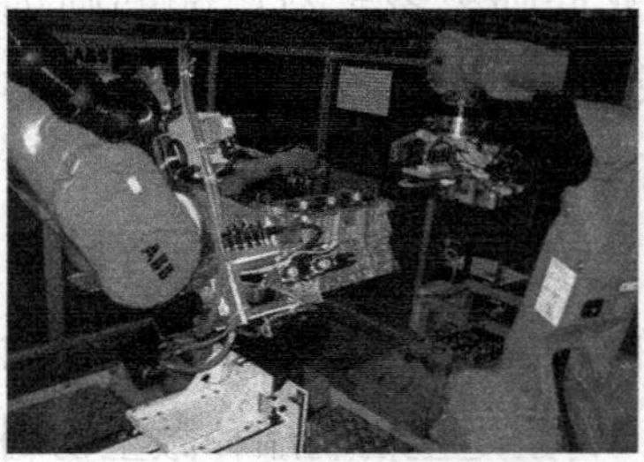

图 1-26　工业机器人金属加工应用

FOUNDRY PLUS

图 1-27　工业机器人在铸造中的应用

6. 在塑料行业中的应用

ABB集团在塑料制品方面经验丰富，从在简单处理传统的塑料树脂的小作坊配备一台工业机器人，发展到为使用先进合成材料的工厂建立复杂的自动化系统。从汽车产业、包装产业到医疗设备产业和电子产业，一台灵活的ABB六轴工业机器人自动化系统能完成一系列操作、拾放和精加工作业，满足所有产业的要求，如图1-28所示。

图 1-28 工业机器人在塑料行业中的应用

第2章 ABB机器人编程与操作

【学习目标】

（1）了解ABB机器人的基本概念。

（2）了解ABB机器人的I/O配置方法。

（3）了解ABB机器人的程序数据类型。

（4）了解ABB机器人的常用指令的种类。

本章概括性地介绍ABB机器人的基本概念、I/O配置、常用程序指令，通过本章学习，读者能快速地了解ABB机器人系统，学习ABB机器人编程与操作的方法。

2.1 ABB机器人基本概念

微课视频

工业机器人基本概念

2.1.1 工作模式

ABB机器人工作模式分为手动模式和自动模式两种。

1. 手动模式

手动模式主要用于调试人员进行系统参数设置、备份与恢复、程序编辑调试等操作，在手动减速模式下，运动速度限制在250 mm/s下，要激活电机，必须按下启动按钮。

2. 自动模式

自动模式主要用于工业自动化生产作业，此时工业机器人使用现场总线或者系统I/O与外部设备进行信息交互，可以由外部设备控制运行。

工业机器人工作模式通过控制器面板上的切换开关进行切换，如图2-1所示。示教器状态栏显示当前工作模式。

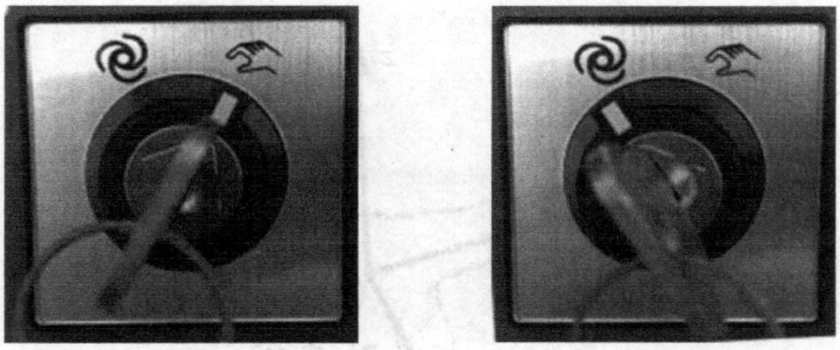

（a）手动模式　　（b）自动模式

图 2-1　工作模式切换开关

2.1.2 动作模式

动作模式用于描述手动操纵时工业机器人的运动方式，IRB 120六轴机器人的动作模式分为3种，见表2-1。

表 2-1　动作模式

序号	图例	说明
1	轴 1－3 轴 4－6	单轴运动：用于控制工业机器人各轴单独运动，方便调整工业机器人的位姿
2	线性	线性运动：用于控制工业机器人在选择的坐标系空间中进行直线运动，便于调整工业机器人的位置
3	重定位	重定位运动：用于控制工业机器人绕选定的工具 TCP 进行旋转，便于调整工业机器人的姿态

2.1.3 坐标系

1. 空间直角坐标系

空间直角坐标系是以一个固定点为原点o，过原点作三条互相垂直且具有相同单位长度的数轴所建立起的坐标系。三条数轴分别称为x轴、y轴和z轴，统称为坐标轴。按照各轴之间的顺序不同，空间直角坐标系分为左手坐标系和右手坐标系，工业机器人系统中使用的坐标系为右手坐标系，即右手食指指向x轴的正方向，中指指向y轴的正方向，拇指指向z轴的正方向，如图2-2所示。

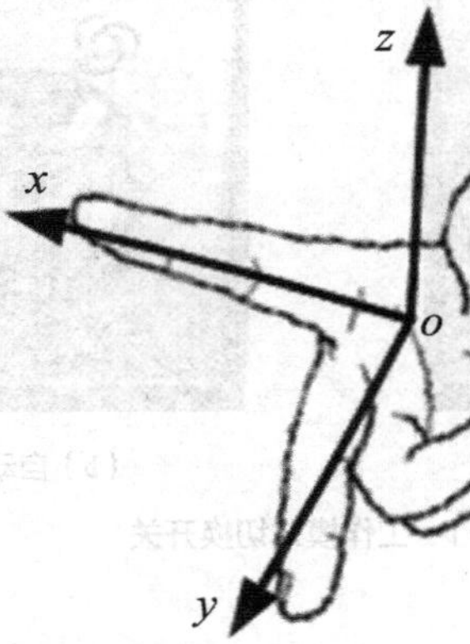
z
x
o
y

图 2-2　空间右手坐标系

2. 坐标系分类

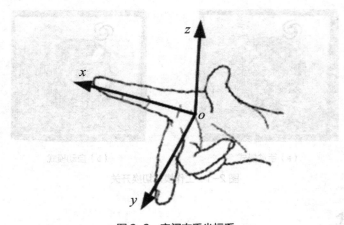

IRB 120机器人系统中存在多种坐标系，分别适用于特定类型的移动和控制。各坐标系含义见表2-2。

表 2-2　坐标系分类及含义

序号	图例	说明
1	大地坐标	大地坐标系：大地坐标系可定义工业机器人单元，所有其他的坐标系均与大地坐标系直接或间接相关，适用于手动控制以及处理具有若干工业机器人或外轴移动工业机器人的工作站和工作单元
2	基坐标	基坐标系：在工业机器人基座中确定相应的零点，使得固定安装的工业机器人移动具有可预测性，因此最方便工业机器人从一个位置移动到另一个位置
3	工具坐标	工具坐标系：工具坐标系是以工业机器人法兰盘所装工具的有效方向为 z 轴，以工具尖端点作为原点所得的坐标系，方便调试人员调整工业机器人位姿
4	工件坐标	工件坐标系：工件坐标系定义了工件相对于大地坐标系（或其他坐标系）的位置，方便调试人员调试编程

2.1.4 机械单元

工业机器人系统可能由一个以上的工业机器人组成，同时也可能包含附加轴等机械单元，可通过选项进行选择切换，默认情况下，机械单元为“**ROB_1**”，如图2-3所示。

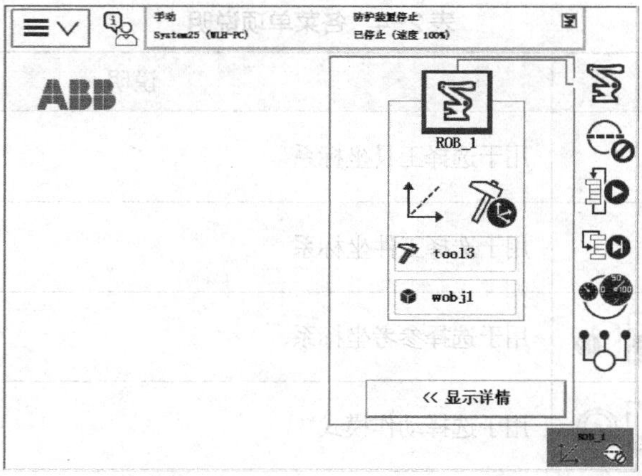
手动
System25 (WLH-PC)
防护装置停止
已停止 (速度 100%)
ABB
ROB_1
tool3
wobj1
<< 显示详情

图 2-3 机械单元菜单

各菜单项说明见表2-3。

表 2-3 各菜单项说明

序号	图例	说明
1		用于切换动作模式
2		用于切换运动坐标系
3	tool3	用于选择工具坐标系
4	wobj1	用于选择工件坐标系

单击“显示详情”后，弹出详情页，如图2-4所示。

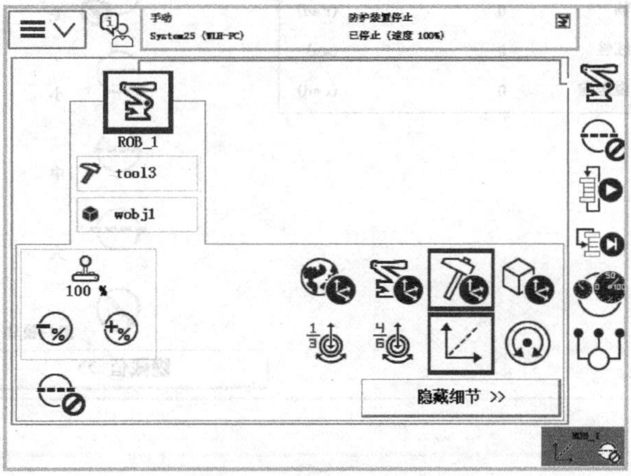
手动
System25 (WLH-PC)
防护装置停止
已停止 (速度 100%)
ROB_1
tool3
wobj1
100 %
隐藏细节 >>

图 2-4 机械单元详情页

各菜单项说明见表2-4。

表 2-4 各菜单项说明

序号	图例	说明
1	tool3	用于选择工具坐标系
2	wobj1	用于选择工件坐标系
3		用于选择参考坐标系
4		用于选择动作模式
5	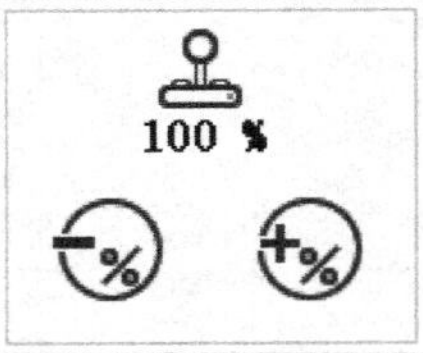 100 %	用于切换速度
6		用于切换增量模式

2.1.5 增量

在增量模式下，控制杆每偏转一次，工业机器人移动一步，当控制杆偏转持续1s或数秒时，工业机器人将会以10步/s的速率持续运动，如图2-5所示。

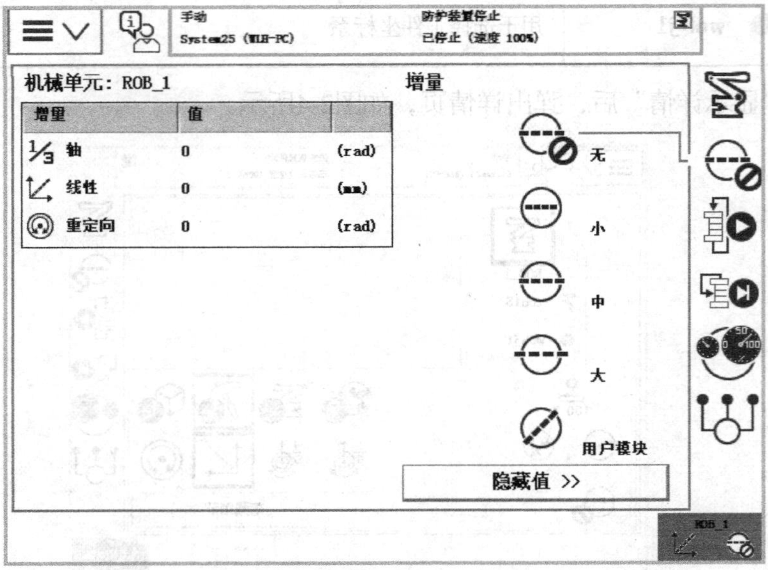
手动
System25 (WLH-PC)
防护装置停止
已停止 (速度 100%)
机械单元: ROB_1
增量
增里
值
轴
0
(rad)
线性
0
(mm)
重定向
0
(rad)
无
小
中
大
用户模块
隐藏值 >>
ROB_1

图 2-5 增量

增量各菜单项说明见表2-5。

表 2-5 增量各菜单项说明

序号	图例	说明
1	 无	没有增量
2	 小	小移动
3	 中	中等移动
4	 大	大移动
5	 用户模块	用户定义的移动

2.1.6 运行模式

单击“运行模式”子菜单，弹出子菜单详情，如图2-6所示。

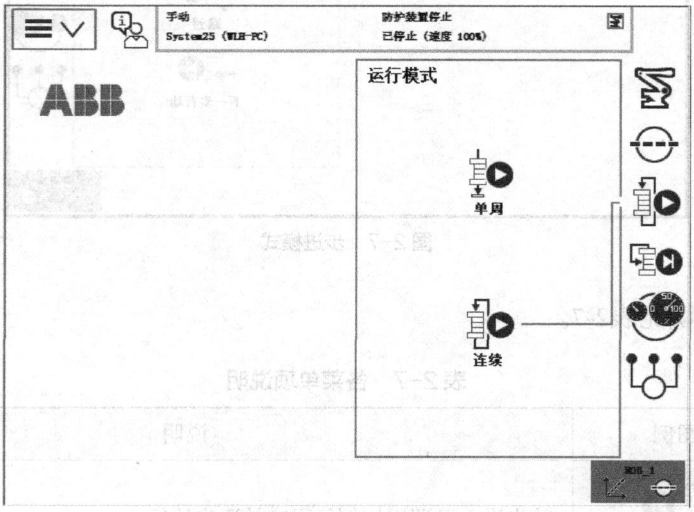
手动
System25 (WLH-PC)
防护装置停止
已停止 (速度 100%)
ABB
运行模式
单周
连续
ROB_1

图 2-6 运行模式

各菜单项说明见表2-6。

表 2-6 各菜单项说明

序号	图例	说明
1	 单周	运行一次循环然后停止执行

续表

序号	图例	说明
2	连续	连续运行

2.1.7 步进模式

单击“步进模式”子菜单，弹出子菜单详情，如图2-7所示。

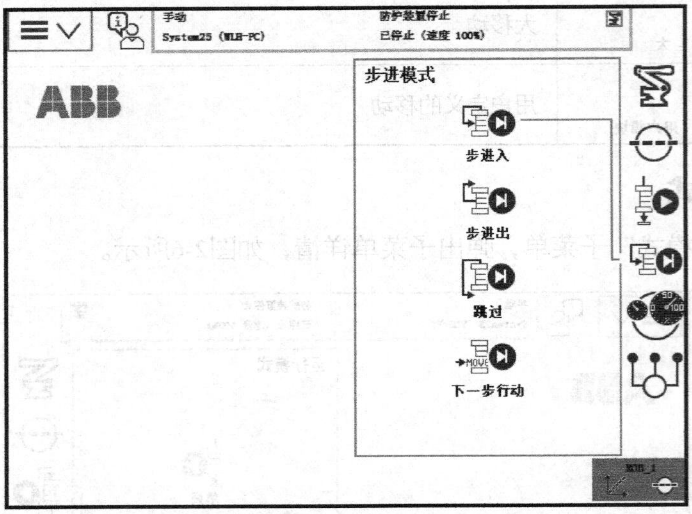
手动
System25 (WLB-PC)
防护装置停止
已停止（速度 100%）
步进模式
步进入
步进出
跳过
下一步行动

图 2-7　步进模式

各菜单项说明见表2-7。

表 2-7　各菜单项说明

序号	图例	说明
1	步进入	单步进入已调用的例行程序并逐步执行
2	步进出	执行当前例行程序的其余部分，然后在例行程序中的下一指令处停止，无法在 Main 例行程序中使用
3	跳过	一步执行调用的例行程序
4	下一步行动	步进到下一条运动指令，在运动指令之前和之后停止，以方便修改位置等操作

2.1.8 速度

单击“速度”子菜单，弹出子菜单详情，如图2-8所示。

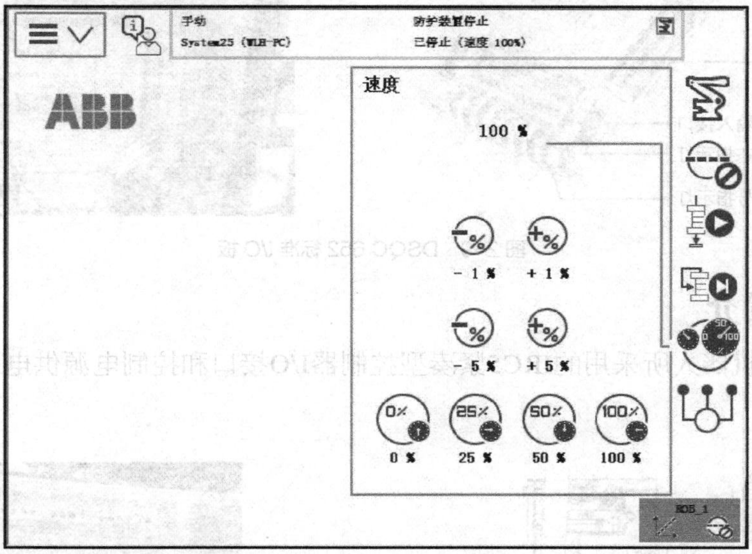
手动
System25 (WLH-PC)
防护装置停止
已停止（速度 100%）
ABB
速度
100 %
- 1 %
+ 1 %
- 5 %
+ 5 %
0 %
25 %
50 %
100 %
ROB_1

图 2-8 速度

各菜单项说明见表2-8。

表 2-8 各菜单项说明

序号	图例	说明
1	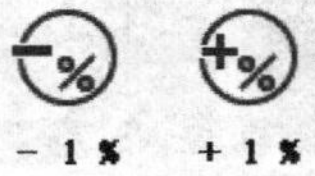	以 1% 的步幅减小 / 增大运行速度
2	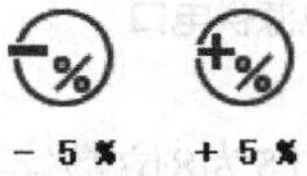	以 5% 的步幅减小 / 增大运行速度
3	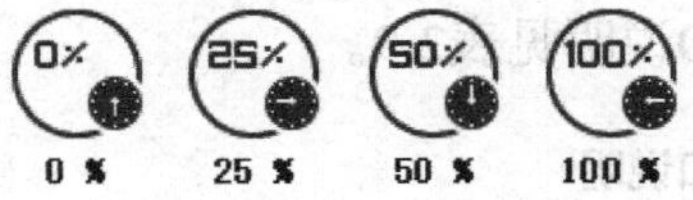	将速度设置为 0%、25%、50%、100%

2.2 工业机器人I/O通信

工业机器人输入/输出（Input/Output，I/O）是用于连接外部输入/输出设备的接口，根据使用需求可以在控制器中扩展各种输入/输出单元。IRB 120机器人标配的I/O板为分布式I/O板DSQC 652，共有16位数字输入接口和16位数字输出接口，如图2-9所示。

微课视频

工业机器人通信和编程基础

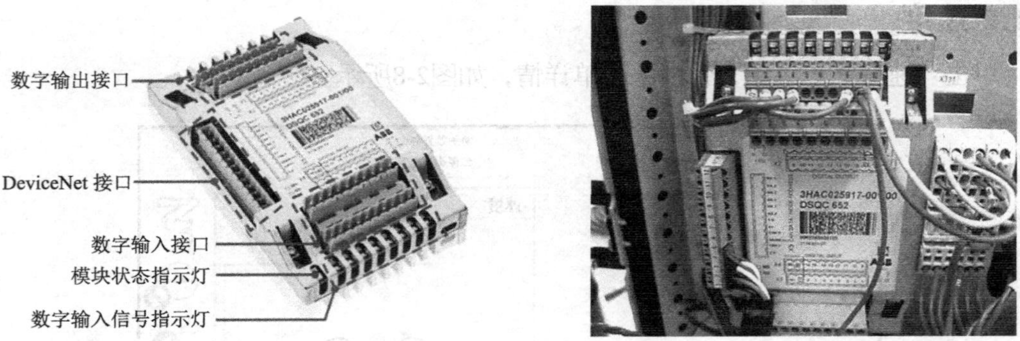
数字输出接口
DeviceNet 接口
数字输入接口
模块状态指示灯
数字输入信号指示灯

图 2-9　DSQC 652 标准 I/O 板

2.2.1 I/O简介

IRB 120机器人所采用的IRC5紧凑型控制器I/O接口和控制电源供电口，如图2-10所示。

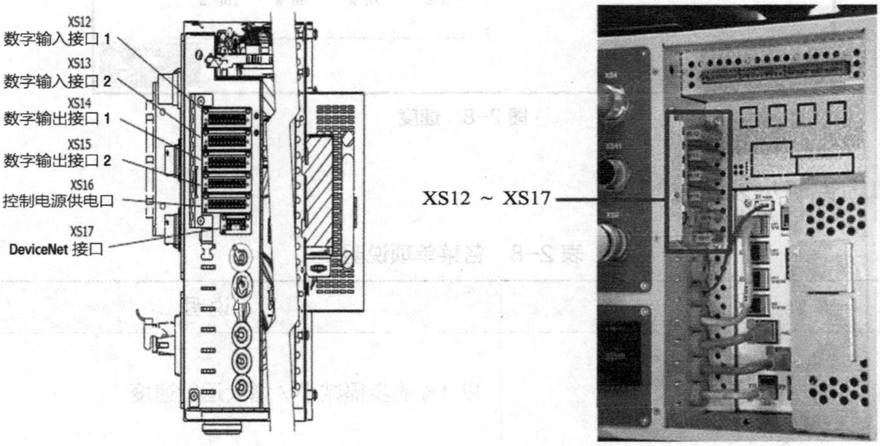
XS12
数字输入接口 1
XS13
数字输入接口 2
XS14
数字输出接口 1
XS15
数字输出接口 2
XS16
控制电源供电口
XS17
DeviceNet 接口
XS12 ～ XS17

图 2-10　IRC5 紧凑型控制器 I/O 接口和控制电源供电口

其中，XS12、XS13为8位数字输入接口，XS14、XS15为8位数字输出接口，XS16为24V电源接口，XS17为DeviceNet接口。各接口I/O说明见表2-9。

表 2-9　I/O 接口说明

序号 引脚 端子	1	2	3	4	5	6	7	8	9	10
XS12	DI 0	DI 1	DI 2	DI 3	DI 4	DI 5	DI 6	DI 7	0V	—
XS13	DI 8	DI 9	DI 10	DI 11	DI 12	DI 13	DI 14	DI 15	0V	—
XS14	DO 0	DO 1	DO 2	DO 3	DO 4	DO 5	DO 6	DO 7	0V	24V
XS15	DO 8	DO 9	DO 10	DO 11	DO 12	DO 13	DO 14	DO 15	0V	24V
XS16	24V	0V	24V	0V	—					

数字输入接口、数字输出接口均有10个引脚，包含8个通道，供电电压为24VDC，通过外接电源供电。对于数字I/O板卡，数字输入信号高电平有效，输出信号为高电平。

数字输入/输出信号可分为通用I/O和系统I/O。通用I/O是由用户自定义而使用的I/O，用于连接外部输入/输出设备。系统I/O是将数字输入/输出信号与工业机器人系统控制信号关联起来，通过外部信号对系统进行控制。对于控制器I/O接口，其本身并无通用I/O和系统I/O之分，在使用时，需要用户结合具体项目及功能要求，在完成I/O信号接线后，通过示教器对I/O信号进行映射和配置。

2.2.2 I/O信号配置

ABB机器人标准I/O板安装完成后，需要对各信号进行一系列设置后才能在软件中使用，设置的过程称为I/O信号配置。I/O信号配置分为两个过程：一是将I/O板添加到DeviceNet总线上，二是映射I/O。

1. 添加I/O板

在DeviceNet总线上添加I/O板时，对I/O板信息进行配置，具体操作步骤见表2-10。

表 2-10　添加 I/O 板操作步骤

序号	图片示例	操作步骤
1	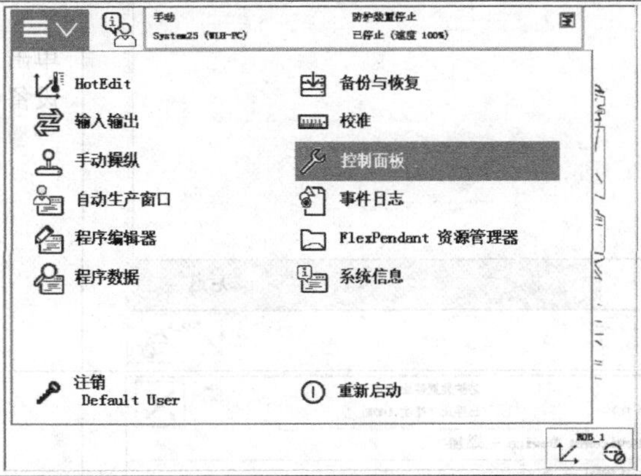手动 System25 (WLB-PC) 防护装置停止 已停止 (速度 100%) HotEdit 备份与恢复 输入输出 校准 手动操纵 控制面板 自动生产窗口 事件日志 程序编辑器 FlexPendant 资源管理器 程序数据 系统信息 注销 Default User 重新启动 ROB_1	单击“主菜单”下“控制面板”，进入“控制面板”界面
2	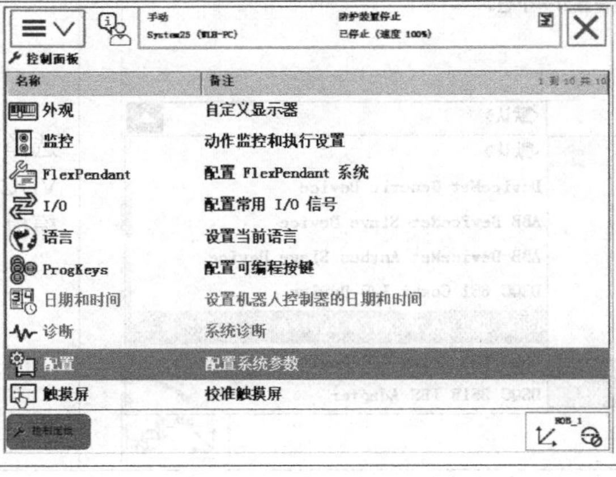手动 System25 (WLB-PC) 防护装置停止 已停止 (速度 100%) 控制面板 名称 备注 1 到 10 共 10 外观 自定义显示器 监控 动作监控和执行设置 FlexPendant 配置 FlexPendant 系统 I/O 配置常用 I/O 信号 语言 设置当前语言 ProgKeys 配置可编程按键 日期和时间 设置机器人控制器的日期和时间 诊断 系统诊断 配置 配置系统参数 触摸屏 校准触摸屏 控制面板 ROB_1	单击“配置”，进入配置界面

续表

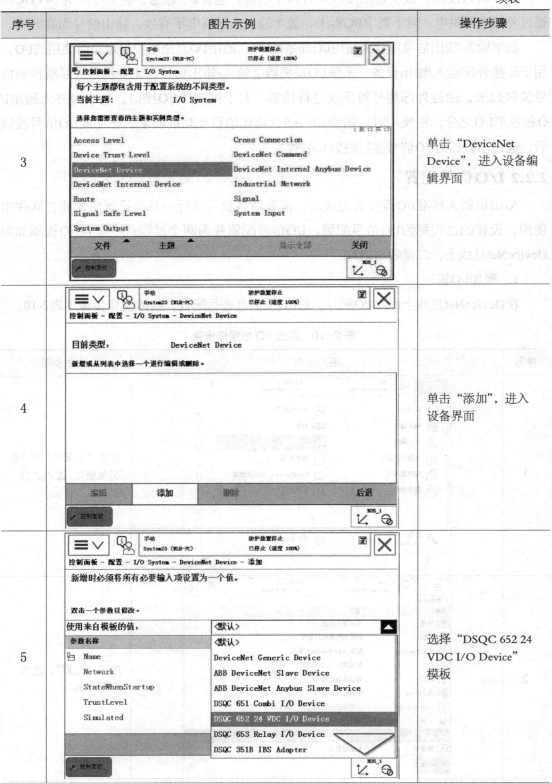

序号	图片示例	操作步骤
3	手动 System25 (WLB-PC) 防护装置停止 已停止 (速度 100%) 控制面板 - 配置 - I/O System 每个主题都包含用于配置系统的不同类型。 当前主题： I/O System 选择您需要查看的主题和实例类型。 1 到 13 共 13 Access Level Cross Connection Device Trust Level DeviceNet Command DeviceNet Device DeviceNet Internal Anybus Device DeviceNet Internal Device Industrial Network Route Signal Signal Safe Level System Input System Output 文件 主题 显示全部 关闭 控制面板 ROB_1	单击“DeviceNet Device”，进入设备编辑界面
4	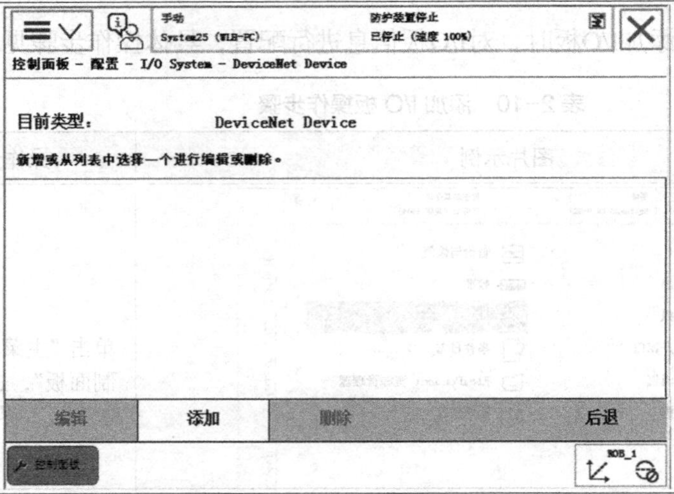手动 System25 (WLB-PC) 防护装置停止 已停止 (速度 100%) 控制面板 - 配置 - I/O System - DeviceNet Device 目前类型： DeviceNet Device 新增或从列表中选择一个进行编辑或删除。 编辑 添加 删除 后退 控制面板 ROB_1	单击“添加”，进入设备界面
5	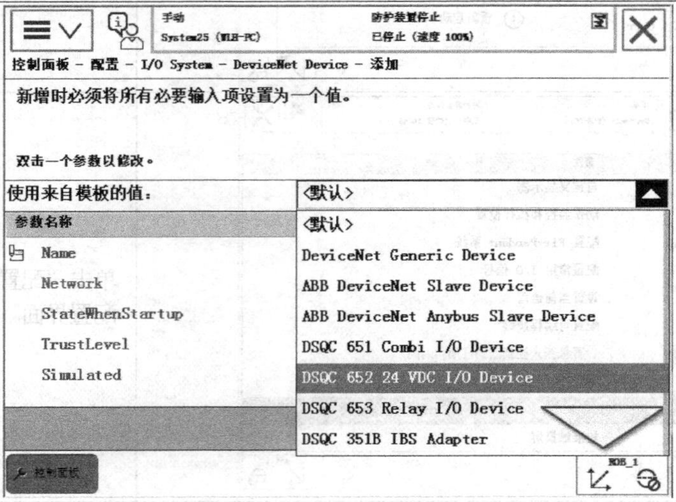手动 System25 (WLB-PC) 防护装置停止 已停止 (速度 100%) 控制面板 - 配置 - I/O System - DeviceNet Device - 添加 新增时必须将所有必要输入项设置为一个值。 双击一个参数以修改。 使用来自模板的值： <默认> 参数名称 Name Network StateWhenStartup TrustLevel Simulated <默认> DeviceNet Generic Device ABB DeviceNet Slave Device ABB DeviceNet Anybus Slave Device DSQC 651 Combi I/O Device DSQC 652 24 VDC I/O Device DSQC 653 Relay I/O Device DSQC 351B IBS Adapter 控制面板 ROB_1	选择“DSQC 652 24 VDC I/O Device”模板

续表

序号	图片示例	操作步骤
6	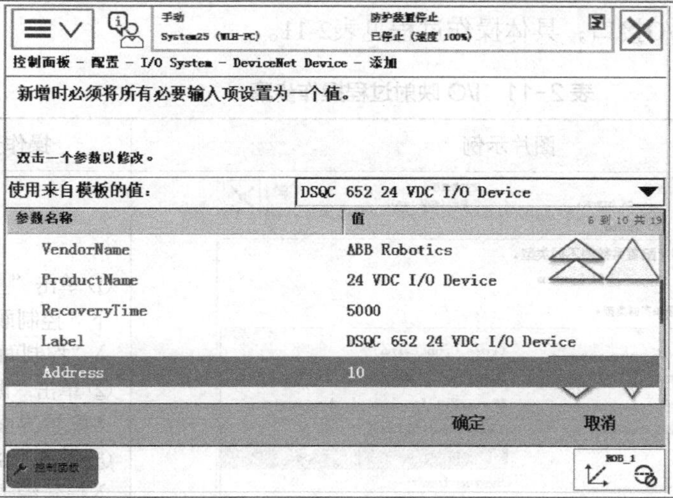手动 System25 (WLB-PC) 防护装置停止 已停止 (速度 100%) 控制面板 - 配置 - I/O System - DeviceNet Device - 添加 新增时必须将所有必要输入项设置为一个值。 双击一个参数以修改。 使用来自模板的值： DSQC 652 24 VDC I/O Device 参数名称 值 6 到 10 共 19 VendorName ABB Robotics ProductName 24 VDC I/O Device RecoveryTime 5000 Label DSQC 652 24 VDC I/O Device Address 10 确定 取消 控制面板 ROB_1	保持名称不变，将“Address”修改为10（IRB 120机器人标配的DSQC 652 I/O板默认地址为10）
7	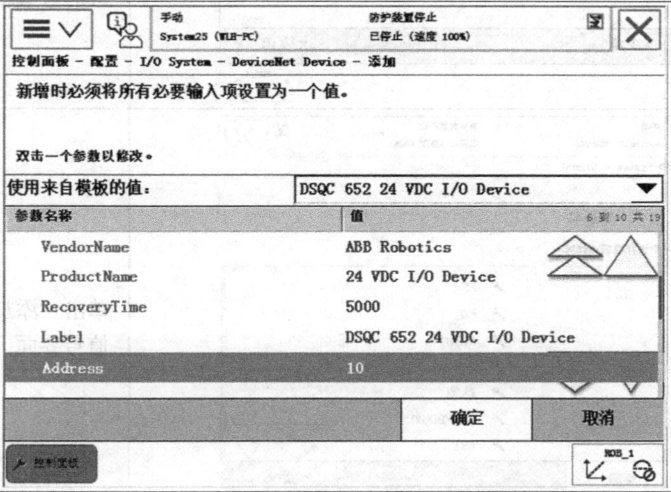手动 System25 (WLB-PC) 防护装置停止 已停止 (速度 100%) 控制面板 - 配置 - I/O System - DeviceNet Device - 添加 新增时必须将所有必要输入项设置为一个值。 双击一个参数以修改。 使用来自模板的值： DSQC 652 24 VDC I/O Device 参数名称 值 6 到 10 共 19 VendorName ABB Robotics ProductName 24 VDC I/O Device RecoveryTime 5000 Label DSQC 652 24 VDC I/O Device Address 10 确定 取消 控制面板 ROB_1	单击“确定”按钮
8	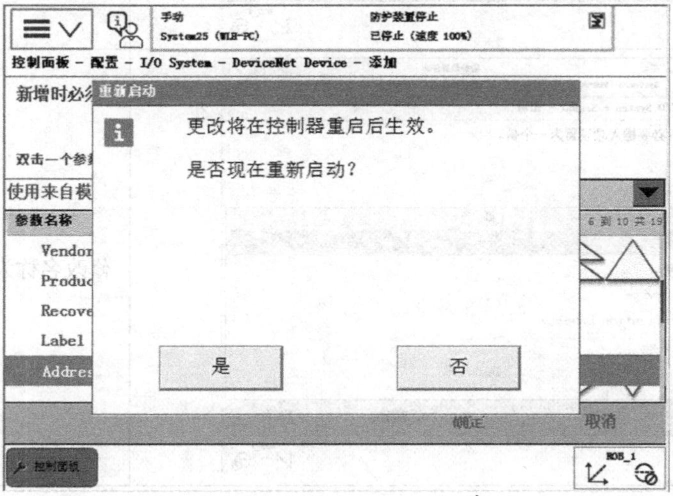手动 System25 (WLB-PC) 防护装置停止 已停止 (速度 100%) 控制面板 - 配置 - I/O System - DeviceNet Device - 添加 重新启动 更改将在控制器重启后生效。 是否现在重新启动？ 是 否 确定 取消 控制面板 ROB_1	在弹出的对话框中单击“否”按钮，继续后续配置，否则单击“是”按钮，完成配置

2. 通用I/O映射

通用I/O映射实际就是通过示教器添加I/O信号，并将其挂接在相应的I/O板上，然后将其映射到对应的物理I/O接口，具体操作过程见表2-11。

表 2-11 I/O 映射过程操作步骤

<table>
<tr><th>序号</th><th>图片示例</th><th>操作步骤</th></tr>
<tr><td>1</td><td>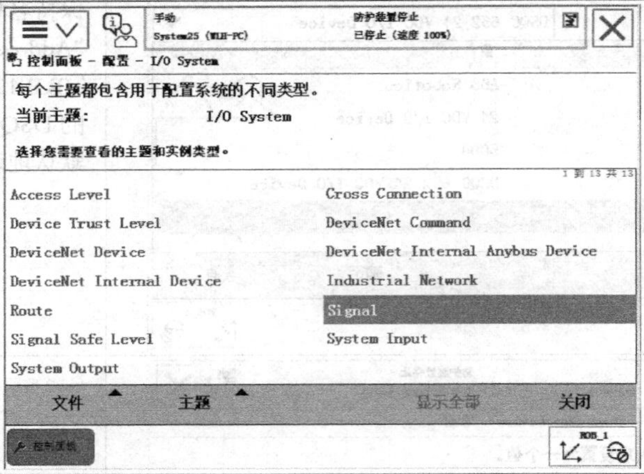
手动
System25 (WLB-PC)
防护装置停止
已停止 (速度 100%)
控制面板 - 配置 - I/O System
每个主题都包含用于配置系统的不同类型。
当前主题： I/O System
选择您需要查看的主题和实例类型。
1 到 13 共 13
Access Level
Cross Connection
Device Trust Level
DeviceNet Command
DeviceNet Device
DeviceNet Internal Anybus Device
DeviceNet Internal Device
Industrial Network
Route
Signal
Signal Safe Level
System Input
System Output
文件
主题
显示全部
关闭
ROB_1</td><td>① 单击“主菜单”下“控制面板”，进入“控制面板”界面。
② 单击“配置”，进入配置界面。
③ 单击“Signal”，进入信号编辑界面</td></tr>
<tr><td>2</td><td>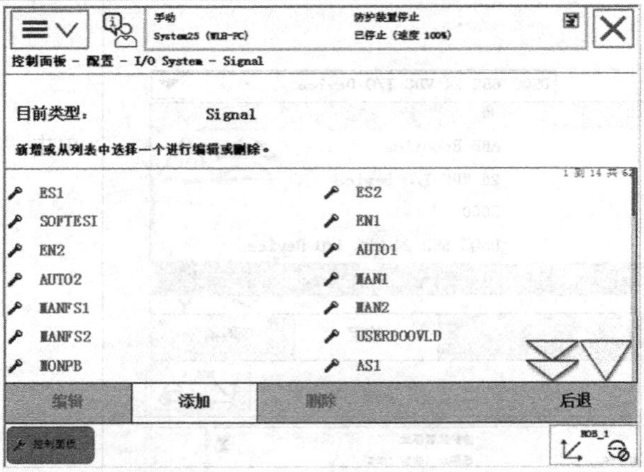
手动
System25 (WLB-PC)
防护装置停止
已停止 (速度 100%)
控制面板 - 配置 - I/O System - Signal
目前类型： Signal
新增或从列表中选择一个进行编辑或删除。
1 到 14 共 62
ES1
ES2
SOFTESI
EN1
EN2
AUTO1
AUTO2
MAN1
MANFS1
MAN2
MANFS2
USERDOOVLD
MONPB
AS1
编辑
添加
删除
后退
ROB_1</td><td>单击“添加”，进入信号界面</td></tr>
<tr><td>3</td><td>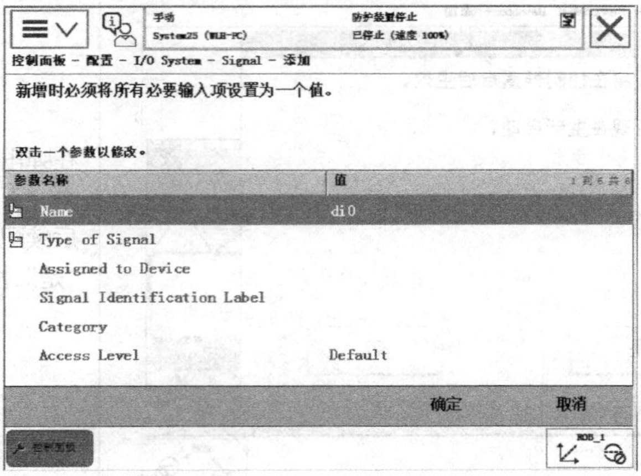
手动
System25 (WLB-PC)
防护装置停止
已停止 (速度 100%)
控制面板 - 配置 - I/O System - Signal - 添加
新增时必须将所有必要输入项设置为一个值。
双击一个参数以修改。
参数名称
值
1 到 6 共 6
Name
di0
Type of Signal
Assigned to Device
Signal Identification Label
Category
Access Level
Default
确定
取消
ROB_1</td><td>修改名称为“di0”</td></tr>
</table>

续表

序号	图片示例	操作步骤
4	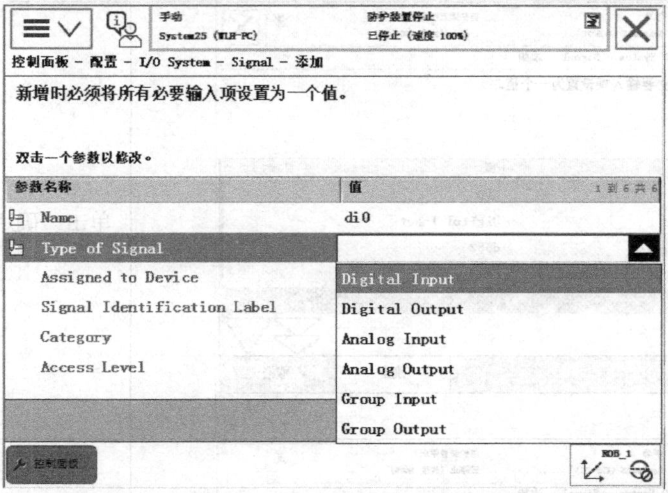手动 System25 (WLH-PC) 防护装置停止 已停止 (速度 100%) 控制面板 - 配置 - I/O System - Signal - 添加 新增时必须将所有必要输入项设置为一个值。 双击一个参数以修改。 参数名称 值 1 到 6 共 6 Name di0 Type of Signal Assigned to Device Signal Identification Label Category Access Level Digital Input Digital Output Analog Input Analog Output Group Input Group Output ROB_1	在类型中选择“Digital Input”，即数字量输入
5	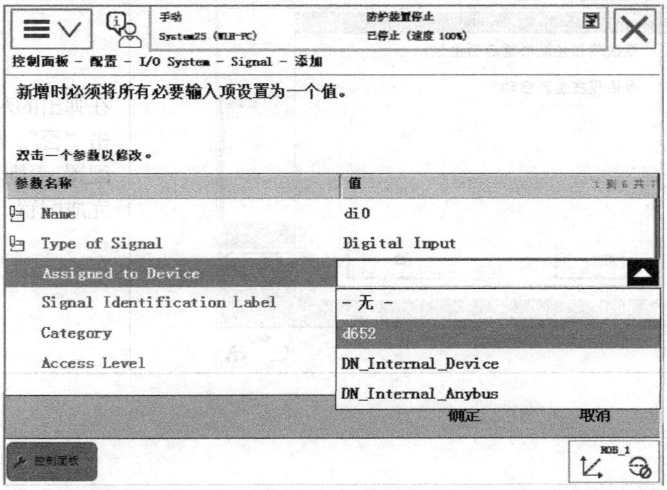手动 System25 (WLH-PC) 防护装置停止 已停止 (速度 100%) 控制面板 - 配置 - I/O System - Signal - 添加 新增时必须将所有必要输入项设置为一个值。 双击一个参数以修改。 参数名称 值 Name di0 Type of Signal Digital Input Assigned to Device Signal Identification Label Category Access Level - 无 - d652 DN_Internal_Device DN_Internal_Anybus 确定 取消 ROB_1	在“Assigned to Device”中选择“d652”，即挂接在上节所添加的I/O板上
6	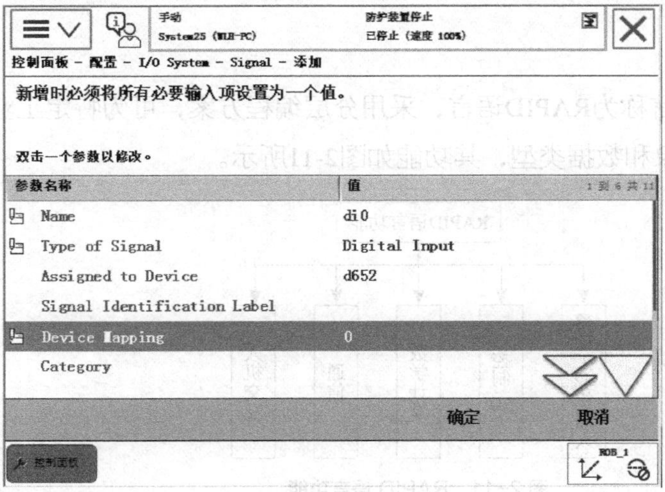手动 System25 (WLH-PC) 防护装置停止 已停止 (速度 100%) 控制面板 - 配置 - I/O System - Signal - 添加 新增时必须将所有必要输入项设置为一个值。 双击一个参数以修改。 参数名称 值 1 到 6 共 11 Name di0 Type of Signal Digital Input Assigned to Device d652 Signal Identification Label Device Mapping 0 Category 确定 取消 ROB_1	在“Device Mapping”中更改引脚号为0

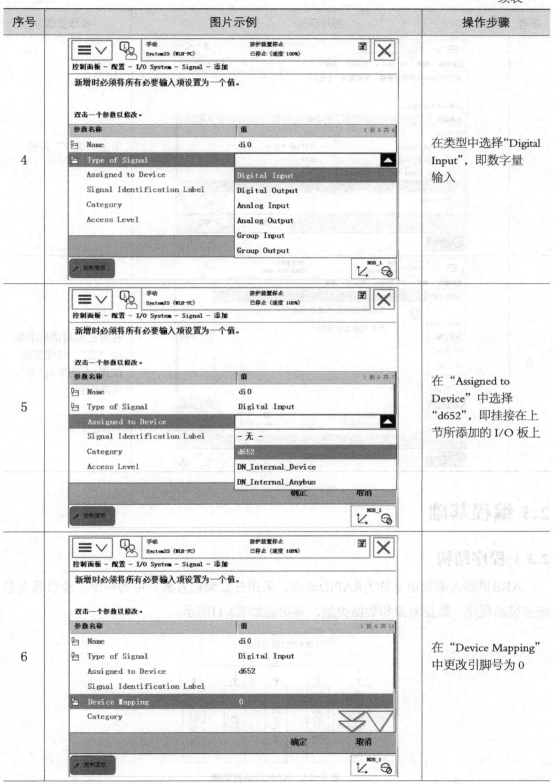

续表

序号	图片示例	操作步骤
7	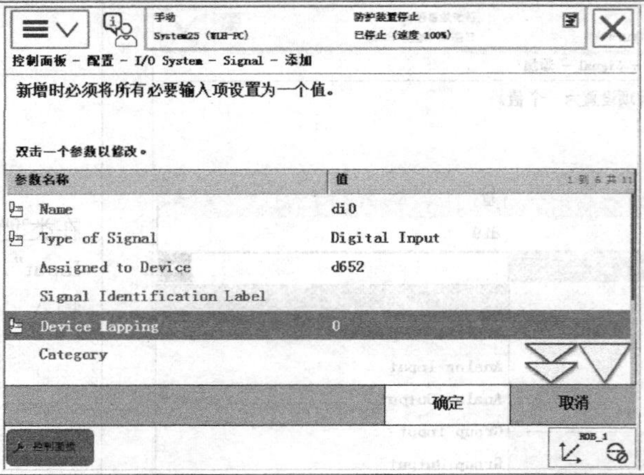手动 System25 (WLB-PC) 防护装置停止 已停止 (速度 100%) 控制面板 - 配置 - I/O System - Signal - 添加 新增时必须将所有必要输入项设置为一个值。 双击一个参数以修改。 参数名称 值 1 到 6 共 11 Name di0 Type of Signal Digital Input Assigned to Device d652 Signal Identification Label Device Mapping 0 Category 确定 取消 控制面板 ROB_1	单击“确定”按钮
8	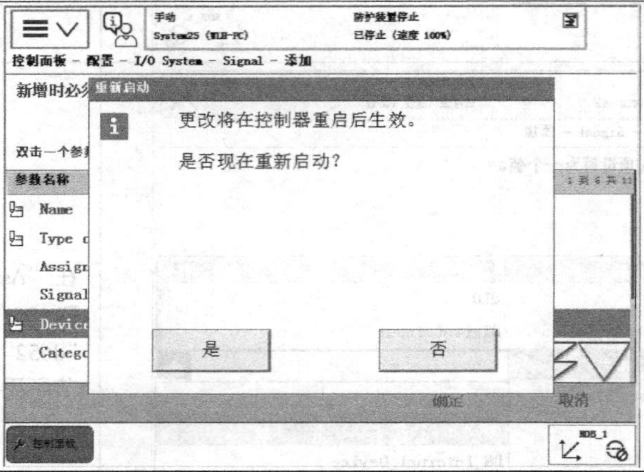手动 System25 (WLB-PC) 防护装置停止 已停止 (速度 100%) 控制面板 - 配置 - I/O System - Signal - 添加 重新启动 更改将在控制器重启后生效。 是否现在重新启动? 是 否 确定 取消 控制面板 ROB_1	在弹出的对话框中单击“否”，继续后续配置，否则单击“是”，完成配置

2.3 编程基础

2.3.1 程序结构

ABB机器人编程语言称为RAPID语言，采用分层编程方案，可为特定工业机器人系统安装新程序、数据对象和数据类型，其功能如图2-11所示。

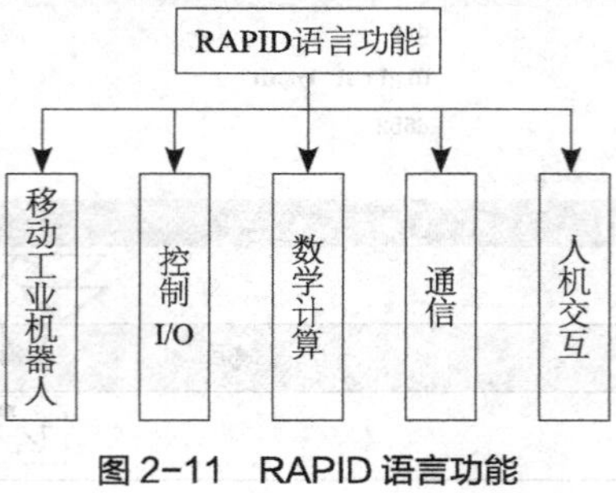
RAPID语言功能
移动工业机器人
控制I/O
数学计算
通信
人机交互

图 2-11　RAPID 语言功能

ABB机器人程序包含3个等级：任务、模块、例行程序，其结构如图2-12所示。一个任务中包含若干个系统模块和用户模块，一个模块中包含若干程序。其中系统模块预定了程序系统数据，定义常用的系统特定数据对象（工具、焊接数据、移动数据等）、接口（打印机、日志文件）等。通常用户程序分布于不同的模块中，在不同的模块中编写对应的例行程序和中断程序。主程序为程序执行的入口，有且仅有一个，通常通过执行主程序调用其他的子程序，实现工业机器人的相应功能。

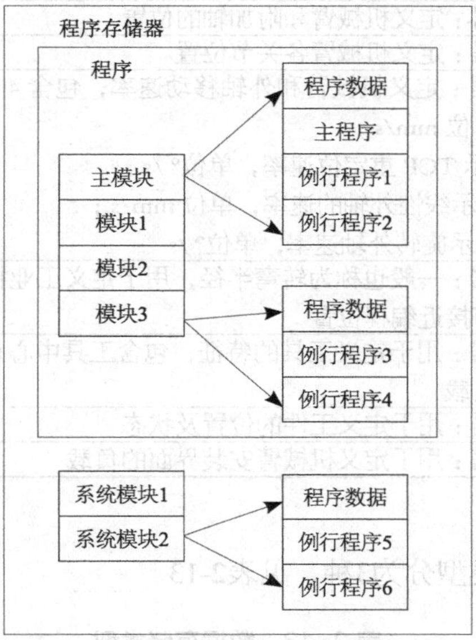
程序存储器
程序
主模块
模块1
模块2
模块3
程序数据
主程序
例行程序1
例行程序2
程序数据
例行程序3
例行程序4
系统模块1
系统模块2
程序数据
例行程序5
例行程序6

图 2-12 ABB 机器人程序组成

2.3.2 程序数据

1. 常见数据类型

数据存储描述了工业机器人控制器内部的各项属性，ABB机器人控制器数据类型达到100余种，其中常见数据类型见表2-12。

表 2-12 常见数据类型

类别	名称	描述
基本数据	bool	逻辑值：取值为 TRUE 或 FALSE
	byte	字节值：取值范围 0 ～ 255
	num	数值：可存储整数或小数，整数取值范围 −8388607 ～ 8388608
	dnum	双数值：可存储整数或小数，整数取值范围 −4503599627370495 ～ 4503599627370496
	string	字符串：最多 80 个字符
	stringdig	只含数字的字符串：可处理不大于 4294967295 的正整数

续表

类别	名称	描述
I/O数据	dionum	数字值：取值为 0 或 1，用于处理数字 I/O 信号
	signaldi	数字量输入信号
	signaldo	数字量输出信号
	signalgi	数字量输入信号组
	signalgo	数字量输出信号组
	signalai	模拟量输入信号
	signalao	模拟量输入信号
运动相关数据	robtarget	位置数据：定义机械臂和附加轴的位置
	robjoint	关节数据：定义机械臂各关节位置
	speeddata	速度数据：定义机械臂和外轴移动速率，包含 4 个参数：v_tcp 表示工具中心点速率，单位 mm/s； v_ori 表示 TCP 重定位速率，单位° /s； v_leax 表示线性外轴的速率，单位 mm/s； v_reax 表示旋转外轴速率，单位° /s
	zonedata	区域数据：一般也称为转弯半径，用于定义工业机器人的轴在朝向下一个移动位置前如何接近编程位置
	tooldata	工具数据：用于定义工具的特征，包含工具中心点（TCP）的位置和方位，以及工具的负载
	wobjdata	工件数据：用于定义工件的位置及状态
	loaddata	负载数据：用于定义机械臂安装界面的负载

2. 数据存储类型

ABB机器人数据存储类型分为3种，见表2-13。

表 2-13 数据存储类型

序号	存储类别	说明
1	CONST	常量：数据在定义时已赋予了数值，并不能在程序中进行修改，除非手动修改
2	VAR	变量：数据在程序执行的过程中和停止时，会保持当前的值。但如果程序指针被移到主程序后，数据就会丢失
3	PERS	可变量：无论程序的指针如何，数据都会保持最后赋予的值。在工业机器人执行的 RAPID 程序中也可以对可变量存储类型数据进行赋值操作，在程序执行以后，赋值的结果会一直保持，直到对其进行重新赋值

2.4 程序指令

本节讲解ABB机器人常见的程序指令，采用简化语法和形式对指令和函数进行说明，并配以示教器示例进行说明，语法示例如下。

MoveJ [\Conc] ToPoint [\ID] Speed [\V] | [\T] Zone[\Z] [\Inpos] Tool [\Wobj] [\TLoad]

（1）方括号[ ]中为可选参数，可以忽略，如[\Conc]、[\ID]等。

（2）竖线|表示两边的参数为互相排斥参数，如[\V]和[\T]。

（3）大括号{}中为可重复任意次数的参数。

2.4.1 Common类别

微课视频

Common类别、Prog.Flow 类别和 Various 类别

1. 赋值指令（:=）

赋值指令向数据分配新值，该值可以是一个恒定值，也可以是一个算术表达式。指令描述见表2-14。

表 2-14 赋值指令

名称	描述	
格式	Data := Value	
参数	Data	将被分配的新值的数据
	Value	期望值
示例	`reg1 := reg2;`	
说明	将 reg2 的值赋给 reg1	

2. 条件指令（Compact IF）

当满足条件时仅需要执行单个指令时，可使用Compact IF。指令描述见表2-15。

表 2-15 Compact IF 条件指令

名称	描述	
格式	IF Condition …	
参数	Condition	条件
	…	待执行指令
示例	`reg1 := 1;` `IF reg1 = 1 reg2 := 2;`	
说明	设置 reg1=1，执行结束后 reg2 为 2	

3. 循环指令（FOR）

当一个或多个指令重复运行时，使用FOR。指令描述见表2-16。

表 2-16 FOR 循环指令

名称	描述	
格式	FOR Loop counter From Start value To End value [STEP step value] DO … ENDFOR	
参数	Loop counter	循环计数器名称，将自动声明该数据
	Start value	Num 型循环计数器起始值
	End value	Num 型循环计数器结束值
	Step value	Num 型循环增量值，若未指定该值，则起始值小于结束值时设置为 1，起始值大于结束值时设置为 −1
	…	待执行指令

续表

名称	描述

示例	reg1 := 1;
	FOR i FROM 1 TO 3 STEP 2 DO
	  reg1 := reg1 + 1;
	ENDFOR

说明	设置 reg1=1，执行结束后 reg1=3

4. 多条件指令（IF）

当满足条件时仅需要执行多条指令时，可使用IF。指令描述见表2-17。

表 2-17　IF 条件指令

名称	描述	
格式	IF Condition THEN … {ELSEIF Condition THEN …} [ELSE …] ENDIF	
参数	Condition	bool 型执行条件
	…	待执行指令

示例	reg2 := 4;
	IF reg2 > 5 THEN
	  reg1 := 1;
	ELSEIF reg2 > 3 THEN
	  reg1 := 2;
	ELSE
	  reg1 := 3;
	ENDIF	

说明	设置 reg2=4，执行结果 reg1=2	

5. 绝对位置运动指令（MoveAbsJ）

绝对位置运动指令将IRB 120机器人的机械臂和外轴移动至轴位置中指定的绝对位置。指令描述见表2-18。

表 2-18　MoveAbsJ 绝对位置运动指令

名称	描述
格式	MoveAbsJ [\Conc] ToJointPos [\ID] [\NoEOffs] Speed [\V] | [\T] Zone[\Z] [\Inpos] Tool [\Wobj] [\TLoad]

续表

名称		描述
参数	[\Conc]	当机器人正在运动时，执行后续指令
	ToJointPos	Jointtarget 型目标点位置
	[\ID]	在 MultiMove 系统中用于运动同步或协调同步，其他情况下禁止使用
	[\NoEOffs]	设置该运动不受外轴有效偏移量的影响
	Speed	Speeddata 型运动速度
	[\V]	num 型数据，指定指令中的 TCP 速度，以 mm/s 为单位
	[\T]	num 型数据，指定工业机器人运动的总时间，以 s 为单位
	Zone	zonedata 型转弯半径
	[\Z]	num 型数据，指定工业机器人 TCP 的位置精度
	[\Inpos]	stoppointdata 型数据，指定停止点中工业机器人 TCP 位置对的收敛准则，停止点数据取代 Zone 参数的指定区域
	Tool	tooldata 型数据，指定运行时的工具
	[\Wobj]	wobjdata 型数据，指定运行时的工件
	[\TLoad]	loaddata 型数据，指定运行时的负载
示例	MoveAbsJ jpos10\NoEOffs, v200, z50, tool0;	
说明	运动至 jpos10 点	

6. 圆弧运动指令（MoveC）

圆弧运动指令将工具中心点（TCP）沿圆弧移动至目标点。指令描述见表2-19。

表 2-19　MoveC 圆弧运动指令

名称		描述
格式	MoveC [\Conc] CirPoint ToPoint [\ID] Speed [\V] | [\T] Zone[\Z] [\Inpos] Tool [\Wobj] [\TLoad]	
参数	[\Conc]	当工业机器人正在运动时，执行后续指令
	CirPoint	robtarget 型中间点位置
	ToPoint	robtarget 型目标点位置
	[\ID]	在 MultiMove 系统中用于运动同步或协调同步，其他情况下禁止使用
	Speed	Speeddata 型运动速度
	[\V]	num 型数据，指定指令中的 TCP 速度，以 mm/s 为单位
	[\T]	num 型数据，指定机器人运动的总时间，以 s 为单位
	Zone	zonedata 型转弯半径
	[\Z]	num 型数据，指定工业机器人 TCP 的位置精度
	[\Inpos]	stoppointdata 型数据，指定停止点中工业机器人 TCP 位置对的收敛准则，停止点数据取代 Zone 参数的指定区域
	Tool	tooldata 型数据，指定运行时的工具
	[\Wobj]	wobjdata 型数据，指定运行时的工件
	[\TLoad]	loaddata 型数据，指定运行时的负载
示例	MoveC p10, p20, v100, z10, tool0\WObj:=wobj0;	
说明	以圆弧形式过 p10 移动至 p20 点	

7. 关节运动指令（MoveJ）

关节运动指令将工具中心点（TCP）沿关节移动至目标点。指令描述见表2-20。

表 2-20 MoveJ 关节运动指令

名称	描述	
格式	MoveJ [\Conc] ToPoint [\ID] Speed [\V] | [\T] Zone[\Z] [\Inpos] Tool [\Wobj] [\TLoad]	
参数	[\Conc]	当工业机器人正在运动时，执行后续指令
	ToPoint	robtarget 型目标点位置
	[\ID]	在 MultiMove 系统中用于运动同步或协调同步，其他情况下禁止使用
	Speed	Speeddata 型运动速度
	[\V]	num 型数据，指定指令中的 TCP 速度，以 mm/s 为单位
	[\T]	num 型数据，指定工业机器人运动的总时间，以 s 为单位
	Zone	zonedata 型转弯半径
	[\Z]	num 型数据，指定工业机器人 TCP 的位置精度
	[\Inpos]	stoppointdata 型数据，指定停止点中工业机器人 TCP 位置对的收敛准则，停止点数据取代 Zone 参数的指定区域
	Tool	tooldata 型数据，指定运行时的工具
	[\Wobj]	wobjdata 型数据，指定运行时的工件
	[\TLoad]	loaddata 型数据，指定运行时的负载
示例	`MoveJ p30, v100, z50, tool0\WObj:=wobj0;`	
说明	以关节模式移动至 p30 点	

8. 线性运动指令（MoveL）

线性运动指令将工具中心点（TCP）沿直线移动至目标点。指令描述见表2-21。

表 2-21 MoveL 线性运动指令

名称	描述	
格式	MoveL [\Conc] ToPoint [\ID] Speed [\V] | [\T] Zone[\Z] [\Inpos] Tool [\Wobj] [\TLoad]	
参数	[\Conc]	当工业机器人正在运动时，执行后续指令
	ToPoint	robtarget 型目标点位置
	[\ID]	在 MultiMove 系统中用于运动同步或协调同步，其他情况下禁止使用
	Speed	Speeddata 型运动速度
	[\V]	num 型数据，指定工业指令中的 TCP 速度，以 mm/s 为单位
	[\T]	num 型数据，指定工业机器人运动的总时间，以 s 为单位
	Zone	zonedata 型转弯半径
	[\Z]	num 型数据，指定工业机器人 TCP 的位置精度
	[\Inpos]	stoppointdata 型数据，指定停止点中工业机器人 TCP 位置对的收敛准则，停止点数据取代 Zone 参数的指定区域
	Tool	tooldata 型数据，指定运行时的工具
	[\Wobj]	wobjdata 型数据，指定运行时的工件
	[\TLoad]	loaddata 型数据，指定运行时的负载
示例	`MoveL p40, v100, z50, tool0\WObj:=wobj0;`	
说明	以线性模式移动至 p40 点	

9. 调用无返回值程序指令（ProcCall）

ProcCall调用无返回值例行程序。指令描述见表2-22。

表 2-22 ProcCall 调用无返回值程序指令

名称	描述	
格式	Procedure {Argument}	
参数	Procedure	待调用的无返回值程序名称
	Argument	待调用程序参数
示例	`Routine1;`	
说明	调用 Routine1 例行程序	

10. 复位数字输出信号指令（Reset）

Reset将数字输出信号复位为0。指令描述见表2-23。

表 2-23 Reset 复位数字输出指令

名称	描述	
格式	Reset Signal	
参数	Signal	Signaldo 型信号
示例	`Reset do1;`	
说明	将 do1 置为 0	

11. 返回指令（RETURN）

RETURN作用为完成程序的执行，如果程序是一个函数，则同时返回函数值。指令描述见表2-24。

表 2-24 RETURN 返回指令

名称	描述	
格式	RETURN [Return value]	
参数	[Return value]	程序返回值
示例	`RETURN;`	
说明	返回	

12. 置位数字输出指令（Set）

用Set将数字输出信号置为1。指令描述见表2-25。

表 2-25 Set 置位数字输出信号指令

名称	描述	
格式	Set Signal	
参数	Signal	Signaldo 型信号
示例	`Set do1;`	
说明	将 do1 置为 1	

13. 等待数字输入指令（WaitDI）

WaitDI作用为等待数字输入信号直至满足条件。指令描述见表2-26。

表 2-26 WaitDI 等待数字输入信号指令

名称	描述	
格式	WaitDI Signal Value [\MaxTime] [\TimeFlag]	
参数	Signal	Signaldi 型信号
	Value	期望值
	[\MaxTime]	允许的最长时间
	[\TimeFlag]	等待超时标志位
示例	`WaitDI di0, 1;`	
说明	等待 do0 为 0	

14. 等待直至已设置数字输出信号指令（WaitDO）

WaitDO作用为等待直至已设置数字输出信号指令。指令描述见表2-27。

表 2-27 WaitDO 等待直至已设置数字输出信号指令

名称	描述	
格式	WaitDO Signal Value [\MaxTime] [\TimeFlag]	
参数	Signal	Signaldo 型信号
	Value	期望值
	[\MaxTime]	允许的最长时间
	[\TimeFlag]	等待超时标志位
示例	`WaitDO do1, 1;`	
说明	等待 do1 为 0	

15. 等待给定时间指令（WaitTime）

WaitTime作用为等待给定时间指令。指令描述见表2-28。

表 2-28 WaitTime 等待给定时间指令

名称	描述	
格式	WaitTime [\InPos] Time	
参数	[\InPos]	switch 型数据，指定该参数则开始计时前工业机器人和外轴必须静止
	Time	num 型数据，程序等待时间，单位为 s，分辨率 0.001s
示例	`WaitTime 5;`	
说明	等待 5s	

16. 等待直至满足逻辑条件指令（WaitUntil）

WaitUntil作用为等待直至满足逻辑条件指令。指令描述见表2-29。

表 2-29 WaitUntil 等待直至满足逻辑条件指令

名称	描述	
格式	WaitUntil [\InPos] Cond [\MaxTime] [\TimeFlag] [\PollRate]	
参数	[\InPos]	switch 型数据，指定该参数则开始计时前工业机器人和外轴必须静止
	Cond	等待的逻辑表达式
	[\MaxTime]	允许的最长时间
	[\TimeFlag]	等待超时标志位
	[\PollRate]	查询率，查询条件的循环时间，最小为 0.04s，默认为 0.1s
示例	`WaitUntil di0 = 1 AND di1 = 1;`	
说明	直到 di0 和 di1 均为 1 时结束等待	

17. 循环指令（WHILE）

当循环条件满足时，重复执行相关指令。指令描述见表2-30。

表 2-30 WHILE 循环指令

名称	描述	
格式	WHILE Condition DO … ENDWHILE	
参数	Condition	循环条件
	…	重复执行指令

示例	`reg1 := 1;`
	`reg2 := 0;`
	`WHILE reg1 < 5 DO`
	`  reg1 := reg1 + 1;`
	`  reg2 := reg2 + 1;`
	`ENDWHILE`	

说明	执行结果 reg1=5，reg2=4	

2.4.2 Prog.Flow类别

1. 中断程序执行指令（Break）

出于RAPID程序代码调试目的，中断程序执行，机械臂立即停止运动。指令描述见表2-31。

表 2-31 Break 中断程序执行指令

名称	描述
示例	`Break;`
说明	中断程序执行

2. 通过变量调用无返回值程序指令（CallByVar）

CallByVar用于调用具有特殊名称的无返回值程序。指令描述见表2-32。

表 2-32 CallByVar 通过变量调用无返回值程序指令

名称	描述	
格式	CallByVar Name Number	
参数	Name	string 型数据，程序名称的第一部分
	Number	num 型数据，无返回值程序编号的数值
示例	`reg1 := 1;` `CallByVar "proc", reg1;`	
说明	执行结果调用 proc1 程序	

3. 终止程序执行指令（EXIT）

EXIT作用为终止程序执行，终止后程序指针失效。

4. 中断当前循环指令（EXITCycle）

EXITCycle将程序指针移回至主程序中第一个指令处，在连续运行模式中将执行下一循环，在单周运行模式中将停止在第一条指令处。

5. 线程标签指令（Lable）

Lable用于命名程序中的程序，使用GOTO指令进行跳转。指令描述见表2-33。

表 2-33 Lable 线程标签指令

名称	描述	
格式	Lable:	
参数	Lable	标签名称
示例	`a:`	
说明	标签 a	

6. 转到标签指令（GOTO）

GOTO用于将程序执行转移到相同程序内的另一标签。指令描述见表2-34。

表 2-34 GOTO 转到标签指令

名称	描述	
格式	GOTO Lable	
参数	Lable	标签名称
示例	`GOTO a;`	
说明	跳转到标签 a	

7. 停止程序运行指令（Stop）

停止程序运行。指令描述见表2-35。

表2-35 Stop停止程序运行指令

名称	描述	
格式	Stop [\NoRegain] | [\AllMoveTasks]	
参数	[\NoRegain]	指定下一程序的起点
	[\AllMoveTasks]	指定所有运行中的普通任务以及实际任务中应当停止的程序
示例	`Stop;`	
说明	停止程序运行	

8. 条件语句指令（TEST）

条件语句根据表达式或数据的值，执行不同的指令。指令描述见表2-36。

表2-36 TEST条件语句指令

名称	描述	
格式	TEST Test data{CASE Test value{,Test value}:…}{DEFAULT:…}ENDTEST	
参数	Test data	用于比较测试值的数据或表达式
	Test value	测试数据必须拥有的值

示例	reg1 := 2;
	TEST reg1
	CASE 1:
	  reg2 := 2;
	CASE 2:
	  reg2 := 3;
	DEFAULT:
	  reg2 := 4;
	ENDTEST	

说明	执行结果 reg2=3	

2.4.3 Various类别

备注指令（Comment）。

备注是在程序中添加注释。指令描述见表2-37。

表2-37 Comment备注指令

名称	描述	
格式	! Comment	
参数	Comment	文本串
示例	`!this is a Comment.`	
说明	注释	

2.4.4 Settings类别

微课视频

Settings 类别和 Motion&Proc. 类别

1. 降低加速度指令（AccSet）

AccSet设置加速度值。指令描述见表2-38。

表 2-38　AccSet 降低加速度指令

名称	描述	
格式	AccSet Acc Ramp [\FinePointRamp]	
参数	Acc	num 型加减速占正常值的百分比
	Ramp	num 型加减速变化率占正常值的百分比
	[\FinePointRamp]	num 型减速度降低的速率占正常值的百分比
示例	`AccSet 50, 70;`	
说明	设置加速度为 50%，加速度变化率 70%	

2. 改变编程速率指令（VelSet）

VelSet设置编程速率。指令描述见表2-39。

表 2-39　VelSet 改变编程速率指令

名称	描述	
格式	VelSet Override Max	
参数	Override	num 型编程速率占编程速率的百分比
	Max	num 型最大 TCP 速率，单位为 mm/s
示例	`VelSet 50, 200;`	
说明	设置速度为 50%，最大速率 200 mm/s	

3. 定义有效负载指令（GripLoad）

GripLoad指定机械臂的有效负载。指令描述见表2-40。

表 2-40　GripLoad 定义有效负载指令

名称	描述	
格式	GripLoad Load	
参数	Load	Loaddata 型数据，定义当前有效负载
示例	`GripLoad load0;`	
说明	设置负载为 load0	

2.4.5 Motion&Proc.类别

1. 关节运动并设置输出指令（MoveJDO）

IRB 120机器人以关节运动模式运动，MoveJDO设置拐角处的数字信号输出。指令描述见表2-41。

表 2-41 MoveJDO 关节运动并设置输出指令

名称	描述	
格式	MoveJDO ToPoint [\ID] Speed [\T] Zone Tool [\WObj] Signal Value [\TLoad]	
参数	ToPoint	robtarget 型目标点位置
	[\ID]	在 MultiMove 系统中用于运动同步或协调同步，其他情况下禁止使用
	Speed	Speeddata 型运动速度
	[\T]	num 型数据，指定工业机器人运动的总时间，以 s 为单位
	Zone	zonedata 型转弯半径
	Tool	tooldata 型数据，指定运行时的工具
	[\Wobj]	wobjdata 型数据，指定运行时的工件
	Signal	Signaldo 型数据，信号名称
	Value	Dionum 型数据，信号的期望值
	[\TLoad]	loaddata 型数据，指定运行时的负载
示例	`MoveJDO p10, v200, z50, tool0, do1, 1;`	
说明	移动至 p10 点的拐角路径中部，设置 do1 为 1	

2. 线性运动并设置输出指令（MoveLDO）

IRB 120机器人以直线运动模式运动，MoveLDO设置拐角处的数字信号输出。指令描述见表2-42。

表 2-42 MoveLDO 线性运动并设置输出指令

名称	描述	
格式	MoveLDO ToPoint [\ID] Speed [\T] Zone Tool [\WObj] Signal Value [\TLoad]	
参数	ToPoint	robtarget 型目标点位置
	[\ID]	在 MultiMove 系统中用于运动同步或协调同步，其他情况下禁止使用
	Speed	Speeddata 型运动速度
	[\T]	num 型数据，指定工业机器人运动的总时间，以 s 为单位
	Zone	zonedata 型转弯半径
	Tool	tooldata 型数据，指定运行时的工具
	[\Wobj]	wobjdata 型数据，指定运行时的工件
	Signal	Signaldo 型数据，信号名称
	Value	Dionum 型数据，信号的期望值
	[\TLoad]	loaddata 型数据，指定运行时的负载
示例	`MoveLDO p30, v200, z50, tool0, do1, 1;`	
说明	移动至 p30 点的拐角路径中部，设置 do1 为 1	

3. 圆弧运动并设置输出指令（ MoveCDO ）

IRB 120机器人以圆弧运动模式运动，MoveCDO设置拐角处的数字信号输出。指令描述见表2-43。

表 2-43　MoveCDO 圆弧运动并设置输出指令

名称	描述	
格式	MoveCDO CirPoint ToPoint [\ID] Speed [\T] Zone Tool [\WObj] Signal Value [\TLoad]	
参数	CirPoint	robtarget 型中间点
	ToPoint	robtarget 型目标点
	[\ID]	在 MultiMove 系统中用于运动同步或协调同步，其他情况下禁止使用
	Speed	Speeddata 型运动速度
	[\T]	num 型数据，指定工业机器人运动的总时间，以 s 为单位
	Zone	zonedata 型转弯半径
	Tool	tooldata 型数据，指定运行时的工具
	[\Wobj]	wobjdata 型数据，指定运行时的工件
	Signal	Signaldo 型数据，信号名称
	Value	Dionum 型数据，信号的期望值
	[\TLoad]	loaddata 型数据，指定运行时的负载
示例	`MoveCDO p40, p50, v200, z10, tool0, do1, 1;`	
说明	移动至 p50 点的拐角路径中部，设置 do1 为 1	

2.4.6 I/O类别

微课视频

I/O 类别、Communicate 类别和 Interrupts 类别

1. 反转输出信号指令（InvertDO ）

反转输出信号指令，0→1，1→0。指令描述见表2-44。

表 2-44　InvertDO 反转输出信号指令

名称	描述	
格式	InvertDO signal	
参数	Signal	Signaldo 型数据，信号名称
示例	`Set do1;` `InvertDO do1;`	
说明	执行结果，do1=0	

2. 设置数字脉冲输出信号指令（PulseDO）

PulseDO输出数字脉冲信号。指令描述见表2-45。

表 2-45　PulseDO 设置数字脉冲输出信号指令

名称	描述	
格式	PulseDO [\High] [\PLength] Signal	
参数	[\High]	当独立于其当前状态而执行指令时，规定其信号为高
	[\PLength]	num 型数据，脉冲长度
	Signal	Signaldo 型数据，信号名称
示例	`PulseDO\PLength:=0.2, do1;`	
说明	执行结果，设置 do1 输出 0.2s 的脉冲	

3. 设置数字输出信号指令（SetDO）

SetDO设置数字输出信号值。指令描述见表2-46。

表 2-46　SetDO 设置数字输出信号指令

名称	描述	
格式	SetDO [\SDelay] | [\Sync] Signal Value	
参数	[\SDelay]	num 型数据，将信号值延时输出
	[\Sync]	等待物理信号输出完成后再执行下一指令
	Signal	Signaldo 型数据，信号名称
	Value	Signaldo 型数据，信号值
示例	`SetDO do1, 1;`	
说明	执行结果，设置 do1 输出信号值为 1	

2.4.7 Communicate类别

1. 擦除示教器文本指令（TPErase）

TPErase擦除示教器显示文本。指令描述见表2-47。

表 2-47　TPErase 擦除示教器文本指令

名称	描述
格式	TPErase
示例	`TPErase;`

2. 向示教器写入文本指令（TPWrite）

向示教器写入文本，TPWrite可将特定数据的值转换为文本输出。指令描述见表2-48。

表 2-48　TPWrite 向示教器写入文本指令

名称	描述	
格式	TPWrite String [\Num] | [\Bool] [\Pos] | [\Orient] | [\Dnum]	
参数	String	string 型数据，待写入的文本字符串，最多 80 个字符
	[\Num]	num 型数据，待写入的数值数据
	[\Bool]	bool 型数据，待写入的逻辑值数据
	[\Pos]	pos 型数据，待写入的位置数据
	[\Orient]	orient 型数据，待写入的方位数据
	[\Dnum]	dnum 型数据，待写入的数值数据
示例	`reg1 := 4;` `TPWrite "reg1="\Num:=reg1;`	
说明	执行结果，输出 reg1=4	

2.4.8 Interrupts类别

1. 关联中断指令（CONNECT）

CONNECT将中断识别号与软中断程序相连。指令描述见表2-49。

表 2-49　CONNECT 关联中断指令

名称	描述	
格式	CONNECT Interrupt WITH Trap routine	
参数	Interrupt	Intnum 型数据，中断识别号变量
	Trap routine	软中断名称
示例	`CONNECT intno1 WITH Routine1;`	
说明	将 Routine1 例行程序与 intno1 中断号相关联	

2. 取消中断指令（IDelete）

IDelete取消中断预定。指令描述见表2-50。

表 2-50　IDelete 取消中断指令

名称	描述	
格式	IDelete Interrupt	
参数	Interrupt	Intnum 型数据，中断识别号变量
示例	`IDelete intno1;`	
说明	删除 intno1 号中断	

3. 禁止中断指令（IDisable）

IDisable临时禁止程序所有中断。指令描述见表2-51。

表 2-51　IDisable 禁止中断指令

名称	描述
格式	IDisable
示例	`IDisable;`

4. 启用中断指令（IEnable）

IEnable启用程序中断。指令描述见表2-52。

表 2-52　IEnable 启用中断指令

名称	描述
格式	IEnable
示例	`IEnable;`

5. 数字输入信号中断指令（ISignalDI）

ISignalDI启用数字输入信号输入中断指令。指令描述见表2-53。

表 2-53　ISignalDI 数字输入信号中断指令

名称	描述	
格式	ISignalDI [\Single] | [\SingleSafe] Signal TriggValue Interrupt	
参数	[\Single]	确定中断仅出现或者循环出现
	[\SingleSafe]	确定中断单一且安全
	Signal	将产生中断的信号名称
	TriggValue	信号因出现中断而必须改变的值
	Interrupt	中断识别号
示例	ISignalDI\Single, di1, 1, intno1;	
说明	将 di1 与 intno1 号中断关联，当 di1 为 1 时触发中断	

6. 数字输出信号中断指令（ISignalDO）

ISignalDO启用数字输入信号输出中断指令。指令描述见表2-54。

表 2-54　ISignalDO 数字输出信号中断指令

名称	描述	
格式	ISignalDO [\Single] | [\SingleSafe] Signal TriggValue Interrupt	
参数	[\Single]	确定中断仅出现或者循环出现
	[\SingleSafe]	确定中断单一且安全
	Signal	将产生中断的信号名称
	TriggValue	信号因出现中断而必须改变的值
	Interrupt	中断识别号
示例	ISignalDO\Single, do1, 1, intno1;	
说明	将 do1 信号与 intno1 号中断关联，当 do1 为 1 时触发中断	

7. 停用一个中断指令（ISleep）

ISleep暂停程序中的一个中断。指令描述见表2-55。

表 2-55　ISleep 停用一个中断指令

名称	描述	
格式	ISleep Interrupt	
参数	Interrupt	中断识别号
示例	ISleep intno1;	
说明	停用 intno1 号中断	

8. 启用一个中断指令（IWatch）

IWatch启用一个由ISleep指令停用的中断。指令描述见表2-56。

表 2-56　IWatch 启用一个中断指令

名称	描述	
格式	IWatch Interrupt	
参数	Interrupt	中断识别号
示例	IWatch intno1;	
说明	启用 intno1 号中断	

2.4.9 System&Time类别

微课视频

System&Time 类别、Mathematics 类别和 Motion Adv. 类别

1. 重置定时器指令（ClkReset）

ClkReset重置定时器时钟。指令描述见表2-57。

表 2-57　ClkReset 重置定时器指令

名称	描述	
格式	ClkReset clock	
参数	clock	clock 型数据，时钟名称
示例	ClkReset clock1;	
说明	重置定时器 clock1	

2. 启用定时器指令（ClkStart）

ClkStart启用定时器时钟。指令描述见表2-58。

表 2-58　ClkStart 启用定时器指令

名称	描述	
格式	ClkStart clock	
参数	clock	clock 型数据，时钟名称
示例	ClkStart clock1;	
说明	启用定时器 clock1	

3. 停用定时器指令（ClkStop）

ClkStop停用定时器时钟。指令描述见表2-59。

表 2-59　ClkStop 停用定时器指令

名称	描述	
格式	ClkStop clock	
参数	Clock	clock 型数据，时钟名称
示例	ClkStop clock1;	
说明	停用定时器 clock1	

2.4.10 Mathematics类别

1. 自加1指令（Incr）

Incr用于数值变量加1。指令描述见表2-60。

表 2-60　Incr 自加 1 指令

名称	描述	
格式	Incr Name | Dname	
参数	Name	num 型数据，数据名称
	Dname	dnum 型数据，数据名称
示例	reg1 := 4; Incr reg1;	
说明	执行结果，reg1=5	

2. 增加数值指令（Add）

Add增加数值变量的值。指令描述见表2-61。

表 2-61　Add 增加数值指令

名称	描述	
格式	Add Name | Dname AddValue | AddDvalue	
参数	Name	num 型数据，数据名称
	Dname	dnum 型数据，数据名称
	AddValue	
	AddDvalue	
示例	reg1 := 4; Add reg1, 5;	
说明	执行结果，reg1=9	

3. 自减1指令（Decr）

Decr用于数值变量减1。指令描述见表2-62。

表 2-62　Decr 自减 1 指令

名称	描述	
格式	Decr Name | Dname	
参数	Name	num 型数据，数据名称
	Dname	dnum 型数据，数据名称
示例	reg1 := 4; Decr reg1;	
说明	执行结果，reg1=3	

4. 清除数值指令（Clear）

Clear将数值变量置为0。指令描述见表2-63。

表 2-63　Clear 清除数值指令

名称	描述
格式	Clear Name | Dname

续表

名称	描述	
参数	Name	num 型数据，数据名称
	Dname	dnum 型数据，数据名称
示例	`reg1 := 4;` `Clear reg1;`	
说明	执行结果，reg1=0	

2.4.11 Motion Adv.类别

1. 重启工业机器人移动指令（StartMove）

StartMove在停止工业机器人运动后，重启工业机器人运动。指令描述见表2-64。

表 2-64 StartMove 重启工业机器人移动指令

名称	描述	
格式	StartMove [\AllMotionTasks]	
参数	[\AllMotionTasks]	重启所有机械单元的移动，仅可在非运动任务中使用
示例	`StartMove;`	

2. 停止工业机器人移动指令（StopMove）

StopMove停止工业机器人运动。指令描述见表2-65。

表 2-65 StopMove 停止工业机器人移动指令

名称	描述	
格式	StopMove [\Quick] [\AllMotionTasks]	
参数	[\Quick]	尽快停止本路径上的工业机器人
	[\AllMotionTasks]	停止所有机械单元的移动，仅可在非运动任务中使用
示例	`StopMove;`	

3. 定义路径上的固定位置和时间I/O事件

定义有关设置工业机器人移动路径沿线固定位置处的信号条件及对外部设备的滞后情况进行时间补偿的情况。指令描述见表2-66。

表 2-66 定义路径上的固定位置和时间 I/O 事件指令

名称	描述
格式	TriggEquip TriggData Distance [\Start] EquipLag [\DOp] | [\GOp] | [AOp] | [\ProcID] SetValue | SetDvalue [\Inhib]

续表

名称	描述	
参数	TriggData	triggdata 型数据
	Distance	num 型数据，在路径上应出现 I/O 设备事件的位置，单位 mm
	[\Start]	设置 Distance 的距离为始于起点，默认为终点
	EquipLag	num 型数据，外部设备的滞后
	[\DOp]	signaldo 型数据，信号名称
	[\GOp]	signalgo 型数据，信号名称
	[\AOp]	signalao 型数据，信号名称
	[\ProcID]	num 型数据，未针对用户使用
	SetValue	num 型数据，信号的期望值
	SetDvalue	dnnum 型数据，信号的期望值
	[\Inhib]	Bool 型数据，用于约束运行时信号设置的永久变量标志的名称
示例	TriggEquip triggl, 3, reg1\DOp:=do1, 1;	

4. 关于事件的机械臂线性运动指令（TriggL）

当工业机器人线性运动时，TriggL设置输出信号在固定位置运行中断程序。指令描述见表2-67。

表 2-67 TriggL 关于事件的机械臂线性运动指令

名称	描述	
格式	TriggL [\Conc] ToPoint [\ID] Speed [\T] Trigg_1 | TriggArry{ * } [\T2] [\T3] [\T4] [\T5] [\T6] [\T7] [\T8] Zone [\Inpos] Tool [\WObj] [\Corr] [\TLoad]	
参数	[\Conc]	当机械臂正在移动时执行后续指令
	ToPoint	robtarget 型数据，目标点位置
	[\ID]	ID 号，用于同步或协调同步运动中
	Speed	speeddata 型数据，运动速度
	[\T]	num 型数据，定义工业机器人运动的总时间
	Trigg_1	triggdata 型数据，触发条件变量
	TriggArry	triggdata 型数据，触发条件变量数组
	[\T2]~ [\T8]	triggdata 型数据，触发条件变量
	Zone	zonedata 型数据，转弯区域
	[\Inpos]	stoppointdata 型数据，指定停止点中工业机器人 TCP 位置对的收敛准则，停止点数据取代 Zone 参数的指定区域
	Tool	tooldata 型数据，指定运行时的工具
	[\WObj]	wobjdata 型数据，指定运行时的工件
	[\Corr]	设置改参数后，将通过 CorrWrite 写入的修正数据添加到路径中
	[\TLoad]	loaddata 型数据，指定运行时的负载
示例	TriggL p10, v100, triggl, fine, tool0;	

第3章 工业机器人系统外围设备的应用

【学习目标】

（1）了解伺服系统的组成与伺服控制的应用。

（2）了解可编程控制器的特点与编程方法。

（3）掌握TIA博图软件的基本操作。

工业机器人系统外围设备是十分重要的，它是确保生产流程效率不可低估的因素。本章介绍的工业机器人系统外围设备是伺服系统和可编程控制器。通过本章学习，读者可了解伺服电机控制系统的组成与伺服控制的应用，以及可编程控制器的特点与编程方法。

3.1 伺服系统

工业机器人伺服系统的核心部件包括伺服电机和伺服驱动器。其中，伺服电机的工作原理与普通的交直流电机基本相同，电机尾部装有高精度编码器，根据需要，有的伺服电机还装有抱闸回路；伺服驱动器为伺服电机的专用驱动单元，具有电机控制功能，可实现对伺服电机在电流环、速度环和位置环的闭环控制。

微课视频

伺服系统

3.1.1 伺服系统的组成

伺服系统主要由控制器、驱动器、永磁同步电机及反馈装置（位置检测元件）组成，如图3-1所示。其中，θ_1是运动控制输入，θ_f是位置检测元件反馈信号，控制器输出i_d给驱动器，驱动器输出可控电压u_1给永磁同步电机（PMSM），然后位置检测元件（BQ）把执行情况反馈给控制器。

最常用的检测元件是旋转式光电编码器，它一般安装在电机轴的后端部，通过检测脉冲来计算电机的转速和位置。

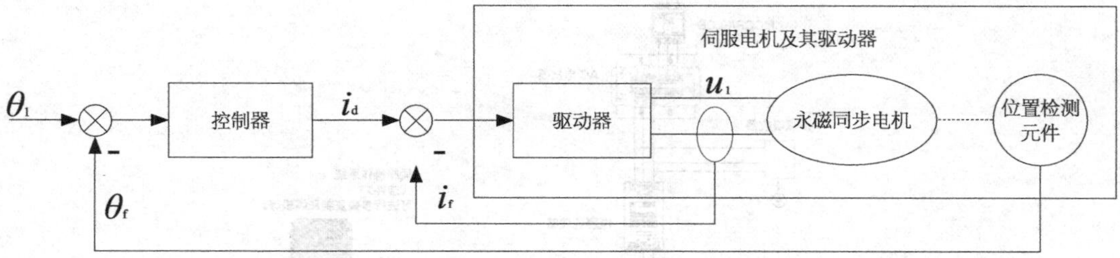
伺服电机及其驱动器
θ_1
控制器
i_d
驱动器
u_1
永磁同步电机
位置检测元件
-
-
θ_f
i_f

图 3-1 伺服系统的组成

3.1.2 伺服控制应用

伺服驱动器作为一种标准商品，已经得到了广泛应用。目前，生产各种伺服电机和配套伺服驱动器的公司有很多，如德国的力士乐、西门子，日本的三菱、安川、松下、欧姆龙、富士，韩国的LG等。伺服驱动器是与伺服电机配套使用的，因此在选型时要注意伺服驱动器自身的规格、型号与工作电压是否与所选的电机型号、工作压力、额定功率、额定转速和编码器规格相匹配。

本节以富士GYB201D5-RC2-B型伺服电机和RYH201F5-VV2型伺服驱动器为例，介绍其控制及应用，如图3-2所示。

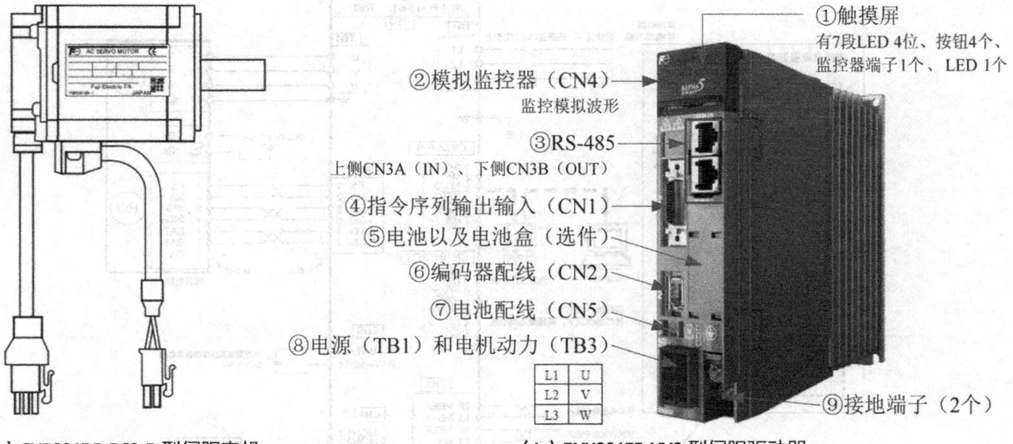
①触摸屏
有7段LED 4位、按钮4个、监控器端子1个、LED 1个
②模拟监控器（CN4）
监控模拟波形
③RS-485
上侧CN3A（IN）、下侧CN3B（OUT）
④指令序列输出输入（CN1）
⑤电池以及电池盒（选件）
⑥编码器配线（CN2）
⑦电池配线（CN5）
⑧电源（TB1）和电机动力（TB3）
L1 U
L2 V
L3 W
⑨接地端子（2个）

（a）GYB201D5-RC2-B 型伺服电机　（b）RYH201F5-VV2 型伺服驱动器

图 3-2 富士伺服电机及其伺服驱动器

1. **伺服系统的连接**

伺服驱动器的使用可参阅具体所选产品的使用手册。伺服电机控制系统的连接包括电源连接、伺服电机连接、输入/输出信号连接，如图3-3所示。伺服驱动器线路连接如图3-4所示。

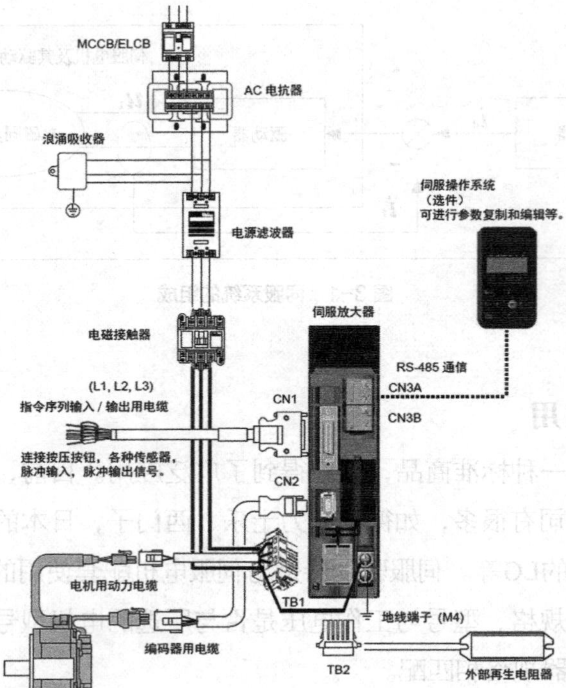
MCCB/ELCB
AC 电抗器
浪涌吸收器
电源滤波器
伺服操作系统
（选件）
可进行参数复制和编辑等。
电磁接触器
伺服放大器
RS-485 通信
CN3A
CN3B
(L1, L2, L3)
指令序列输入 / 输出用电缆
CN1
连接按压按钮，各种传感器，
脉冲输入，脉冲输出信号。
CN2
电机用动力电缆
TB1
地线端子 (M4)
编码器用电缆
TB2
外部再生电阻器

图 3-3　富士伺服电机控制系统的连接

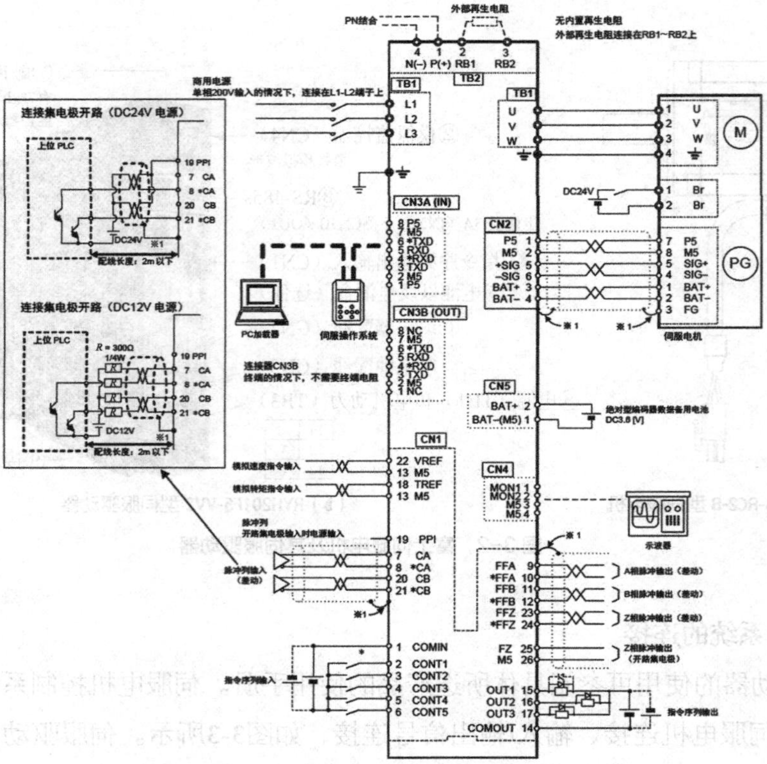
外部再生电阻
PN结合
无内置再生电阻
外部再生电阻连接在RB1~RB2上
N(–) P(+) RB1 RB2
TB1
TB2
L1
L2
L3
连接集电极开路（DC24V 电源）
上位 PLC
19 PPI
7 CA
8 *CA
20 CB
21 *CB
DC24V
配线长度：2m 以下
连接集电极开路（DC12V 电源）
DC12V
CN3A (IN)
CN3B (OUT)
PC加载器
伺服操作系统
U
V
W
M
DC24V
Br
CN2
P5
M5
+SIG
–SIG
BAT+
BAT–
PG
FG
伺服电机
CN5
CN1
22 VREF
13 M5
18 TREF
13 M5
CN4
MON1
MON2
示波器
FFA
*FFA
FFB
*FFB
FFZ
*FFZ
FZ
M5
1 COMIN
2 CONT1
3 CONT2
4 CONT3
5 CONT4
6 CONT5
OUT1
OUT2
OUT3
COMOUT
指令序列输入
指令序列输出

图 3-4　富士伺服驱动器线路连接

2. 伺服控制方式

伺服控制方式分为位置控制、速度控制和转矩控制3种。在实际运用中，需要根据实际需求选择。

（1）位置控制

位置控制是根据伺服驱动器脉冲列的输入控制轴的旋转位置。其输入形态有3种：指令脉冲/指令符号、正转脉冲/翻转脉冲、90° 相位差的2路信号。在实际运用中，需要根据实际需求选择合适的方式。

① 配线

a.差动输入。不使用PPI端子，如图3-5所示。

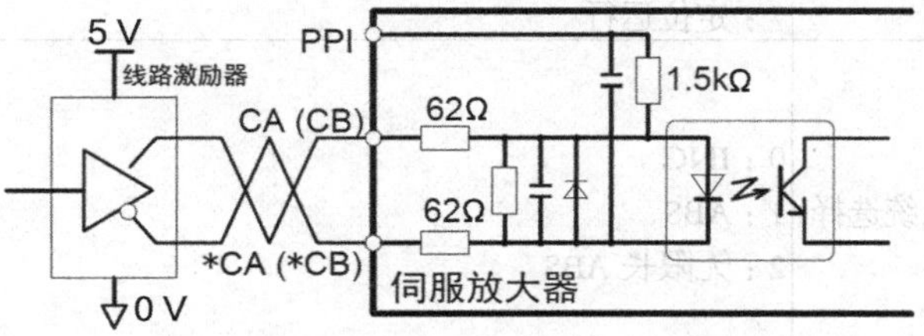
5 V
线路激励器
0 V
PPI
CA (CB)
*CA (*CB)
62Ω
62Ω
1.5kΩ
伺服放大器

图 3-5　差动输入

b.集电极开路输入（DC24V）。使用PPI端子，此时不可进行CA和CB的配线，与上位的配线长度需控制在2 m以下，如图3-6所示。

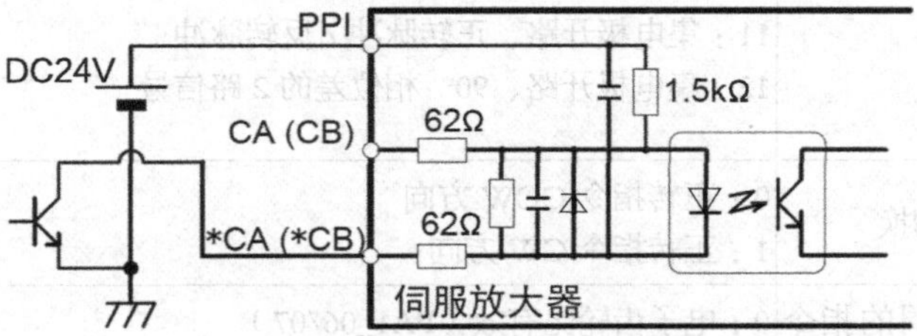
PPI
DC24V
CA (CB)
*CA (*CB)
62Ω
62Ω
1.5kΩ
伺服放大器

图 3-6　集电极开路输入（DC24V）

c.集电极开路输入（DC12V）。不使用PPI端子，使用电阻器进行配线，与上位的配线长度需控制在2 m以下，如图3-7所示。

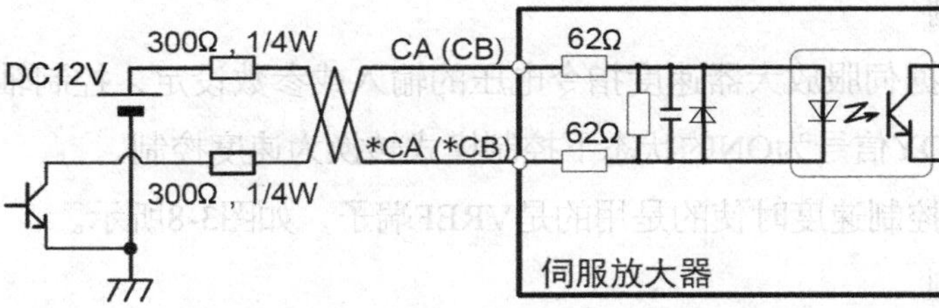
300Ω，1/4W
DC12V
300Ω，1/4W
CA (CB)
*CA (*CB)
62Ω
62Ω
伺服放大器

图 3-7　集电极开路输入（DC12V）

② 脉冲控制参数设定

具体脉冲参数设定见表3-1。

表 3-1　脉冲参数设定

编号	名称	设定范围	初始值
PA1_01	控制模式选择	0：位置 1：速度 2：转矩 3：位置 <> 速度 4：位置 <> 转矩 5：速度 <> 转矩 6：扩展模式 7：定位运行	0
PA1_02	INC/ABS 系统选择	0：INC 1：ABS 2：无限长 ABS	0
PA1_03	指令脉冲输入方式、形态设定	0：差动、指令脉冲 / 符号 1：差动、正转脉冲 / 反转脉冲 2：差动、90° 相位差的 2 路信号 10：集电极开路、指令脉冲 / 符号 11：集电极开路、正转脉冲 / 反转脉冲 12：集电极开路、90° 相位差的 2 路信号	1
PA1_04	运转方向切换	0：正转指令 CCW 方向 1：正转指令 CW 方向	0
PA1_05	每旋转一周的指令输入脉冲数	0：电子齿轮比有效（PA1_06/07） 64 ～ 1048576pluse：本参数设定有效	0
PA1_06	电子齿轮分子	1 ～ 4194304	16
PA1_07	电子齿轮分母	1 ～ 4194304	1

（2）速度控制

速度控制是根据伺服放大器速度指令电压的输入或参数设定，控制轴的转速。参数PA1_01=1时，在RDY信号为ON的状态下控制模式转换为速度控制。

通过模拟指令控制速度时使的是用的是VREF端子，如图3-8所示。

（3）转矩控制

转矩控制是根据伺服放大器转矩指令电压的输入或参数设定，控制轴的转矩。通过模拟指令控制转矩时使用的是TREF端子，如图3-9所示。

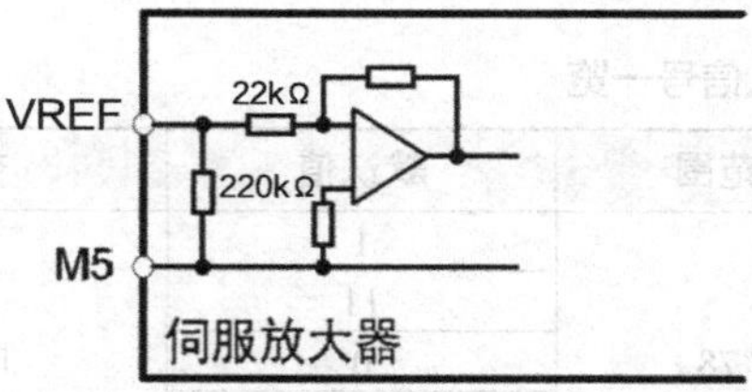
VREF
22kΩ
220kΩ
M5
伺服放大器

图 3-8　速度控制配线

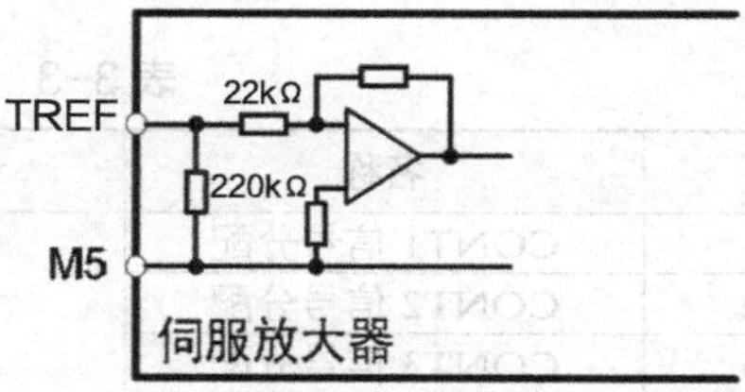
TREF
22kΩ
220kΩ
M5
伺服放大器

图 3-9　转矩控制配线

3. 参数配置

在不同控制方式下需要配置不同的参数。而在ALPHA5 Smart伺服驱动器中，按照功能类别进行区分，见表3-2。

表 3-2　伺服参数分类

编号	设定项目	功能
PA1_01 ~ 50	基本设定参数	在运行时必须要进行确认、设定参数
PA1_51 ~ 99	控制增益、滤波器设定参数	在手动对增益进行调整时使用
PA2_01 ~ 50	自动运行设定参数	在对定位运行速度以及原点复归功能进行设定、变更时使用
PA2_51 ~ 99	扩展功能设定参数	在对转矩限制等扩展功能进行设定、变更时使用
PA3_01 ~ 50	输入端子功能设定参数	在对伺服驱动器的输入信号进行设定、变更时使用
PA3_51 ~ 99	输出端子功能设定参数	在对伺服驱动器的输出信号进行设定、变更时使用

（1）输入信号配置

① 配线

指令序列控制用输入端子，对应漏输入/源输入，需要在DC12V ~ DC24V范围内使用，每点约消耗8mA（DC24V时），如图3-10所示。

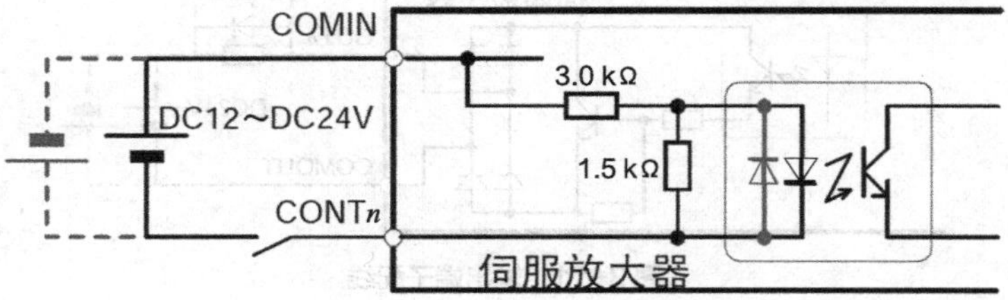
COMIN
3.0 kΩ
DC12~DC24V
1.5 kΩ
CONTn
伺服放大器

图 3-10　输入端子配线

② 参数设定

分配在指令序列输入端子上的信号，用参数设定，见表3-3。

表 3-3　输入信号一览

编号	名称	设定范围	默认值	变更
PA3_01	CONT1 信号分配	1 ~ 78	1	电源
PA3_02	CONT2 信号分配		11	
PA3_03	CONT3 信号分配		0	
PA3_04	CONT4 信号分配		0	
PA3_05	CONT5 信号分配		0	

指令序列输入信号的设定值见表3-4。

表 3-4　指令序列输入信号的设定值

编号	功能	编号	功能	编号	功能
1	伺服 ON[S-ON]	24	电子齿轮分子选择 0	47	调程 8
2	正转指令 [FWD]	25	电子齿轮分子选择 1	48	中断输入有效
3	反转指令 [REV]	26	禁止指令脉冲	49	中断输入
4	自动启动 [START]	27	指令脉冲比率 1	50	偏差清除
5	原点复归 [ORG]	28	指令脉冲比率 2	51	多级速选择 1[X1]
6	原点 LS[LS]	29	P 动作	52	多级速选择 2[X2]
7	+OT	31	临时停止	53	多级速选择 3[X3]
8	−OT	32	定位取消	54	自由运转
10	强制停止 [EMG]	34	外部再生电阻过热	55	编辑许可指令
11	报警复位 [RST]	35	示教	57	反谐振频率选择 0
14	ACC0	36	控制模式切换	58	反谐振频率选择 1
16	位置预置	37	位置控制	60	AD0
17	切换伺服响应	38	转矩控制	61	AD1
19	转矩限制 0	43	调程有效	62	AD2
20	转矩限制 1	44	调程 1	63	AD3
22	立即值继续指令	45	调程 2	77	定位数据选择
23	立即值变更指令	46	调程 4	78	广播取消

（2）输出信号分配

① 配线

指令序列控制用输出端子，对应漏输入/源输入，需要在DC12V ~ DC24V范围内使用，每点约消耗8 mA（DC24V时），如图3-11所示。

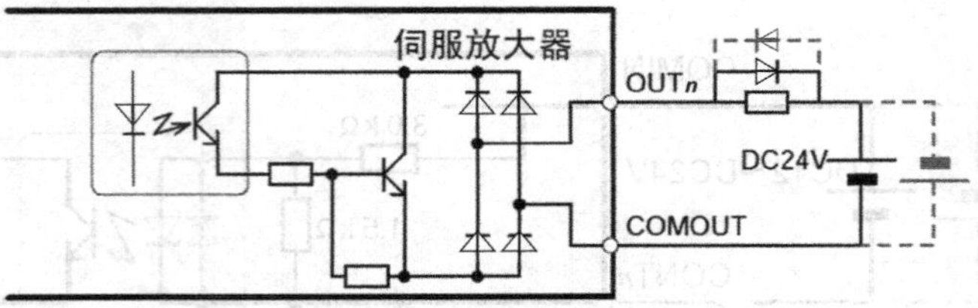

伺服放大器
OUTn
DC24V
COMOUT

图 3-11　输出端子配线

② 参数设定

分配在指令序列输出端子上的信号，用参数设定，见表3-5。

表3-5　输出信号一览

编号	名称	设定范围	默认值	变更
PA3_51	OUT1 信号分配	1 ~ 95	1	电源
PA3_52	OUT2 信号分配		2	
PA3_53	OUT3 信号分配		76	

指令序列输出信号的设定值见表3-6。

表3-6　指令序列输出信号的设定值

编号	功能	编号	功能	编号	功能
1	运行准备结束 [RDY]	29	编辑许可响应	64	MD4
2	定位结束 [INP]	30	数据错误	65	MD5
11	速度限制检测	31	地址错误	66	MD6
13	改写结束	32	报警代码 0	67	MD7
14	制动器时机	33	报警代码 1	75	位置预置结束
16	报警检测（a 接）	34	报警代码 2	76	报警检测（b 接）
17	定点、通过点 1	35	报警代码 3	79	立即值继续许可
18	定点、通过点 2	36	报警代码 4	80	继续设定结束
19	限制器检测	38	+OT 检测	81	变更设定结束
20	OT 检测	39	−OT 检测	82	指定定位结束
21	检测循环结束	40	原点 LS 检测	83	位置范围 1
22	原点复归结束	41	强制停止检测	84	位置范围 2
23	偏差零	45	电池警告	85	中断定位检测
24	速度零	46	使用寿命预报	91	CONTa 通过
25	速度到达	60	MD0	92	CONTb 通过
26	转矩限制检测	61	MD1	93	CONTc 通过
27	过载预报	62	MD2	94	CONTd 通过
28	伺服准备就绪	63	MD3	95	CONTe 通过

根据控制方式，配置完相关参数之后，就可以根据需要控制和使用伺服电机。

3.2 可编程控制器

3.2.1 PLC技术基础

微课视频

PLC 技术基础和 PLC 硬件结构

传统生产机械的自动控制装置——继电器控制系统具有结构简单、价格低廉、容易操作等优点，但其往往体积庞大、工作寿命短、生产周期长、接线复杂、故障率高、可靠性及灵活性差。故其适用于工作模式固定，控制逻辑简单等工业应用场合。

随着生产的发展，传统的继电器控制系统已无法满足客户的需求，所以迫切需要寻找一种新的控制方式，PLC应运而生。凭借其本身所具有的高可靠性、易编程修改的特点，PLC在自动控制系统应用中取得了良好的效果，可实现逻辑控制、定时控制、计数控制与顺序控制。

PLC是采用“顺序扫描，不断循环”的方式工作的。即在PLC运行时，CPU根据用户按控制要求编制好并存于用户存储器中的程序，按指令步序号（或地址号）作周期性循环扫描，如无跳转指令，则从第一条指令开始逐条顺序执行用户程序，直至程序结束。然后CPU重新返回第一条指令，开始下一轮新的扫描。在每次扫描过程中，CPU还要完成对输入信号的采样和对输出状态的刷新等工作。PLC的一个扫描周期必须经过输入采样、程序执行和输出刷新3个阶段。

PLC输入采样阶段：CPU首先以扫描方式按顺序读入所有暂存在输入锁存器中的输入端子的通断状态或输入数据，并将其写入各对应的输入状态寄存器中，这一过程称为输入采样。输入采样结束后随即关闭输入端口，进入程序执行阶段。

PLC程序执行阶段：CPU按用户程序指令存放的先后顺序扫描执行每条指令，经相应的运算和处理后，将其结果再写入输出状态寄存器中。输出状态寄存器中所有的内容随着程序的执行而改变。

PLC输出刷新阶段：当所有指令执行完毕，输出状态寄存器的通断状态被送至输出锁存器中，并通过一定的方式（继电器、晶体管或晶闸管）输出，驱动相应输出设备工作。

本书主要以西门子公司S7-1200系列PLC为对象，介绍其硬件结构及编程方法。

3.2.2 S7－1200硬件结构

S7-1200主要由CPU模块（简称CPU）、信号板、信号模块、通信模块和编程软件组成，各种模块安装在标准DIN导轨上。S7-1200的硬件组成具有高度的灵活性，系统扩展性强，用户可以根据自身需求确定PLC结构。下面主要介绍CPU模块、信号模块、通信模块。

1. CPU模块

S7-1200的CPU模块（见图3-12）将微处理器、电源、数字量输入/输出电路、模拟量输入/输出电路、PROFINET以太网接口、高速运动控制功能组合到一个设计紧凑的外壳中。每块CPU内可以安装块信号板（见图3-13），安装以后不会改变CPU的外形和体积。

S7-1200集成的PROFINET接口用于编程计算机、人机界面（HMI）、其他PLC或设备通信。此外它还通过开放的以太网协议支持与第三方设备的通信。

S7-1200现在有5种型号的CPU模块，本书主要选用CPU 1214C。每种CPU模块有3种版本，如表3-7所示。

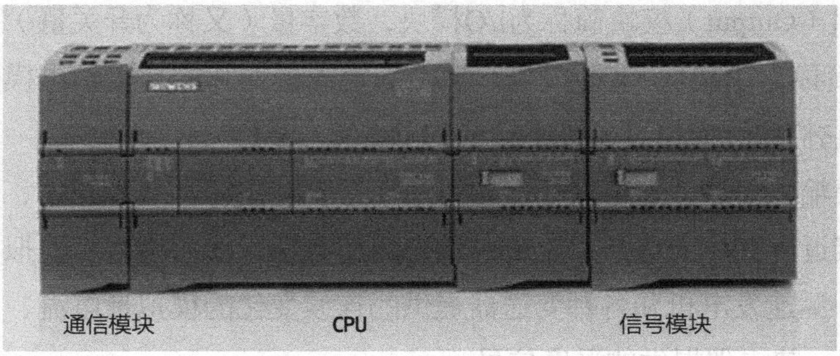
通信模块
CPU
信号模块

图 3-12　PLC S7-1200 的 CPU 模块

图 3-13　安装信号板

表 3-7　S7-1200 CPU 的 3 种版本

版本	电源电压	DI 输入电压	DQ 输出电压	DQ 输出电流
DC/DC/DC	DC24V	DC24V	DC24V	0.5 A，MOSFET
DC/DC/Relay	DC24V	DC24V	DC5 ~ 30V，AC5 ~ 250V	2A，DC30W/AC200W
AC/DC/Relay	AC85~264V	DC24V	DC5 ~ 30V，AC5 ~ 250V	2A，DC30W/AC200W

CPU 1214C DC/DC/DC的接线如图3-14所示，其电源电压、输入回路电压和输出回路电压均为DC24V电源。

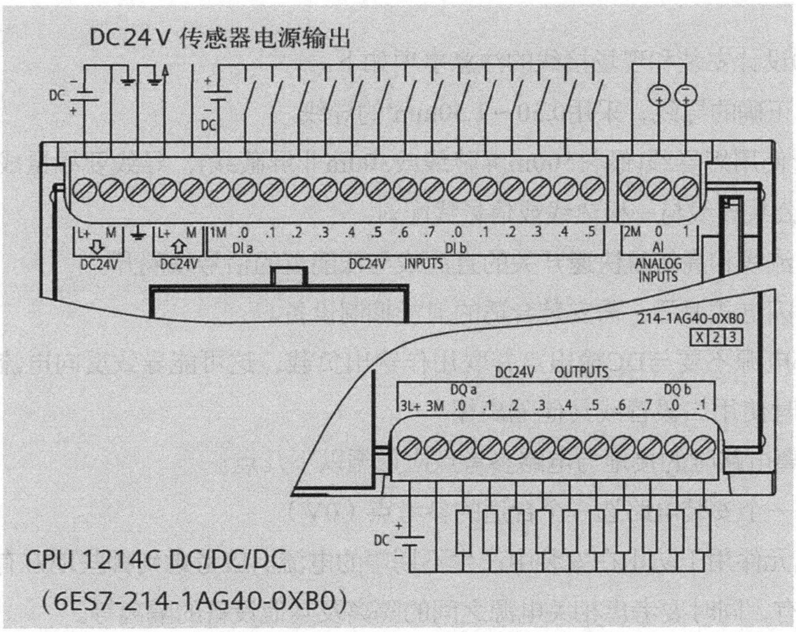
DC24V 传感器电源输出
DC
DC
L+ M
DC24V
L+ M
DC24V
1M .0 .1 .2 .3 .4 .5 .6 .7 .0 .1 .2 .3 .4 .5
DI a
DI b
DC24V INPUTS
2M 0 1
AI
ANALOG INPUTS
214-1AG40-0XB0
X 2 3
DC24V OUTPUTS
DQ a
DQ b
3L+ 3M .0 .1 .2 .3 .4 .5 .6 .7 .0 .1
DC
CPU 1214C DC/DC/DC
(6ES7-214-1AG40-0XB0)

图 3-14　CPU 1214C DC/DC/DC 外部接线图

2. 信号模块

输入（Input）模块和输出（Output）模块简称为I/O模块，数字量（又称为开关量）输入模块和数字量输出模块简称为DI模块和DQ模块，模拟量输入模块和模拟量输出模块简称为AI模块和AQ模块，它们统称为信号模块（Signal Madule，SM）。

输入模块用来接收和采集输入信号，数字量输入模块用来接收从按钮、选择开关、数字拨码开关、限位开关、接近开关、光电开关、压力继电器等数字量输入信号。模拟量输入模块用来接收电位器、测速发电机和各种变送器提供的连续变化的模拟量电流、电压信号，或直接接收热电阻、热电偶提供的温度信号。

数字量输出模块用来控制接触器、电磁阀、电磁铁、指示灯、数字显示装置和报警装置等输出设备，模拟量输出模块用来控制电动调节阀、变频器等执行器。

CPU模块内部的工作电压一般是DC5V，而PLC的外部输入/输出信号电压一般较高，如DC24V或AC220V。从外部引入的尖峰电压和干扰噪声可能损坏CPU中的元器件，或使PLC不能正常工作。在信号模块中，用光电耦合器、光敏晶闸管、小型继电器等器件来隔离PLC的内部电路和外部的输入、输出电路。信号模块除了传递信号外，还有电平转换与隔离作用。

3. 通信模块

通信模块安装在CPU模块的左边，最多可以添加3个通信模块，可以使用点对点通信模块、PROFIBUS通信模块、工业远程通信模块、AS-i接口通信模块和IO-Link通信模块。

S7-1200设计安装和现场接线的注意事项如下。

① 使用正确的导线，采用0.50～1.50mm^2的导线。

② 尽量使用短导线(最长500m屏蔽线或300m非屏蔽线)，导线要尽量成对使用，用一根中性或公共导线与一根热线或信号线配对。

③ 将交流线和高能量快速开关的直流线与低能量的信号线隔开。

④ 针对闪电式浪涌，需安装合适的浪涌抑制设备。

⑤ 外部电源不要与DC输出点并联用作输出负载，这可能导致反向电流冲击输出，除非在安装时使用二极管或其他隔离栅。

使用隔离电路时的接地与电路参考点应遵循以下几点。

① 为每一个安装电路选一个合适的参考点（0V）。

② 隔离元件用于防止在安装中产生不期望的电流。应考虑到哪些地方有隔离元件，哪些地方没有，同时要考虑相关电源之间的隔离及其他设备的隔离等。

③ 选择一个接地参考点。

④ 在现场接地时，一定要注意接地的安全性，并且要正确操作隔离保护设备。

3.2.3 S7-1200编程基础

微课视频

PLC 编程基础

1. S7-1200编程软件

TIA博途是西门子的全新自动化工程设计软件平台，它将所有自动化软件工具集成在统一的开发环境中。

（1）计算机配置

安装TIA博途对计算机的要求：处理器主频3.3 GHz或更高（最小2.2 GHz），内存8 GB或更大（最小4 GB），硬盘300 GB，15.6in（1in=25.4mm）宽屏显示器，分辨率1920像素×1080像素。TIA博途V13 SP1要求的计算机操作系统为非家庭版的32位或64位的Windows 7 SP1，或非家庭版的64位的Windows 8.1，和某些Windows服务器，不支持Windows XP。

（2）安装顺序

TIA博途中的软件应按以下顺序安装：STEP 7 Professional、S7-PLCSIM、WinCC、Professional、Startdrive、STEP 7 Safety Advanced。具体安装步骤可自行参阅相关安装手册。

（3）程序创建

以创建PLC程序为例，介绍博途软件的基本使用方法，PLC程序创建步骤见表3-8。

表 3-8 PLC 程序创建步骤

序号	图片示例	操作步骤
1	Siemens Totally Integrated Automation PORTAL 启动 在线与诊断 打开现有项目 创建新项目 移植项目 欢迎光临 已安装的软件 帮助 用户界面语言 创建新项目 项目名称：实训台 路径：C:\Users\lenovo\Documents\Automation 作者：lenovo 注释： 创建	创建项目：打开 TIA 博途软件，选择“创建新项目”，完成相关设置后，单击“创建”按钮，完成新项目的创建

续表

序号	图片示例	操作步骤
2	Siemens - C:\Users\lenovo\Documents\Automation\项目2\项目2 Totally Integrated Automation PORTAL 启动 设备与网络 PLC 编程 运动控制 & 技术 可视化 在线与诊断 设备： <未创建设备> 单击此处添加新设备... 帮助 项目视图 已打开的项目：C:\Users\lenovo\Documents\Automation\项目2\项目	创建 PLC 程序：项目创建完成后，单击“项目视图”，进入项目视图页，双击“添加新设备”，选择 CPU 型号，单击“确定”按钮
3	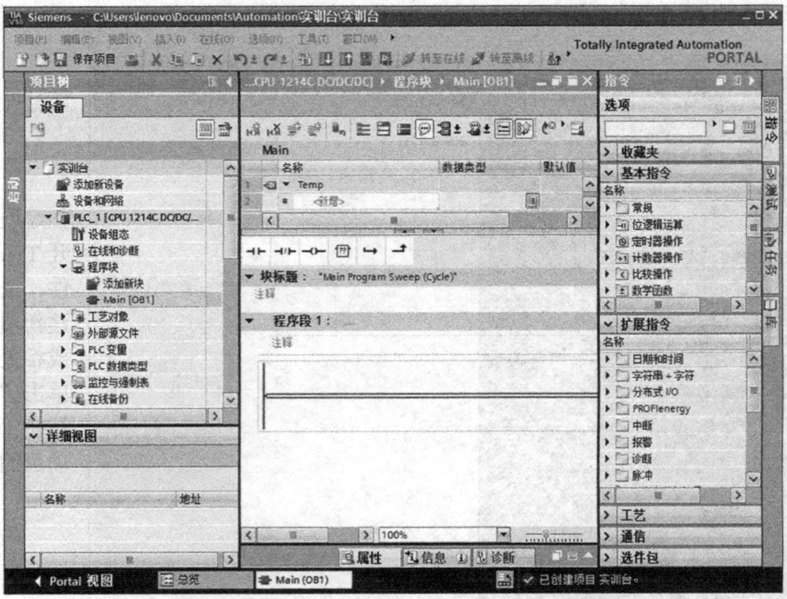Siemens - C:\Users\lenovo\Documents\Automation\实训台\实训台 Totally Integrated Automation PORTAL 保存项目 项目树 设备 实训台 添加新设备 设备和网络 PLC_1 [CPU 1214C DC/DC/... 设备组态 在线和诊断 程序块 添加新块 Main [OB1] 工艺对象 外部源文件 PLC 变量 PLC 数据类型 监控与强制表 在线备份 详细视图 名称 地址 Main 名称 数据类型 默认值 Temp <新增> 块标题："Main Program Sweep (Cycle)" 注释 程序段 1： 注释 100% 属性 信息 诊断 指令 选项 收藏夹 基本指令 名称 常规 位逻辑运算 定时器操作 计数器操作 比较操作 数学函数 扩展指令 名称 日期和时间 字符串 + 字符 分布式 I/O PROFIenergy 中断 报警 诊断 脉冲 工艺 通信 选件包 Portal 视图 总览 Main (OB1) 已创建项目 实训台。	编辑 PLC 程序：双击设备栏中需要编辑的程序块，进入程序块，编辑项目所需要的程序

续表

<table>
<tr><th>序号</th><th>图片示例</th><th>操作步骤</th></tr>
<tr><td>4</td><td>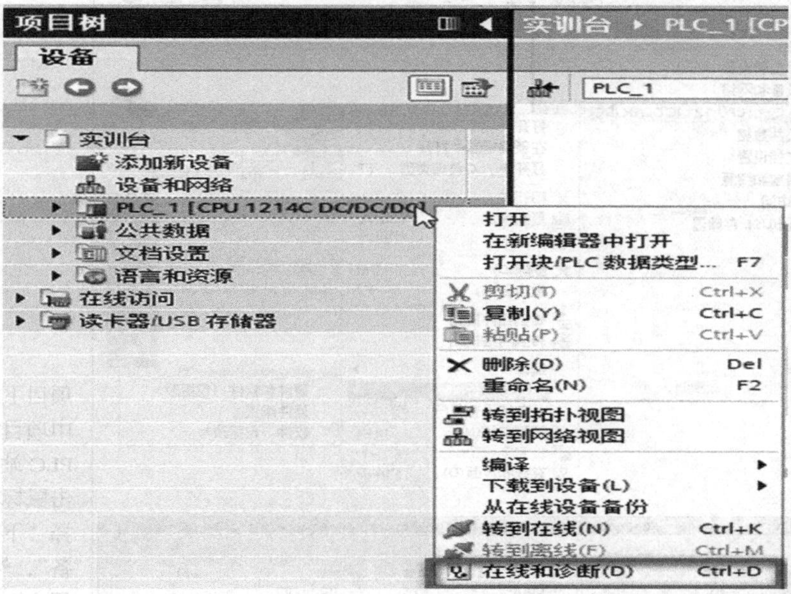
项目树
设备
实训台 ▸ PLC_1 [CP
PLC_1
实训台
添加新设备
设备和网络
PLC_1 [CPU 1214C DC/DC/DC]
公共数据
文档设置
语言和资源
在线访问
读卡器/USB 存储器
打开
在新编辑器中打开
打开块/PLC 数据类型... F7
剪切(T) Ctrl+X
复制(Y) Ctrl+C
粘贴(P) Ctrl+V
删除(D) Del
重命名(N) F2
转到拓扑视图
转到网络视图
编译
下载到设备(L)
从在线设备备份
转到在线(N) Ctrl+K
转到离线(F) Ctrl+M
在线和诊断(D) Ctrl+D
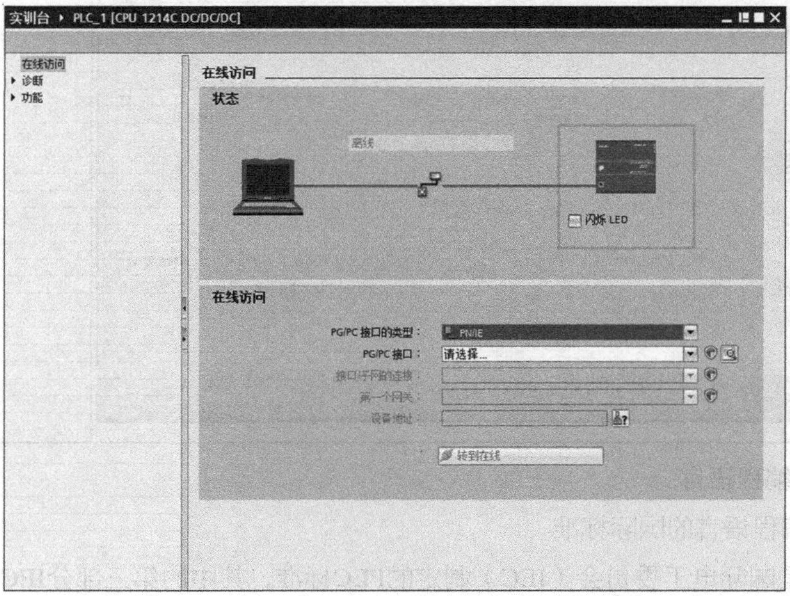
实训台 ▸ PLC_1 [CPU 1214C DC/DC/DC]
在线访问
诊断
功能
在线访问
状态
离线
闪烁 LED
在线访问
PG/PC 接口的类型：
PN/IE
PG/PC 接口：
请选择...
接口/子网的连接：
第一个网关：
设备地址：
转到在线</td><td>建立与 PLC 的连接：单击所组态的 PLC，单击鼠标右键，选择“在线和诊断”→“在线访问”，设置或修改 PG/PC 接口</td></tr>
</table>

续表

序号	图片示例	操作步骤
5	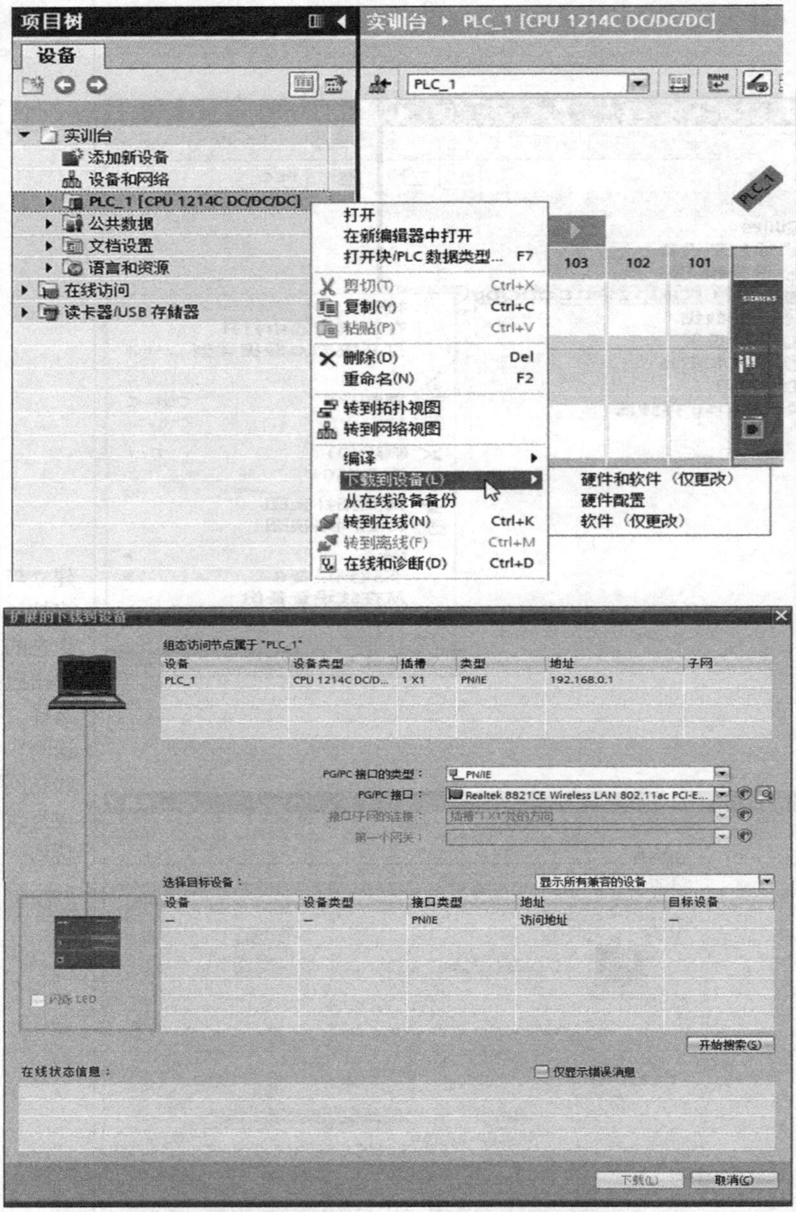项目树 设备 实训台 添加新设备 设备和网络 PLC_1 [CPU 1214C DC/DC/DC] 公共数据 文档设置 语言和资源 在线访问 读卡器/USB 存储器 实训台 ▸ PLC_1 [CPU 1214C DC/DC/DC] 打开 在新编辑器中打开 打开块/PLC 数据类型... F7 剪切(T) Ctrl+X 复制(Y) Ctrl+C 粘贴(P) Ctrl+V 删除(D) Del 重命名(N) F2 转到拓扑视图 转到网络视图 编译 下载到设备(L) 从在线设备备份 转到在线(N) Ctrl+K 转到离线(F) Ctrl+M 在线和诊断(D) Ctrl+D 硬件和软件（仅更改） 硬件配置 软件（仅更改） 扩展的下载到设备 组态访问节点属于 "PLC_1" 设备 设备类型 插槽 类型 地址 子网 PLC_1 CPU 1214C DC/D... 1 X1 PN/IE 192.168.0.1 PG/PC 接口的类型：PN/IE PG/PC 接口：Realtek 8821CE Wireless LAN 802.11ac PCI-E... 选择目标设备：显示所有兼容的设备 设备 设备类型 接口类型 地址 目标设备 PN/IE 访问地址 开始搜索(S) 在线状态信息： 仅显示错误消息 下载(L) 取消(C)	项目下载：选中项目树下的PLC站点，单击鼠标右键选择“下载到设备”，然后根据用户需求选择下载方式

2. S7-1200编程语言

（1）PLC编程语言的国际标准

IEC 61131是国际电工委员会（IEC）制定的PLC标准，其中的第三部分IEC 61131-3是PLC的编程语言标准。1EC 61131-3是世界上第一个，也是至今为止唯一的工业控制系统的编程语言标准，有下面5种编程语言。

① 指令表（Instruction List, IL）。

② 结构文本（Structured Text），S7-1200为S7-SCL。

③ 梯形图（Ladder Degen, LD），西门子PLC简称为LAD。

④ 函数块图（Function Block Diagram, FBD）。

⑤ 顺序功能图（Sequential Function Chat, SFC）。

S7-1200使用梯形图（LAD）、函数块图（FBD）和结构化控制语言（SCL）这3种编程语言。

（2）梯形图

梯形图是使用得最多的PLC图形编程语言，由触点、线圈和用方框表示的指令框组成。

（3）函数块图

函数块图使用类似于数字电路的图形逻辑来表示控制逻辑，国内很少有人使用。

（4）结构化控制语言

结构化控制语言是一种基于PASCAL的高级编程语言，其采用IEC 1131-3标准。结构化控制语言除了包含PLC的典型元素（例如输入、输出、定时器或存储器位）外，还包含高级编程语言中的表达式、赋值运算和运算符。结构化控制语言提供了简便的指令进行程序控制。例如创建程序分支、循环或跳转。结构化控制语言尤其适用于下列应用领域：数据管理、过程优化、配方管理和数学计算、统计任务。

3. S7-1200程序调试

软件编程的工作完成后，下一步的工作就是调试。S7-1200的CPU本体上集成了PROFIT通信口，通过这个通信口可以实现CPU与编程设备的通信。调试用户程序的方法有程序状态监视和监控表两种。

程序状态可以监视程序的运行，显示程序中操作数的值和网络的逻辑运算结果，查找用户程序的逻辑错误，还可以修改某些变量的值。使用监视表可以监视、修改和强制用户程序或CPU内的各个变量，可以在不同的情况下向某些变量写入需要的数值来测试程序或硬件。例如，为了检查接线，可以在CPU处于STOP模式时给物理输出点指定固定的值。

（1）程序状态监视

机器人与PLC建立好在线连接后，打开需要监视的代码块，单击工件栏上的“启用/禁用监视”按钮，启动程序状态监视。启动程序状态监控后，梯形图用实线来表示状态满足，用虚线表示状态不满足，用灰色实线表示状态未知，如图3-15所示。

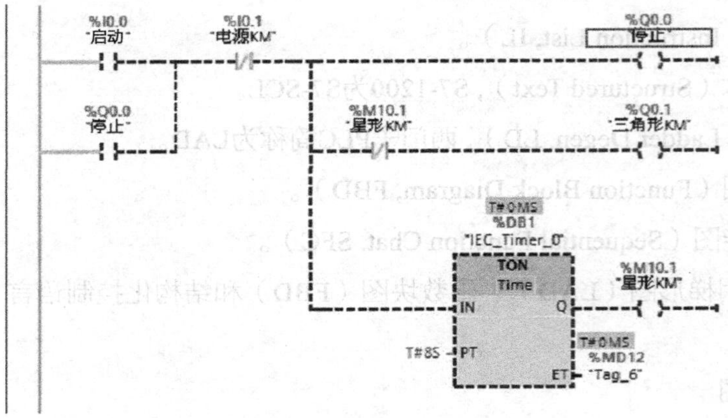
%I0.0
"启动"
%I0.1
"电源KM"
%Q0.0
"停止"
%Q0.0
"停止"
%M10.1
"星形KM"
%Q0.1
"三角形KM"
T#0MS
%DB1
"IEC_Timer_0"
TON
Time
IN
Q
%M10.1
"星形KM"
T#8S
PT
T#0MS
%MD12
ET
"Tag_6"

图 3-15　程序状态监视图

（2）监控表

程序状态监控功能只能在屏幕上显示一小块程序，调试较大的程序时，往往不能同时看到与某一程序功能有关的全部变量的状态。监控表可以在工作区同时监视和修改用户感兴趣的全部变量。一个项目可以生产多个监控表，以满足不同的调试要求。监控表可以赋值或显示的变量包括过程映像（I和Q）、外设输入（I_:P）、外设输出（Q_:P）1_:P、L:P、M和DB数据库内的存储单元。

监控表与CPU建立在线连接后，双击PLC变量下的默认变量表，单击工具栏上的 按钮，启动“监视全部”功能，将在“监视值”列连续显示变量的动态实际值。再次单击该按钮，将关闭监视功能。单击工具栏中的 按钮，可以立即更新所选变量的数值，该功能主要用于STOP模式下的监视和修改。

第4章 激光雕刻应用

【学习目标】

（1）了解激光雕刻项目的行业背景及实训目的。

（2）熟悉激光雕刻的工作过程及路径规划。

（3）掌握通用输入/输出信号及系统输入/输出信号的配置流程。

（4）掌握工具坐标系、工件坐标系的标定方法。

（5）掌握程序中断的使用方法。

（6）掌握工业机器人的编程、调试及自动运行。

随着汽车、航空、船舶等行业的飞速发展，三维钣金零部件和特殊型材的切割加工呈现小批量化、多样化、高精度化的发展趋势。工业机器人和光纤激光器所组成的工业机器人激光切割系统一方面具有工业机器人的特点，能够自由、灵活地实现各种复杂三维曲线加工轨迹；另一方面采用柔韧性好、能够远距离传输的光纤作为传输介质，不会对工业机器人的运动路径产生限制作用。相对于传统的加工方法，工业机器人激光切割系统在满足精确性要求的同时，能很好地提高整个激光切割系统的柔性，占用更少的空间，具有更高的经济性和竞争力，如图4-1所示。

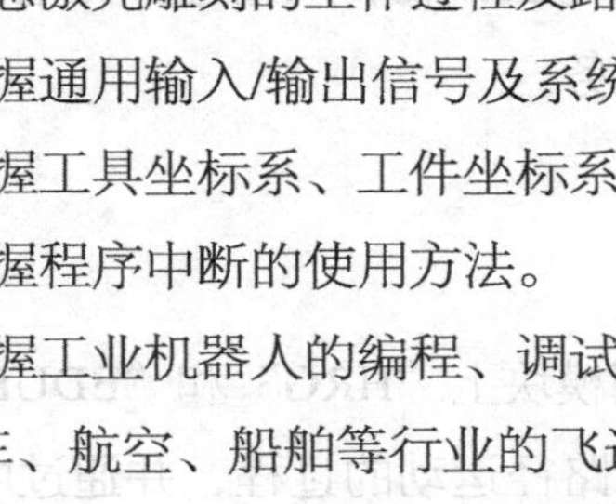

图 4-1　工业机器人激光雕刻

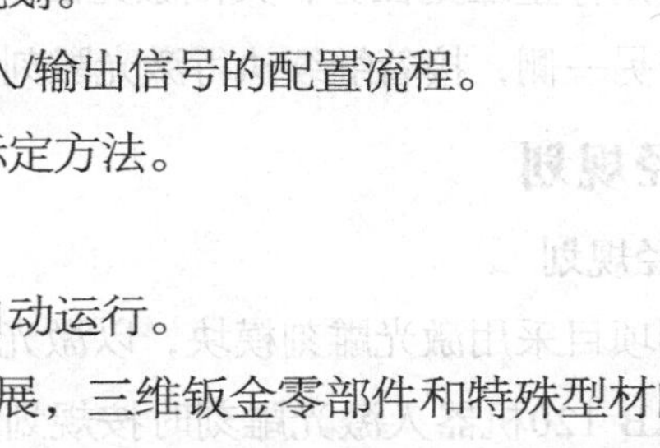

图 4-2　工业机器人激光雕刻实训设备

本实训项目通过激光雕刻模块的训练，使读者可以利用激光器模拟激光雕刻，充分熟悉IRB 120机器人的运动控制，更加熟练地操作该型号机器人（见图4-2）。

4.1 任务分析

微课视频

任务分析（激光雕刻）、知识要点和系统组成及配置

4.1.1 任务描述

本实训项目是IRB 120机器人手持激光器来模拟激光雕刻，其工作过程如下：IRB 120机器人在安全点等待5s，然后将激光器对准激光雕刻模块上的起始点，打开激光器，开始沿着“HRG”和“EDUBOT”的字符边缘进行激光循迹动作，每雕刻完一个完整的字母或路径，关闭激光器，运动到下一个字母的起始点，接着打开激光器进行雕刻，依次重复上述动作，直到所有的字符雕刻完毕，关闭激光器，最后让工业机器人回到安全点，从而演示激光雕刻的完整动作过程。

工业机器人在激光雕刻的过程中如果接收到异步输送带上光电传感器发送来的物料到位信号，则停止雕刻任务，关闭激光器，然后将圆饼物料从输送带光电传感器一侧搬运到输送带另一侧，接着继续执行激光雕刻的任务。

4.1.2 路径规划

1. 路径规划

本实训项目采用激光雕刻模块，以激光雕刻模块上“HRG”和“EDUBOT”字样为例，演示IRB 120机器人激光雕刻时按规划好的路径运动的过程，并通过中断程序，执行异步输送带搬运动作。

（1）激光雕刻

路径规划如图4-3所示。

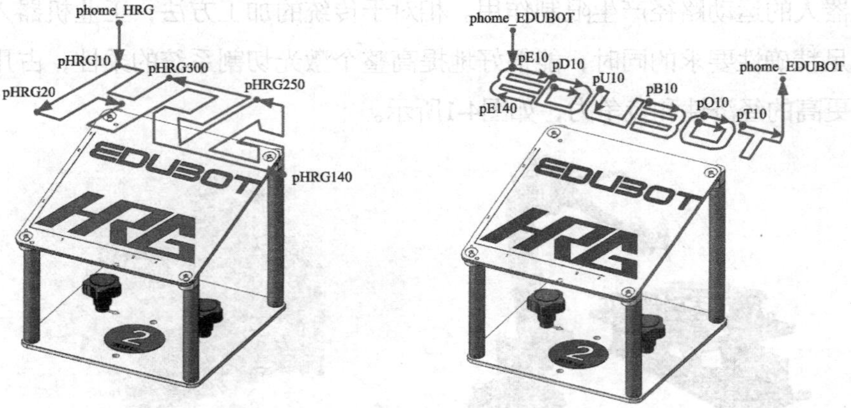
phome_HRG
pHRG10
pHRG300
pHRG20
pHRG250
pHRG140
EDUBOT
HRG
phome_EDUBOT
pE10
pD10
pU10
pB10
pO10
pT10
pE140
phome_EDUBOT
EDUBOT
HRG

（a）雕刻“HRG”的路径规划　　（b）雕刻“EDUBOT”的路径规划

图4-3　工业机器人激光雕刻路径规划

① 雕刻“HRG”

安全点phome_HRG→雕刻点pHRG10→雕刻点pHRG20→……→雕刻点pHRG330→雕刻点pHRG10；

② 雕刻“E”

安全点phome_EDUBOT→雕刻点pE10→雕刻点pE20……→雕刻点pE170→雕刻点pE10；

③ 雕刻“D”

（外圈）雕刻点pD10→雕刻点pD20……→雕刻点pD80→雕刻点pD10；（内圈）雕刻点pD90→雕刻点pD100……→雕刻点pD160→雕刻点pD90；

④ 雕刻“U”

雕刻点pU10→雕刻点pU20……→雕刻点pU120→雕刻点pU10；

⑤ 雕刻“B”

雕刻点pB10→雕刻点pB20……→雕刻点pB170→雕刻点pB10；

⑥ 雕刻“O”

（外圈）雕刻点pO10→雕刻点pO20……→雕刻点pO120→雕刻点pO10；（内圈）雕刻点pO130→雕刻点pO140……→雕刻点pO240→雕刻点pO130；

⑦ 雕刻“T”

雕刻点pT10→雕刻点pT20……→雕刻点pT80→雕刻点pT10→安全点phome_EDUBOT。

目标点命名及注释见表4-1。

表 4-1 激光雕刻路径规划目标点

序号	点序号	注释
1	phome_HRG	工业机器人安全点
2	phome_EDUBOT	工业机器人安全点
3	pHRG10 ~ pHRG330	雕刻“HRG”路径点
4	pE10 ~ pE170	雕刻“E”路径点
5	pD10 ~ pD80	雕刻“D”外圈路径点
6	pD90 ~ pD160	雕刻“D”内圈路径点
7	pU10 ~ pU120	雕刻“U”路径点
8	pB10 ~ pB170	雕刻“B”路径点
9	pO10 ~ pO120	雕刻“O”外圈路径点
10	pO130 ~ pO240	雕刻“O”内圈路径点
11	pT10 ~ pT80	雕刻“T”路径点

（2）异步输送带搬运

异步输送带搬运动作的路径规划如图4-4所示。

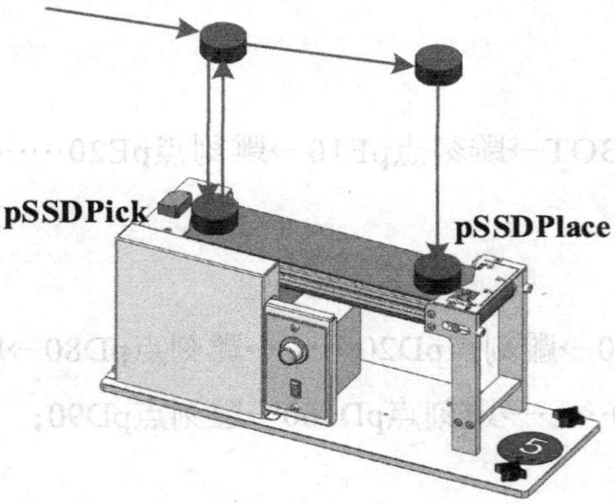
pSSDPick
pSSDPlace

图 4-4　异步输送带搬运路径规划

路径规划：激光雕刻点→输送带物料拾取点上方100mm→输送带物料抓取点pSSDPick→打开吸盘，等待0.5s，抓取物料→输送带物料拾取点上方100mm→输送带物料放置点上方100mm→输送带物料放置点pSSDPlace→关闭吸盘，等待0.3s，放置物料→输送带物料放置点上方100mm。

目标点命名及注释见表4-2。

表 4-2　异步输送带搬运路径规划目标点

序号	点序号	注释
1	pSSDPick	输送带物料拾取点
2	pSSDPlace	输送带物料放置点

2. 要点解析

① “HRG”的路径都为直线，可使用MoveL指令完成，EDUBOT路径为直线和弧线的组合，可使用MoveL和MoveC指令完成。

② 路径由激光来完成，需对激光进行I/O配置。

③ 雕刻动作采用激光工具，需定义激光工具坐标系。首先应利用标定尖锥建立工具坐标系，然后将该坐标系在z方向进行偏移即得到激光工具坐标系。

④ 在进行激光雕刻动作时，激光头与工件上的目标点或运动路径应在有效方向上保持100mm左右的距离。

⑤ 运动路径位于斜面上，需添加工件坐标系。利用工件坐标系手动控制工业机器人运动，便于程序的移植。

⑥工业机器人运动路径较多，为便于程序查看修改，每个字符需建立单独的例行程序，充分掌握程序调用思想。

⑦为了能够在激光雕刻过程中有效地响应外部信号或命令，使工业机器人停止当前程序去执行其他任务，需要在该例行程序中添加中断程序。

4.2 知识要点

4.2.1 指令解析

本实训项目中所用到的编程指令及作用见表4-3，各指令的详细信息、参数说明及调用格式可参考2.4节。

表 4-3 激光雕刻项目主要程序指令

序号	指令	说明	作用
1	MoveAbsJ	移动机械臂至绝对接头位置	将机械臂和外轴移动至轴位置中指定的绝对位置
2	AccSet	降低加速度	设置加速度值
3	VelSet	改变编程速率	设置编程速率
4	:=	赋值指令	向数据分配新值，该值可以是一个恒定值，也可以是一个数学表达式
5	WHILE	循环指令	当循环条件满足时，重复执行相关指令
6	EXIT	终止程序执行	终止程序执行，终止后程序指针失效
7	ClkReset	重置定时器	重置定时器时钟
8	ClkStart	启用定时器	启用定时器时钟
9	ClkStop	停用定时器	停用定时器时钟
10	ClkRead	读取时钟时间	读取预定义时钟的时间，时钟可以通过 ClkStart 和 ClkStop 指令进行启动和停止控制
11	Set	置位数字输出信号	将数字输出信号置为 1
12	Reset	复位数字输出信号	将数字输出信号置为 0
13	WaitRob	等待直到达到停止点或零速度	添加参数 [\InPos] 表示程序执行进入等待，直至机械臂和外轴已达到停止点
14	TPWrite	写入示教器	用于在示教器上写入文本
15	ValToStr	将一个值转换成字符串	用于将一个任意数据类型的值转换为字符串
16	IDelete	中断删除	用于取消或删除预定的中断
17	CONNECT	将中断与软中断程序相连	用于发现中断识别号，并将其与软中断程序相连
18	ISignalDI	中断数字信号输入信号	用于下达和启用数字信号输入信号的中断指令
19	StopMove	停止机械臂的移动	当出现中断时，该指令可用于软中断程序，以暂时停止机械臂的移动
20	StartMove	重启机械臂移动	用于恢复机械臂、外轴移动和随附过程
21	StorePath	发生中断时，存储路径	用于保存当前移动路径，以供随后使用
22	RestoPath	中断之后，恢复路径	用于恢复在使用指令 StorePath 的前一阶段所储存的路径

4.2.2 中断

1. 中断的定义

程序在执行过程中，如果发生需要紧急处理的情况，这就要工业机器人中断当前的执行，程序指针（PP）马上跳转到指定的程序中对紧急的情况进行相应的处理，处理结束以后程序指针返回到原来被中断的地方，继续往下执行程序。专门用来处理紧急情况的专用程序，称为中断程序（TRAP）。

中断相当于工业机器人后台在循环扫描信号，然后由对应信号触发对应中断程序。中断程序拥有更高优先级，当中断触发条件满足时，程序指针即从当前运行处跳转至中断服务程序，中断服务程序运行结束后方才继续执行中断跳转前的指令。中断程序经常用于出错处理、外部信号响应等实时响应要求高的场合。

中断服务程序与中断触发条件通过中断数据相关联，中断数据必须为全局变量，且存储类型为变量。

2. 中断指令

ABB机器人的中断指令包括CONNECT、IDelete、ISignalDI、ISignalDO、ISignalAI、ISignalAO、ISleep、IWatch、IDisable、IEnable和ITimer，下面介绍常用的CONNECT、IDelete、ISignalDI三种指令。

（1）CONNECT指令

CONNECT指令的解析见表4-4。

表 4-4　CONNECT 指令解析

项目	功能说明
格式	CONNECT interrupt WITH Trap routine interrupt：中断处理名称 Trap routine：中断处理程序
应用	将工业机器人相应中断数据连接到相应的中断处理程序，是机器人中断功能必不可少的组成部分。CONNECT 指令必须同 ISignalDI、ISignalDO、ISignalAI、ISignalAO 或 ITimer 指令联合使用
限制	① 中断数据的数据类型必须为变量（VAR）； ② 一个中断数据不允许同时连接到多个中断处理程序，但多个中断数据可以共享一个中断处理程序； ③ 当一个中断数据完成连接后，这个中断数据不允许再次连接到任何中断处理程序（包括已经连接的中断处理程序），如果需要再次连接到任何中断处理程序，必须先使用 IDelete 指令将原连接去除

（2）IDelete指令

IDelete指令见表4-5。

表 4-5　IDelete 指令解析

项目	功能说明
格式	IDelete interrupt interrupt：中断处理名称

续表

项目	功能说明
应用	将工业机器人相应中断数据与相应的中断处理程序之间的连接去除
限制	执行 IDelete 指令后，当前中断数据的连接被完全去除，如需再次使用这个中断数据必须重新使用 CONNECT 指令连接到相应的中断处理程序。 在下列情况下，中断程序将自动去除。 ① 重新载入新的运行程序； ② 工业机器人运行程序被重置，程序指针回到主程序的第一行； ③ 工业机器人程序指针被移到任意一个例行程序的第一行

（3）ISignalDI指令

ISignalDI指令见表4-6。

表 4-6 ISignalDI 指令解析

<table>
<tr><th>项目</th><th colspan="2">功能说明</th></tr>
<tr><td>格式</td><td colspan="2">ISignalDI[\Single],Signal,TriggValue,Interrupt
[\Single]：单次中断信号开合
Signal：触发中断信号
TriggValue：触发信号值
Interrupt：中断数据名称</td></tr>
<tr><td rowspan="3">应用</td><td colspan="2">ISignalDI 使用相应的数字输入信号触发相应的中断功能，且必须同 CONNECT 指令联合使用</td></tr>
<tr><td>CONNECT int1 WITH iroutine1；
IsignalDI\single di01,1,int1</td><td>中断功能在单次触发后失效</td></tr>
<tr><td>CONNECT int2 WITH iroutine2；
ISignalDI di02,1,int1</td><td>中断功能持续有效，只有在程序重置或运行指令 IDelete 后才失效</td></tr>
<tr><td>限制</td><td colspan="2">当一个中断数据完成连接后，这个中断数据不允许再次连接到任何中断处理程序（包括已经连接的中断处理程序），如果需要再次连接到任何中断处理程序，必须先使用 IDelete 指令将原连接去除</td></tr>
</table>

3. 中断程序的创建

下面以本实训项目中需要建立的中断程序tBanyun为例，介绍中断程序的创建步骤，如表4-7所示。中断程序用于在工业机器人进行激光雕刻的过程中响应异部输送带上光电传感器检测到的物料到位信号，该中断服务程序首先保存激光器的状态，然后将输送带上的圆饼物料从光电传感器一侧搬运到另外一侧，最后恢复激光器的状态。

表 4-7　中断程序的创建步骤

序号	图片示例	操作步骤
1	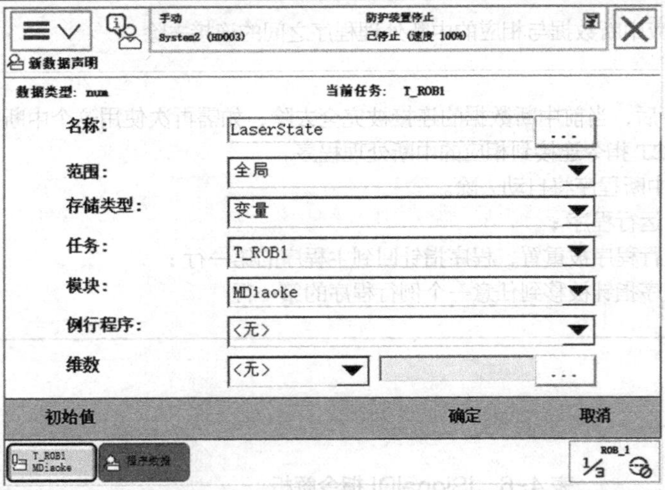	在建立中断程序之前，先新建一个数据类型为 num 的全局变量“LaserState”，用来保存工业机器人处理中断任务之前激光器的状态
2	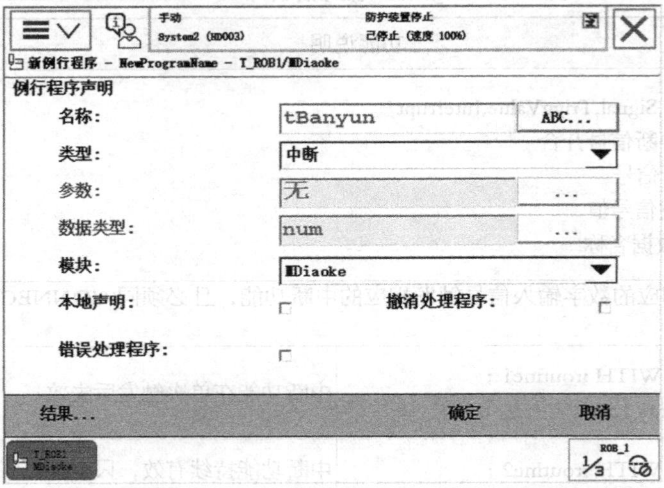	在“MDiaoke”模块中新建例行程序，名称为“tBanyun”，类型选择“中断”，单击“确定”按钮
3	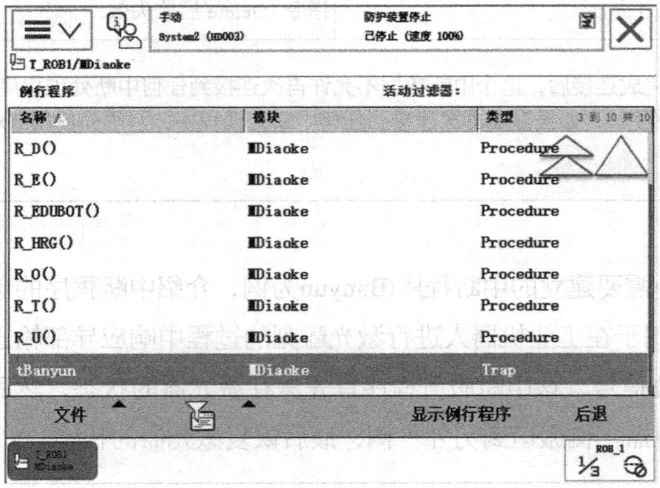	选择创建的中断程序“tBanyun”，然后单击“显示例行程序”按钮

续表

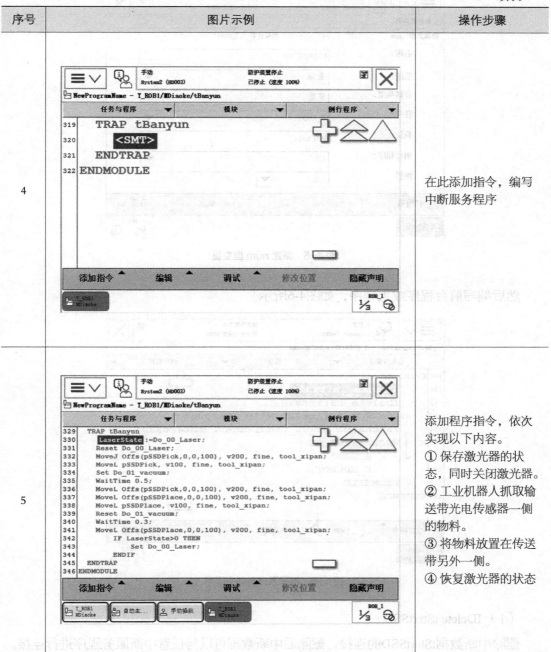

序号	图片示例	操作步骤
4	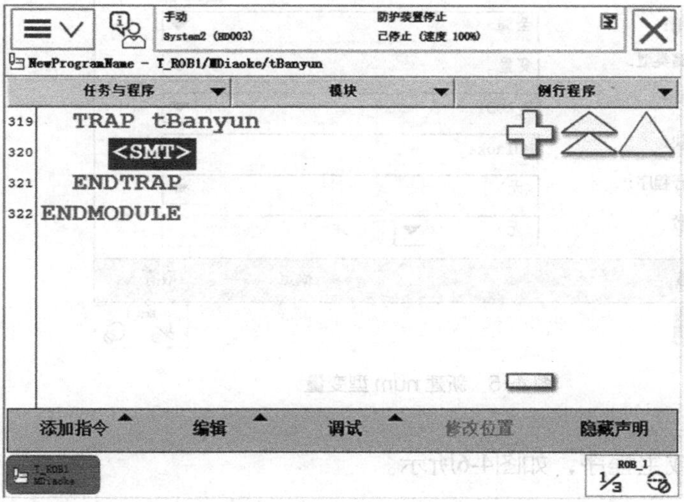手动 System2 (HD003) 防护装置停止 已停止 (速度 100%) NewProgramName - T_ROB1/MDiaoke/tBanyun 任务与程序 模块 例行程序 TRAP tBanyun <SMT> ENDTRAP ENDMODULE 添加指令 编辑 调试 修改位置 隐藏声明 ROB_1	在此添加指令，编写中断服务程序

5	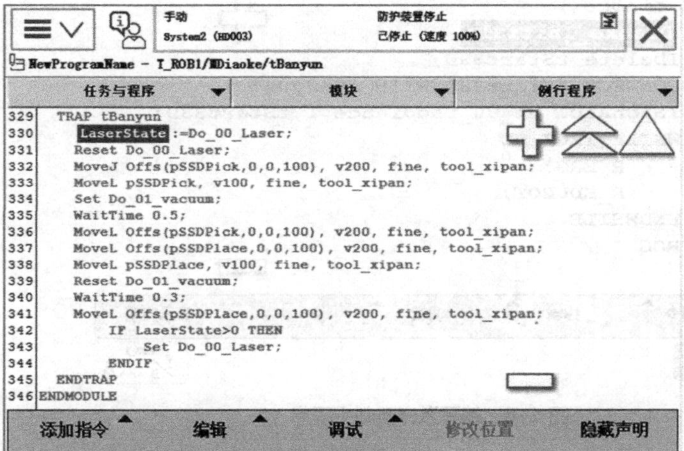手动
	System2 (HD003)
	防护装置停止
	已停止 (速度 100%)
	NewProgramName - T_ROB1/MDiaoke/tBanyun
	任务与程序
	模块
	例行程序
	TRAP tBanyun
	LaserState :=Do_00_Laser;
	Reset Do_00_Laser;
	MoveJ Offs(pSSDPick,0,0,100), v200, fine, tool_xipan;
	MoveL pSSDPick, v100, fine, tool_xipan;
	Set Do_01_vacuum;
	WaitTime 0.5;
	MoveL Offs(pSSDPick,0,0,100), v200, fine, tool_xipan;
	MoveL Offs(pSSDPlace,0,0,100), v200, fine, tool_xipan;
	MoveL pSSDPlace, v100, fine, tool_xipan;
	Reset Do_01_vacuum;
	WaitTime 0.3;
	MoveL Offs(pSSDPlace,0,0,100), v200, fine, tool_xipan;
	IF LaserState>0 THEN
	Set Do_00_Laser;
	ENDIF
	ENDTRAP
	ENDMODULE
	添加指令
	编辑
	调试
	修改位置
	隐藏声明
	ROB_1
		添加程序指令，依次实现以下内容。
		① 保存激光器的状态，同时关闭激光器。
		② 工业机器人抓取输送带光电传感器一侧的物料。
		③ 将物料放置在传送带另外一侧。
		④ 恢复激光器的状态

4. 中断程序的使用

中断程序创建完成之后，需要在其他任务程序或主程序中将中断数据与中断例行程序进行连接，然后设置中断服务程序的触发条件和次数。

首先应建立一个数据类型为num的全局变量“tStartSSD”作为中断名称，用于关联中断服务程序，如图4-5所示。

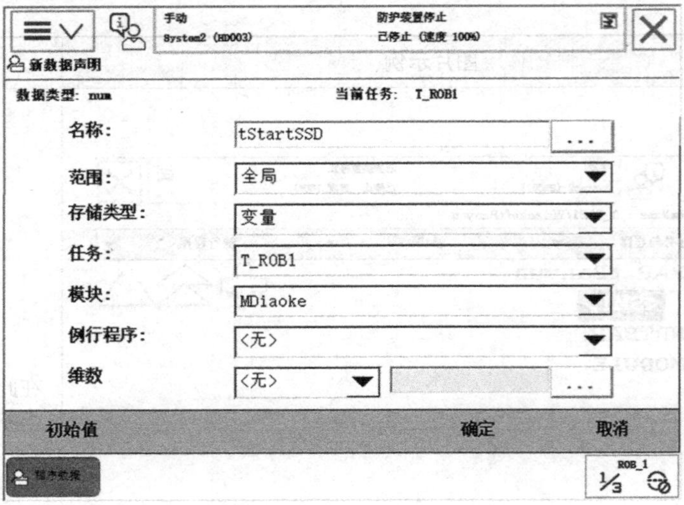
手动
System2 (HD003)
防护装置停止
已停止 (速度 100%)
新数据声明
数据类型: num
当前任务: T_ROB1
名称:
tStartSSD
范围:
全局
存储类型:
变量
任务:
T_ROB1
模块:
MDiaoke
例行程序:
<无>
维数
<无>
初始值
确定
取消
ROB_1
1/3

图 4-5　新建 num 型变量

然后编写前台程序或主程序，如图4-6所示。

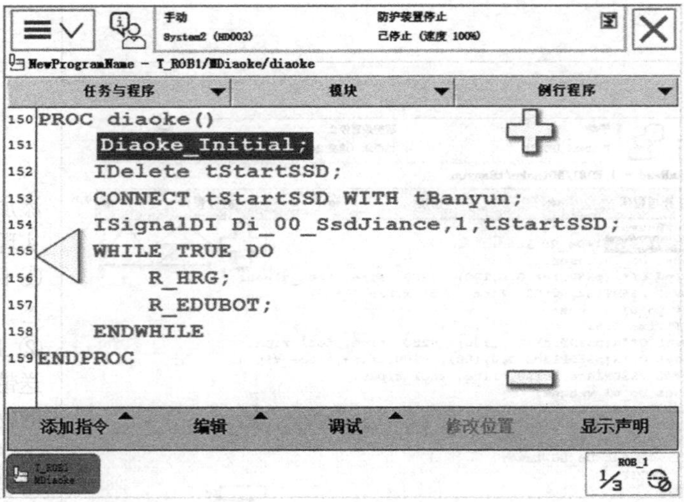
手动
System2 (HD003)
防护装置停止
已停止 (速度 100%)
NewProgramName - T_ROB1/MDiaoke/diaoke
任务与程序
模块
例行程序
PROC diaoke()
Diaoke_Initial;
IDelete tStartSSD;
CONNECT tStartSSD WITH tBanyun;
ISignalDI Di_00_SsdJiance,1,tStartSSD;
WHILE TRUE DO
R_HRG;
R_EDUBOT;
ENDWHILE
ENDPROC
添加指令
编辑
调试
修改位置
显示声明
T_ROB1
MDiaoke
ROB_1
1/3

图 4-6　编写激光雕刻主程序

（1）IDelete tStartSSD

删除中断数据tStartSSD的连接，删除后中断数据可以与任意中断服务程序进行连接。

（2）CONNECT tStartSSD WITH tBanyun

将中断数据tStartSSD与中断例行程序tBanyun进行连接。

（3）ISignalDI Di_00_SsdJiance,1,tStartSSD

通过数字输入信号Di_00_SsdJiance的上升沿去触发中断数据，以此去执行与中断数据相关联的中断服务程序，此处为反复触发（注意：默认插入是会带有Single参数，即只会第一次发生中断触发，之后不会再触发；如果要反复触发，则应去除Single参数）。

4.2.3 转弯区域设置

通常，定义工业机器人的动作指令时，需要指定工业机器人的动作结束方法，即设置转弯区域数据。转弯区域数据有fine类型和z+数值类型两种。

1. fine 类型

fine表示工业机器人在目标位置停止（定位）后，向着下一目标位置移动。

2. z+数值类型

z+数值表示工业机器人靠近目标位置，但是不在该位置停止而是趋近目标位置后，继续向下一位置动作。工业机器人趋近目标位置到什么程度，由z后面的数值来定义。当指定的值为0时，工业机器人在最靠近目标位置处动作，但是不在目标位置定位而开始下一动作。转弯区域数值越大，工业机器人的动作路径就越圆滑、越流畅。

转弯区域数据为fine类型指工业机器人工具中心点（Tool Center Point，TCP）达到目标点后速度降为零。如图4-7所示的运行轨迹，工业机器人在接近P10点时z50逼近但不靠近，最后形成半径50 mm的转弯曲线。

如果目标点是路径中间的某一点，则工业机器人在该点稍做停顿后再向下运动；如果目标点是一段路径的最后一个点，则转弯区域数据必须为fine类型。

图4-8中工业机器人TCP的运行过程见表4-8。

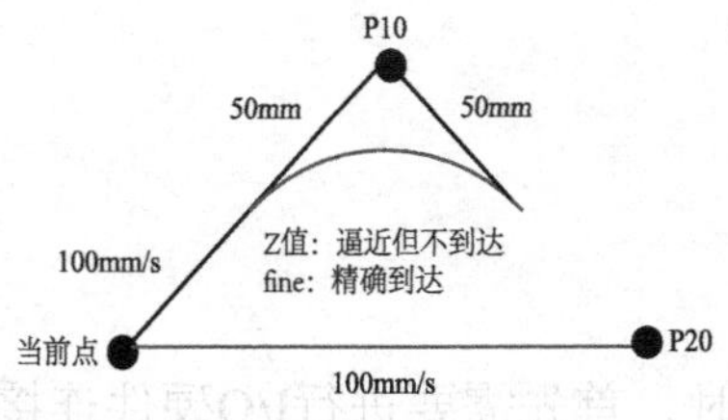
P10
50mm
50mm
100mm/s
Z值：逼近但不到达
fine：精确到达
当前点
P20
100mm/s

图 4-7 z 值和 fine

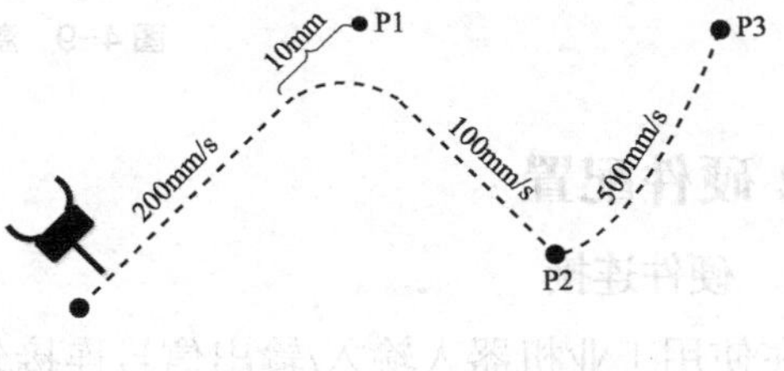
P1
10mm
200mm/s
100mm/s
500mm/s
P3
P2

图 4-8 工业机器人 TCP 运行过程

表 4-8 工业机器人 TCP 运行过程

程序	说明
MoveL p1, v200, z10, tool1	工业机器人的 TCP 从当前位置向点 p1 以线性运动方式前进，速度是 200 mm/s。转弯区域数据是 10 mm，即距离点 pl 10 mm 时开始转弯
MoveL p2, v100, fine, tool1	工业机器人的TCP从点pl向点p2以线性运动方式前进,速度是100mm/s，转弯区域数据是 fine，工业机器人在点 p2 稍做停顿
MoveJ p3, v500, fine, tool1	工业机器人的 TCP 从点 p2 向点 p3 以关节运动方式前进，速度是 500 mm/s，转弯区域数据是 fine 类型，则工业机器人在点 p3 停止

4.3 系统组成及配置

4.3.1 系统组成

本节以HRG-HD1XKA型工业机器人技能考核实训台（专业版）为例，来学习IRB 120机器人编程与操作。本实训台包括基础模块、激光雕刻模块、异步输送带模块。在激光雕刻应用中使用激光雕刻模块和红光点状激光发生器，如图4-9所示。

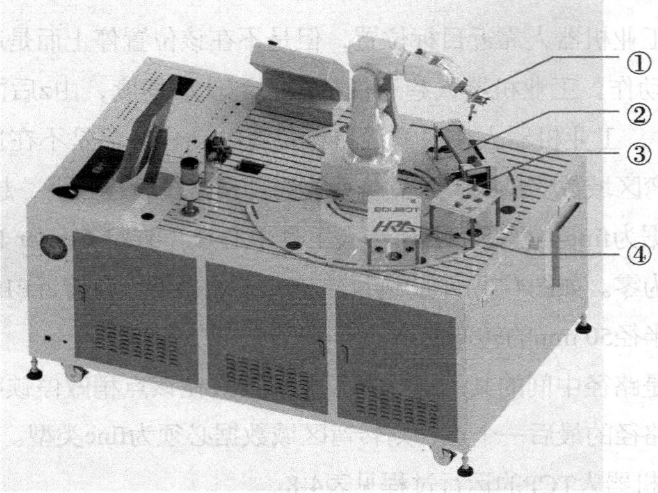
①
②
③
④

①－红光点状激光发生器，模拟激光雕刻；②－异步输送带模块，搬运圆饼物料；③－基础模块，设定工具坐标系；④－激光雕刻模块，突显六轴工业机器人工件坐标系的特点

图 4-9　激光雕刻应用

4.3.2 硬件配置

1. 硬件连接

在使用工业机器人输入/输出信号连接外部设备时，首先需要进行I/O硬件连接。本实训项目中所使用的外部I/O硬件包括光电传感器、激光器和电磁阀。

（1）光电传感器

本节使用松下CX-411-P型光电传感器进行输送带物料到位检测。其实物如图4-10（a）所示，作业电气原理如图4-10（b）所示。

XS12、XS13接口属于输入端口，这里使用XS12接口。光电传感器的褐色线（BN）接入外部电源24 V，蓝色线（BU）接入外部电源0 V，黑色线（BK）接入XS12端子（工业机器人I/O端口）1号引脚，XS12端子9号引脚接入外部电源0 V接口。

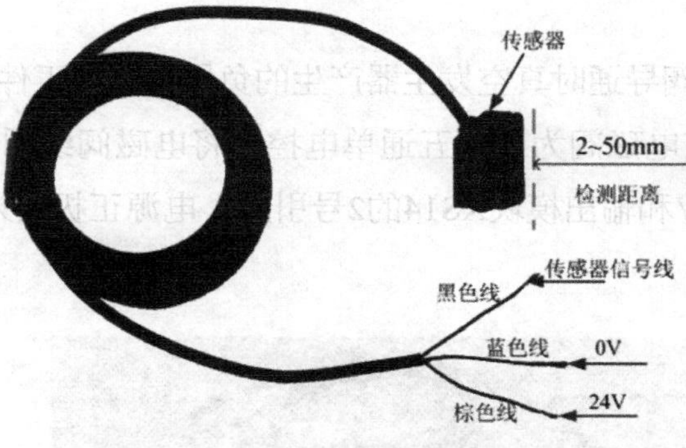
传感器
被检测物
2~50mm
检测距离
传感器信号线
黑色线
蓝色线
0V
24V
棕色线

（a）实物图

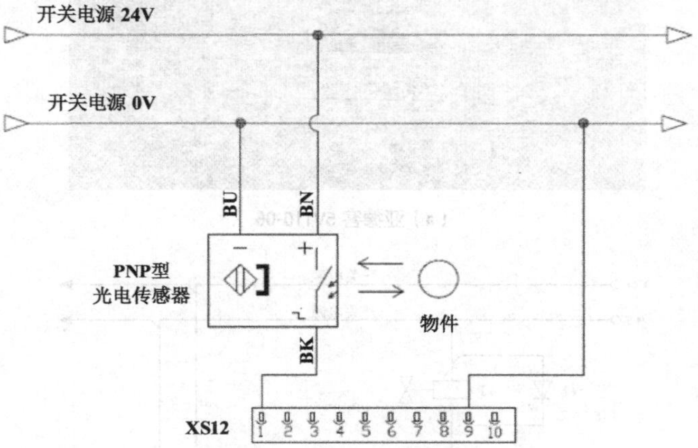
开关电源 24V
开关电源 0V
BU
BN
PNP型
光电传感器
物件
BK
XS12
1 2 3 4 5 6 7 8 9 10

（b）作业电气原理

图 4-10　CX-411-P 光电传感器

（2）激光器

本节使用KYD650N5-T1030型红光点状激光器发出的激光来模拟激光雕刻过程。红光点状激光器的红色线接入XS14端子（工业机器人I/O端口）1号引脚（红色线为信号线），白色线为0 V电源线，接入XS14端子9号引脚，电源正极接入到10号引脚。红光点状激光器如图4-11（a）所示，其电气原理如图4-11（b）所示。

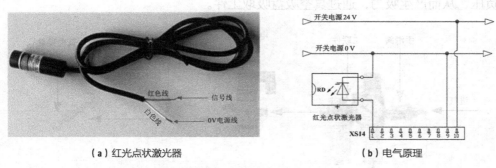

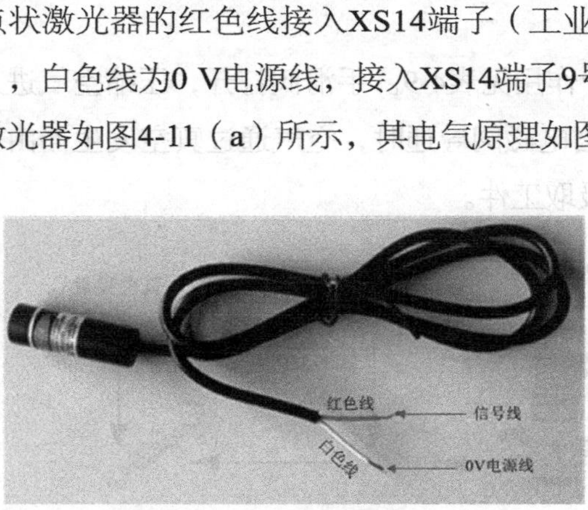
红色线
信号线
白色线
0V电源线

（a）红光点状激光器

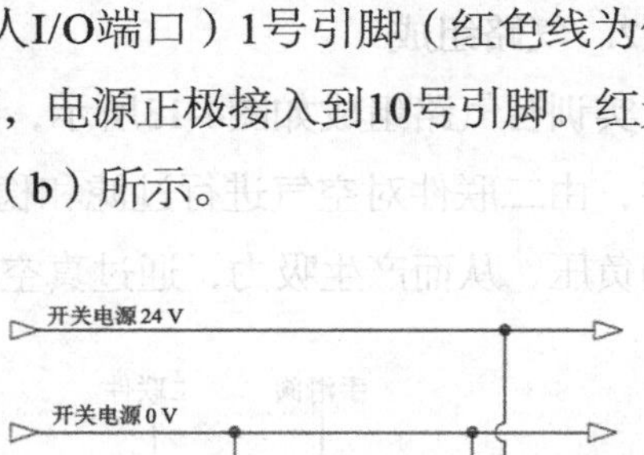
开关电源 24 V
开关电源 0 V
RD
红光点状激光器
XS14
1 2 3 4 5 6 7 8 9 10

（b）电气原理

图 4-11　激光器接线方式

（3）电磁阀

真空吸盘是通过电磁阀导通时真空发生器产生的负压来吸取工件的。本节使用亚德客5V110-06型电磁阀，该电磁阀为二位五通单电控。将电磁阀线圈的两根线分别连接至工业机器人外部电源0 V和输出模块XS14的2号引脚，电源正极接入到9号引脚，如图4-12所示。

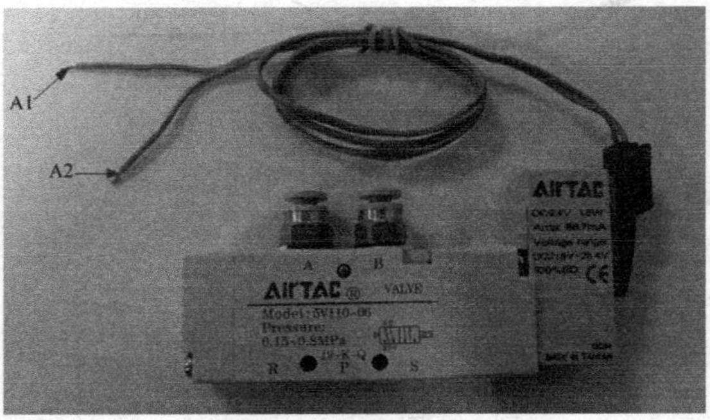
A1
A2
AirTAC
VALVE
Model:5V110-06
A
B
R
P
S

（a）亚德客 5V110-06

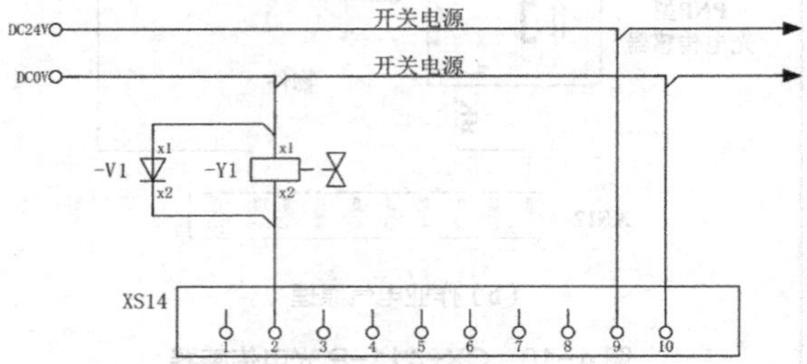
DC24V
DC0V
开关电源
开关电源
-V1
-Y1
x1
x2
x1
x2
XS14
1
2
3
4
5
6
7
8
9
10

（b）电气原理

图 4-12　电磁阀接线方式

2. 气路组成

实训台气路组成如图4-13所示，各部分作用见表4-9。手滑阀打开，压缩空气进入二联件，由二联件对空气进行过滤和稳压，当电磁阀导通时，空气通过真空发生器由正压变为负压，从而产生吸力，通过真空吸盘吸取工件。

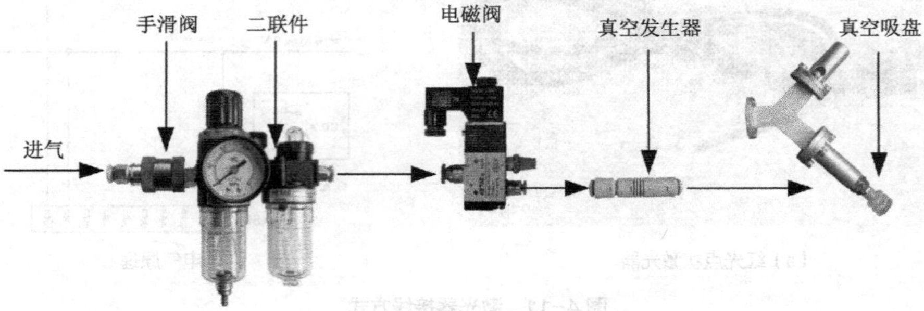
手滑阀
二联件
电磁阀
真空发生器
真空吸盘
进气

图 4-13　气路组成

表 4-9 气路各部分组成

序号	图例	说明
1		手滑阀：两位三通的手动滑阀，接在管道中作为气源开关，当气源关闭时，系统中的气压将同时排空
2	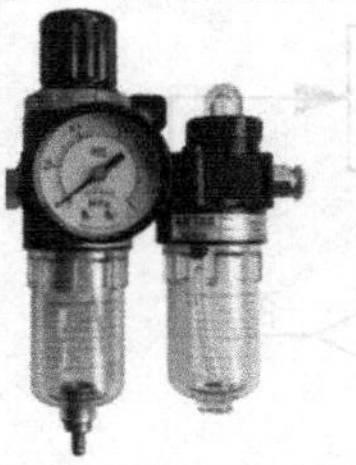	二联件：由空气过滤器、减压阀、油雾器组成，对空气进行过滤，同时调节系统气压
3		电磁阀：由设备的数字量输出信号控制空气的通断，当有信号输入时，电磁线圈产生的电磁力将关闭件从阀座上提起，阀门打开，反之阀门关闭
4		真空发生器：一种利用正压气源产生负压的新型、高效的小型真空元器件
5		真空吸盘：一种真空设备执行器，可由多种材质制作，广泛应用于多种真空吸持设备上

4.3.3 I/O信号配置

激光雕刻应用实训项目需利用激光发生器在激光雕刻模块中完成“HRG”和“EDUBOT”轨迹的雕刻，且在雕刻时实时判断异步输送带模块是否存在物料，如果有则还要及时将其搬运至指定位置。为了完成激光雕刻应用，需要使用表4-10所示的I/O信号。

表 4-10 基础模块 I/O 信号配置

序号	名称	信号类型	物理地址	功能
1	Di_00_SsdJiance	输入信号	0	圆饼检测
2	Do_00_Laser	输出信号	0	控制激光器的开启和关闭
3	Do_01_vacuum	输出信号	1	控制吸盘的开启和关闭

4.4 程序设计

微课视频

程序设计（激光雕刻）和编程与调试

4.4.1 实施流程

工业机器人应用实训项目工序繁多，程序复杂，通常在实训项目开始之前，应先绘制流程图，并根据流程图完成工业机器人的相应操作及程序编写。工业机器人模拟激光雕刻项目的工作流程如图4-14所示。

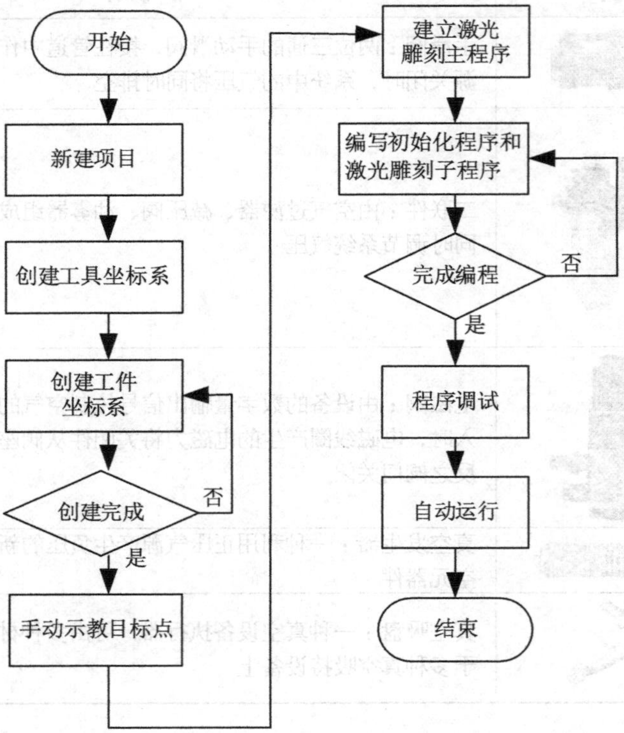
开始
新建项目
创建工具坐标系
创建工件坐标系
创建完成
否
是
手动示教目标点
建立激光雕刻主程序
编写初始化程序和激光雕刻子程序
完成编程
否
是
程序调试
自动运行
结束

图 4-14　激光雕刻项目流程

① 系统安装配置完成后，进行通电或启动，然后创建一个新的模块Mdiaoke。

② 为了方便操作及调整工业机器人的末端姿态，应利用TCP标定工具创建工具坐标系，然后通过z方向的偏移，计算激光器的工具坐标系。

③ 为了增加程序的通用型，便于程序移植，应在激光雕刻模块的工作面（斜面）上建立工件坐标系。

④ 工具坐标系、工件坐标系创建完成之后，手动示教程序中需要用到的目标点（安全点、激光雕刻LOGO的每个字符的起始点），记录该程序数据。

⑤ 进入程序编辑页面，建立激光雕刻主程序，在该程序中调用初始化程序、激光雕刻子程序。

⑥ 在同一个模块中建立初始化函数，编写初始化程序，使工业机器人回到安全点，并设定回安全点的速度、加速度，关闭激光器和吸盘等。

⑦ 编写激光雕刻子程序，根据激光雕刻LOGO的每个字符分别建立对应的动作程序。

⑧ 程序编写完成之后，分别对每个程序进行调试，确保程序能够按照预期的动作正

确运行。

⑨ 最后自动运行整个程序文件。总程序可以设置成“反复循环类型”，即启动之后反复循环，直到接收到“停止指令”，也可以设置为仅运行一次。

说明：本实训项目实施过程中采用手动示教目标点与编辑程序分别独立进行的操作方式，实际应用过程中可根据用户的编程习惯进行调整，即可采用边示教边编写程序结合的方式来完成项目。

4.4.2 初始化程序

初始化程序Diaoke_Initial主要用来设置工业机器人的运行速度，关闭激光和吸盘，然后使工业机器人回到安全点的位置。

```
PROC Diaoke_Initial( )
AccSet 100, 100;! 设置加速度为 100%，加速度变化率 100%
VelSet 100, 1000;! 设置速度为 100%，最大速度 1000mm/s
Reset Do_00_Laser;! 关闭激光器
Reset Do_01_vacuum;! 关闭吸盘
MoveJ phome_HRG, v500, z50, tool_aser\wobj: =Wobj_diaoke;! 工业机器人运动到安全点
ENDPROC
```

4.4.3 激光雕刻动作程序

激光雕刻动作程序主要分为两部分：雕刻“HRG”路径的程序和雕刻“EDUBOT”路径的程序。由于雕刻“EDUBOT”的路径点数较多，为了后期方便查找及更改相应点位的参数，将“EDUBOT”程序分成6个子程序，程序名称分别定义为“E”“D”“U”“B”“O”“T”，最终通过程序“EDUBOT”利用调用指令依次调用这6个子程序。

1.“HRG”路径

```
PROC R_HRG()
MoveJ phome_HRG, v100, z10, tool_Laser\WObj:= wobj_diaoke;! 工业机器人运动到安全点
MoveL pHRG10, v200, fine, tool_Laser\WObj:= wobj_diaoke;! 工业机器人运动到“HRG”路径起点
WaitRob\InPos;! 等待工业机器人完全到位
Set Do_00_Laser;! 开激光器
WaitTime 0.1;
! 机器人沿着 HRG 路径运动
MoveL pHRG20, v200, fine, tool_Laser\WObj:= wobj_diaoke;
MoveL pHRG30, v200, fine, tool_Laser\WObj:= wobj_diaoke;
……
MoveL pHRG320, v200, fine, tool_Laser\WObj:= wobj_diaoke;
MoveL pHRG330, v200, fine, tool_Laser\WObj:= wobj_diaoke;
MoveL pHRG10, v200, fine, tool_Laser\WObj:= wobj_diaoke;
WaitRob\InPos;! 等待工业机器人完全到位
ReSet Do_00_Laser;! 关闭激光器
WaitTime 0.1;
ENDPROC
```

2. “EDUBOT”路径

由于“EDUBOT”路径点较多，因此我们将6个字母的路径点分别放置于6个子程序中，使用程序名称为“EDUBOT”的例行程序依次调用这6个子程序。

```
PROC R_EDUBOT()
MoveJ phome_EDUBOT, v200, fine, tool_Laser\WObj:= wobj_diaoke;
R_E;
R_D;
R_U;
R_B;
R_O;
R_T;
MoveJ phome_EDUBOT, v200, fine, tool_Laser\WObj:= wobj_diaoke;
ENDPROC
```

以雕刻字母“E”路径为例，演示激光雕刻路径的规划。字母“E”路径程序如图4-15所示。

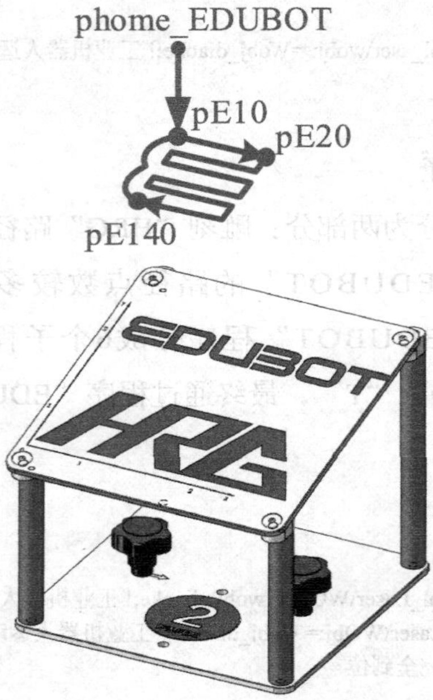
phome_EDUBOT
pE10
pE20
pE140
EDUBOT
HRG
2

图 4-15　字母“E”的路径规划

```
PROC R_E()
MoveL pE10, v100, fine, tool_Laser\WObj:= wobj_diaoke;! 工业机器人运动到“E”路径起点
WaitRob\InPos;! 等待工业机器人完全到位
Set Do_00_Laser; ! 开激光器
WaitTime 0.1;
! 工业机器人沿着字母“E”轨迹运动
MoveL pE20, v100, fine, tool_Laser\WObj:= wobj_diaoke;
MoveL pE30, v100, fine, tool_Laser\WObj:= wobj_diaoke;
MoveL pE40, v100, fine, tool_Laser\WObj:= wobj_diaoke;
```

```
MoveC pE50,pE60,v100, fine, tool_Laser\WObj:= wobj_diaoke;
MoveL pE70, v100, fine, tool_Laser\WObj:= wobj_diaoke;
MoveL pE80, v100, fine, tool_Laser\WObj:= wobj_diaoke;
MoveL pE90, v100, fine, tool_Laser\WObj:= wobj_diaoke;
MoveC pE100,pE110,v100, fine, tool_Laser\WObj:= wobj_diaoke;
MoveL pE120, v100, fine, tool_Laser\WObj:= wobj_diaoke;
MoveL pE130, v100, fine, tool_Laser\WObj:= wobj_diaoke;
MoveL pE140, v100, fine, tool_Laser\WObj:= wobj_diaoke;
MoveC pE150,pE160,v100, fine, tool_Laser\WObj:= wobj_diaoke;
MoveC pE170,pE10,v100, fine, tool_Laser\WObj:= wobj_diaoke;
WaitRob\Inpos;! 等待工业机器人完全到位
ReSet Do_00_Laser;
WaitTime 0.1;
ENDPROC
```

4.4.4 中断服务程序

中断服务程序tBanyun用于实现工业机器人接收到异步输送带上光电传感器检测到的物料到位信号后，转去执行输送带上的物料搬运动作。首先保存激光器的状态，关闭激光器，接着定义一个位置点pZhongDuan，用来保存当前位置，然后将物料从异步输送带光电传感器一侧搬运到另一侧，最后恢复激光器的状态。程序代码如下所示。

```
TRAP tBanyun
StopMove; ! 停止机械臂的移动
StorePath; ! 存储当前移动路径
LaserState:=Do_00_Laser;! 处理中断程序之前，保存激光器的状态
Reset Do_00_Laser;! 关闭激光器
pZhongDuan := CRobT ( );! 用 CRobT 指令，保存当前位置
MoveJ Offs(pSSDPick,0,0,100), v200, fine, tool_xipan;! 将工具切换为吸盘，运动到异步输送带物料拾取点上方
100 mm 处
MoveL pSSDPick, v100, fine, tool_xipan;
Set Do_01_vacuum;! 打开吸盘，吸附物料
WaitTime 0.5;
MoveL Offs(pSSDPick,0,0,100), v200, fine, tool_xipan;
MoveL Offs(pSSDPlace,0,0,100), v200, fine, tool_xipan;! 运动到输送带另一侧物料放置点上方 100 mm 处
MoveL pSSDPlace, v100, fine, tool_xipan;
Reset Do_01_vacuum;! 关闭吸盘，放置物料
WaitTime 0.3;
! 回到中断前保存的位置
MoveL Offs(pSSDPlace,0,0,100), v200, fine, tool_xipan;
MoveJ pZhongDuan, v100, fine, tool_Laser\WObj:= wobj_diaoke;
WaitRob\Inpos;
RestoPath; ! 恢复所存储的路径
StartMove; ! 重启机械臂移动
IF LaserState>0 THEN! 中断任务执行完成之后，恢复激光器的状态
Set Do_00_Laser;
ENDIF
ENDTRAP
```

4.4.5 程序框架

diaoke程序是激光雕刻应用的主程序，可在该程序中调用若干子程序。该程序首先进行工业机器人的初始化，然后将工业机器人中断数据与中断程序关联，并设置中断触发条件，接着进入动作循环：启动定时器，然后进行“HRG”路径和“EDUBOT”路径的激光雕刻动作，最后计算一个激光雕刻周期的工作节拍，并显示在示教器界面上。如果在执行激光雕刻的过程中，接收到异步输送带上光电传感器检测到的物料到位信号，工业机器人暂停激光雕刻的动作，转去执行中断任务，中断程序完成之后，再继续激光雕刻的动作。程序代码如下。

```
PROC diaoke()
Diaoke_Initial;! 调用初始化程序
IDelete tStartSSD;! 清除中断数据 tStartSSD 的连接
CONNECT tStartSSD WITH tBanyun;! 将工业机器人的中断数据 tStartSSD 连接到相应的中断处理程序
tBanyun 上
ISignalDI Di_00_SsdJiance,1,tStartSSD;! 设置中断程序触发条件
WHILE TRUE DO
ClkReset clock1;! 复位时钟 1
ClkStart clock1;! 启动时钟 1
R_HRG;! 调用“HRG”路径雕刻程序
R_EDUBOT;! 调用“EDUBOT”路径雕刻程序
ClkStop  clock1;! 停止时钟 1 计时
Cycle_time:=clkRead(clock1);! 测工作节拍
TPWrite”the Cycle time is”+ValToStr(Cycle_time);
ENDWHILE
ENDPROC
```

4.5 编程与调试

4.5.1 工具坐标系的标定

本节需要使用激光器和吸盘，因此需要创建两个工具坐标系，分别为“tool_Laser”和“tool_xipan”。我们以创建激光器的工具坐标系为例，演示工具坐标系的标定方法。根据项目实施流程要求，需要在编写工业机器人程序前创建激光器的工具坐标系。激光器不方便标定，因此采用标定尖锥代替激光器进行工具坐标系的标定。标定完成后的工具坐标系如图4-16所示。

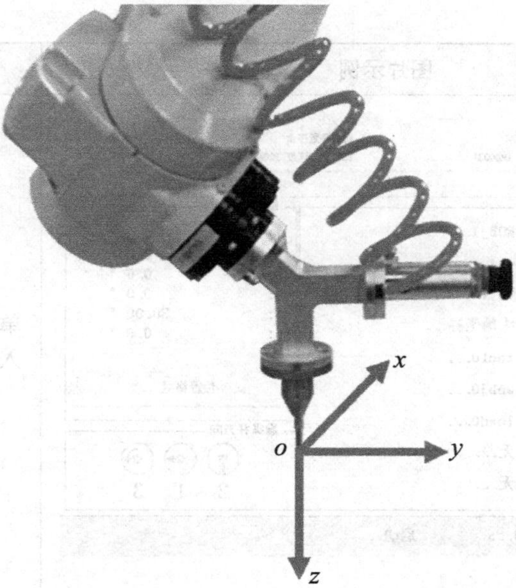
x
o
y
z

图 4-16　工具坐标系

1. 新建工具坐标系

新建工具坐标系操作步骤见表4-11。

表 4-11　新建工具坐标系的操作步骤

序号	图片示例	操作步骤
1	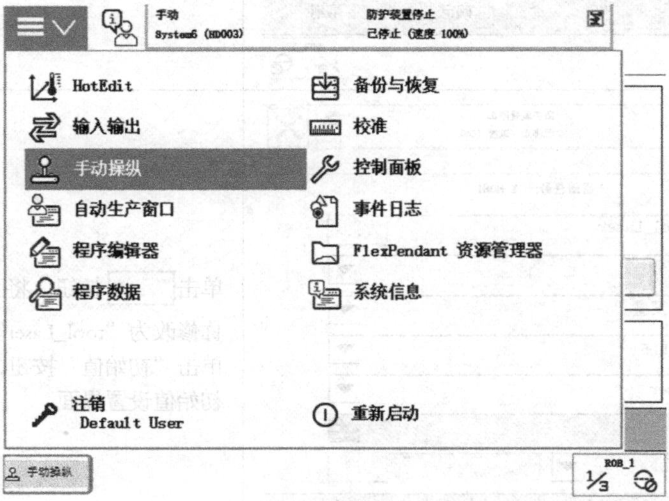手动 System6 (HD003) 防护装置停止 已停止 (速度 100%) HotEdit 输入输出 手动操纵 自动生产窗口 程序编辑器 程序数据 备份与恢复 校准 控制面板 事件日志 FlexPendant 资源管理器 系统信息 注销 Default User 重新启动 手动操纵 ROB_1 1/3	在手动模式下单击“主菜单”下的“手动操纵”按钮，进入“手动操纵”界面

续表

<table>
<tr><th>序号</th><th>图片示例</th><th>操作步骤</th></tr>
<tr><td>2</td><td>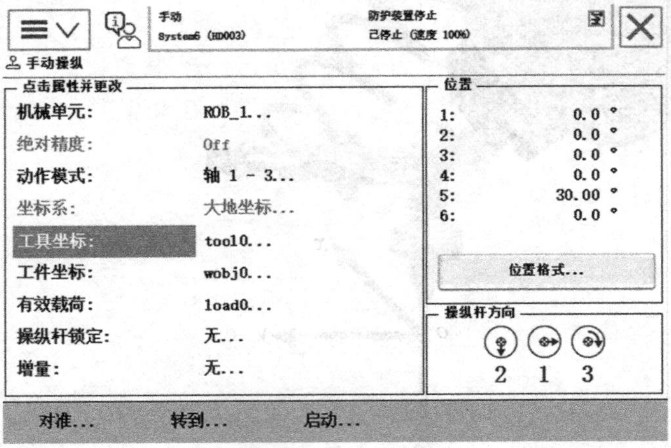
手动
System6 (HD003)
防护装置停止
已停止 (速度 100%)
手动操纵
点击属性并更改
机械单元: ROB_1...
绝对精度: Off
动作模式: 轴 1 - 3...
坐标系: 大地坐标...
工具坐标: tool0...
工件坐标: wobj0...
有效载荷: load0...
操纵杆锁定: 无...
增量: 无...
位置
1: 0.0 °
2: 0.0 °
3: 0.0 °
4: 0.0 °
5: 30.00 °
6: 0.0 °
位置格式...
操纵杆方向
2 1 3
对准... 转到... 启动...</td><td>单击“工具坐标”选项，进入“工具选择”界面</td></tr>
<tr><td>3</td><td>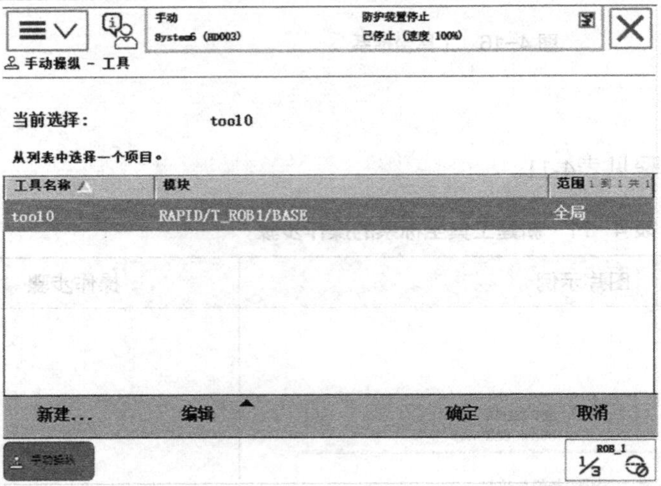
手动
System6 (HD003)
防护装置停止
已停止 (速度 100%)
手动操纵 - 工具
当前选择: tool0
从列表中选择一个项目。
工具名称 模块 范围
tool0 RAPID/T_ROB1/BASE 全局
新建... 编辑 确定 取消
ROB_1
1/3</td><td>单击“新建”按钮，进入工具数据新建界面</td></tr>
<tr><td>4</td><td>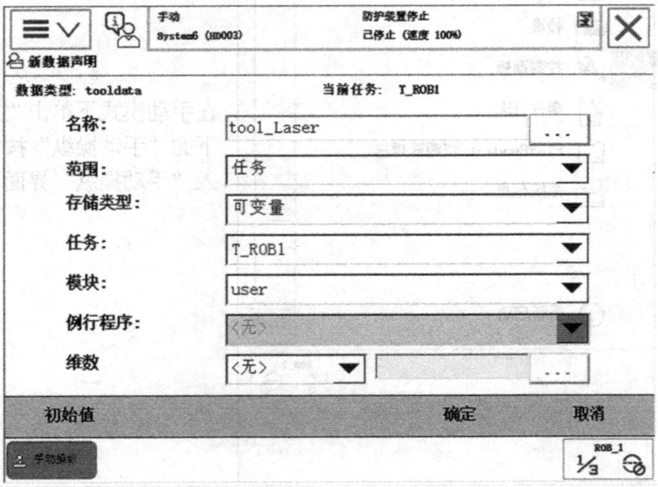
手动
System6 (HD003)
防护装置停止
已停止 (速度 100%)
新数据声明
数据类型: tooldata
当前任务: T_ROB1
名称: tool_Laser
范围: 任务
存储类型: 可变量
任务: T_ROB1
模块: user
例行程序: <无>
维数 <无>
初始值 确定 取消
ROB_1
1/3</td><td>单击[...]按钮，将工具名称修改为“tool_Laser”。
单击“初始值”按钮，进入初始值设置界面</td></tr>
</table>

续表

序号	图片示例	操作步骤
5	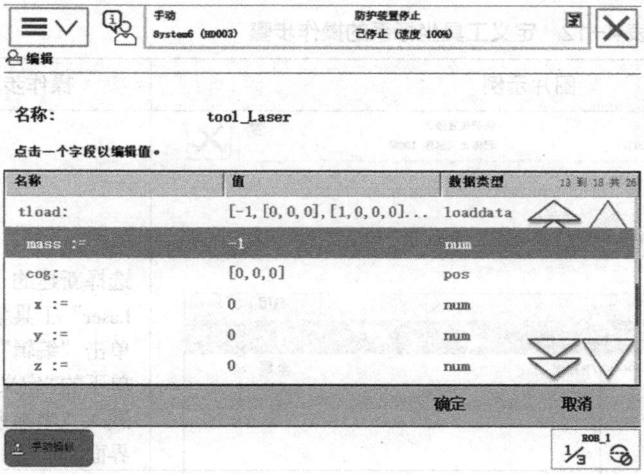手动 System6 (HD003) 防护装置停止 已停止 (速度 100%) 编辑 名称: tool_Laser 点击一个字段以编辑值。 名称 值 数据类型 13 到 18 共 26 tload: [-1, [0, 0, 0], [1, 0, 0, 0]... loaddata mass := -1 num cog: [0, 0, 0] pos x := 0 num y := 0 num z := 0 num 确定 取消 ROB_1 1/3	根据工具实际质量与重心位置修改“mass”与“cog”参数，前者为质量，后者为工具重心相对默认工具坐标系的位置偏移值。本例中分别写入 mass=0.5kg，cog.x=50mm，cog.z =100mm
6	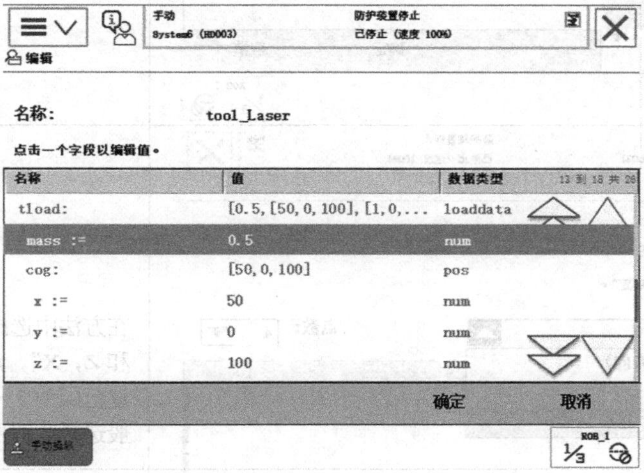手动 System6 (HD003) 防护装置停止 已停止 (速度 100%) 编辑 名称: tool_Laser 点击一个字段以编辑值。 名称 值 数据类型 13 到 18 共 26 tload: [0.5, [50, 0, 100], [1, 0,... loaddata mass := 0.5 num cog: [50, 0, 100] pos x := 50 num y := 0 num z := 100 num 确定 取消 ROB_1 1/3	单击“确定”按钮，保存数据
7	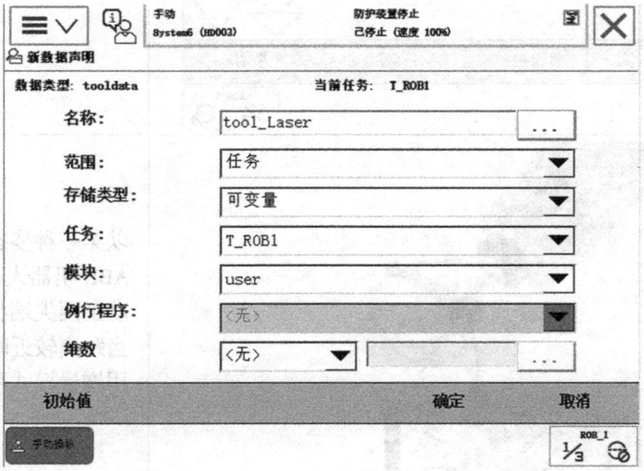手动 System6 (HD003) 防护装置停止 已停止 (速度 100%) 新数据声明 数据类型: tooldata 当前任务: T_ROB1 名称: tool_Laser 范围: 任务 存储类型: 可变量 任务: T_ROB1 模块: user 例行程序: <无> 维数 <无> 初始值 确定 取消 ROB_1 1/3	单击“确定”按钮，完成工具坐标系数据新建

2.定义工具坐标系

定义工具坐标系操作步骤见表4-12。

表 4-12　定义工具坐标系的操作步骤

序号	图片示例	操作步骤
1	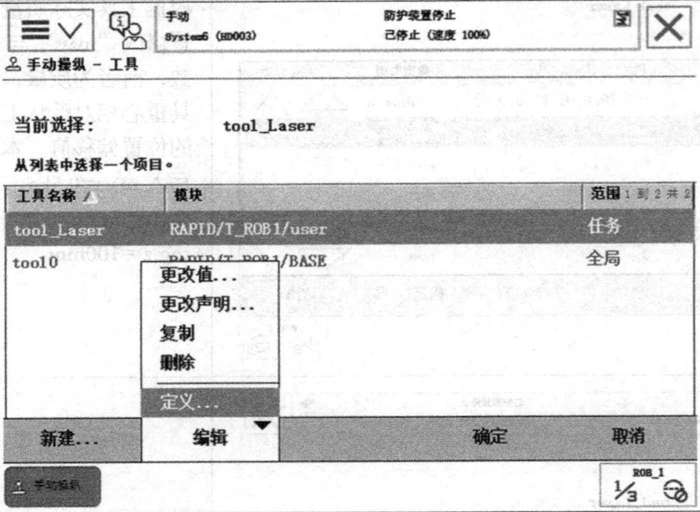手动 System6 (HD003) 防护装置停止 已停止 (速度 100%) 手动操纵 - 工具 当前选择： tool_Laser 从列表中选择一个项目。 工具名称 模块 范围 1 到 2 共 2 tool_Laser RAPID/T_ROB1/user 任务 tool0 全局 更改值... 更改声明... 复制 删除 定义... 新建... 编辑 确定 取消 ROB_1 1/3	选择新建的“tool_Laser”工具坐标系，单击“编辑”子菜单下的“定义”菜单，进入“坐标系定义”界面
2	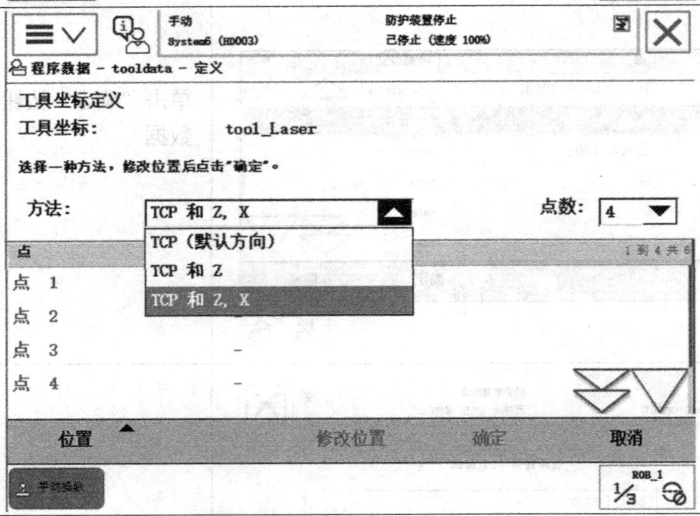手动 System6 (HD003) 防护装置停止 已停止 (速度 100%) 程序数据 - tooldata - 定义 工具坐标定义 工具坐标： tool_Laser 选择一种方法，修改位置后点击“确定”。 方法： TCP 和 Z, X 点数： 4 TCP (默认方向) TCP 和 Z TCP 和 Z, X 点 1 到 4 共 6 点 1 点 2 点 3 点 4 位置 修改位置 确定 取消 ROB_1 1/3	在方法中选择“TCP 和 Z，X”，点数可选范围为 3 ~ 9，一般选择 4 即可
3	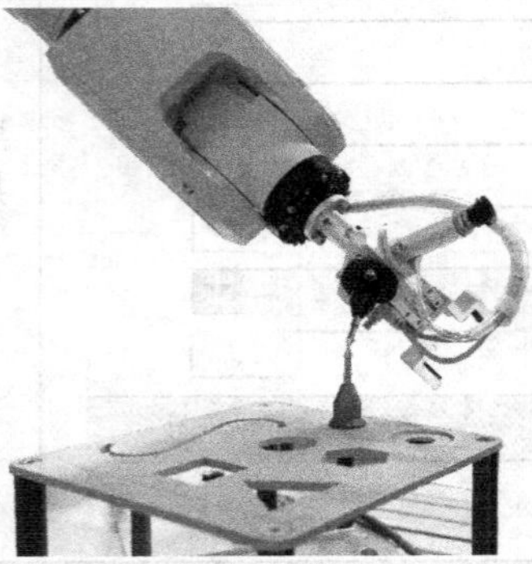	以第一种姿态将 ABB 机器人手动移动至两尖端相接触，当距离较近时，采用增量模式移动

续表

序号	图片示例	操作步骤
4	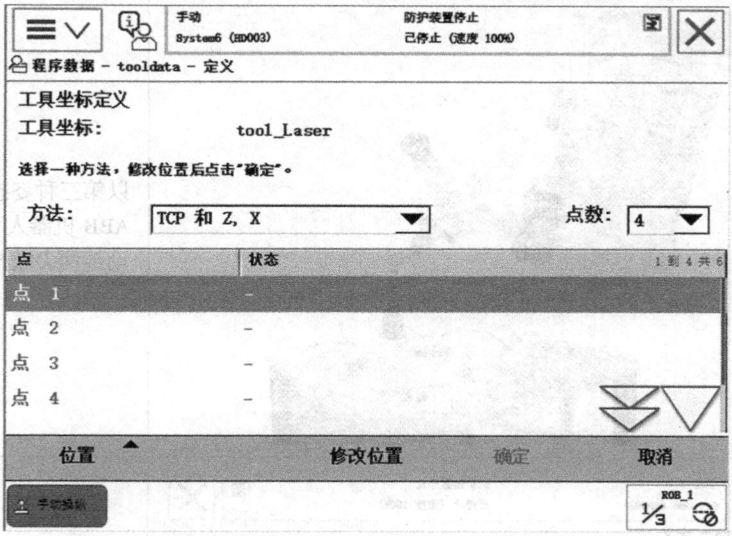手动 System6 (HD003) 防护装置停止 已停止 (速度 100%) 程序数据 - tooldata - 定义 工具坐标定义 工具坐标: tool_Laser 选择一种方法，修改位置后点击"确定"。 方法: TCP 和 Z, X 点数: 4 点 状态 1 到 4 共 6 点 1 - 点 2 - 点 3 - 点 4 - 位置 修改位置 确定 取消 ROB_1 1/3	选择示教器中的点1，单击“修改位置”按钮
5	ABB	以第二种姿态将ABB机器人手动移动至两尖端相接触
6	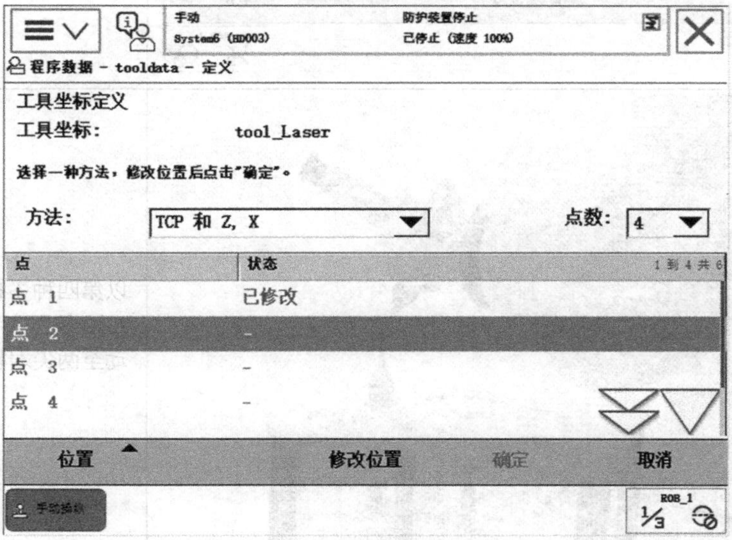手动 System6 (HD003) 防护装置停止 已停止 (速度 100%) 程序数据 - tooldata - 定义 工具坐标定义 工具坐标: tool_Laser 选择一种方法，修改位置后点击"确定"。 方法: TCP 和 Z, X 点数: 4 点 状态 1 到 4 共 6 点 1 已修改 点 2 - 点 3 - 点 4 - 位置 修改位置 确定 取消 ROB_1 1/3	选择示教器中的点2，单击“修改位置”按钮

续表

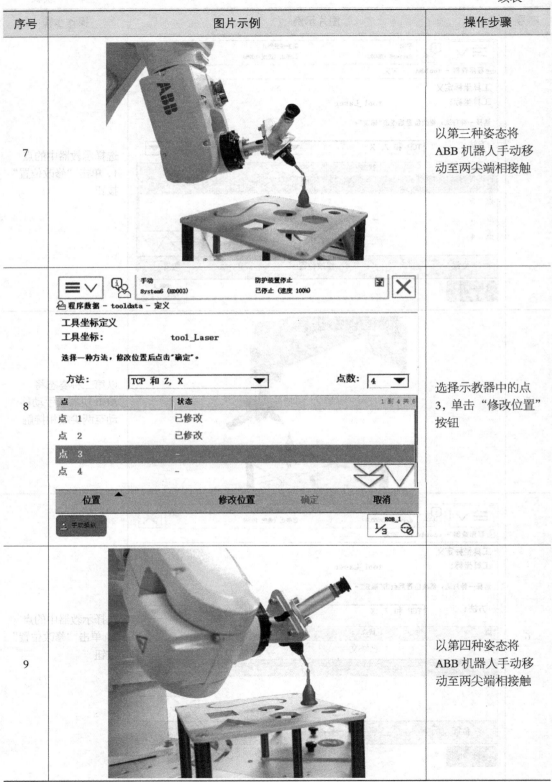

序号	图片示例	操作步骤
7	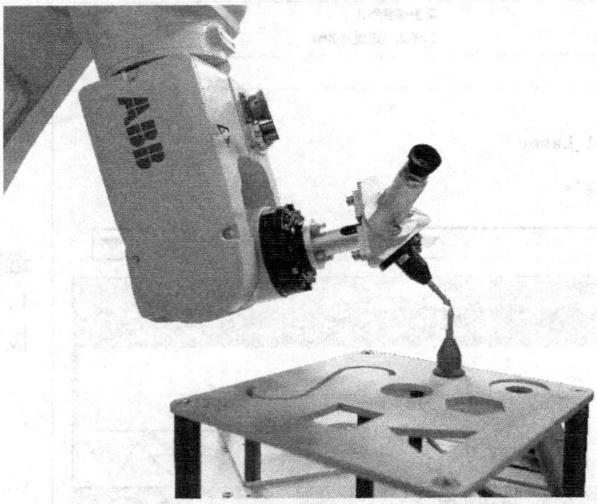	以第三种姿态将ABB机器人手动移动至两尖端相接触
8	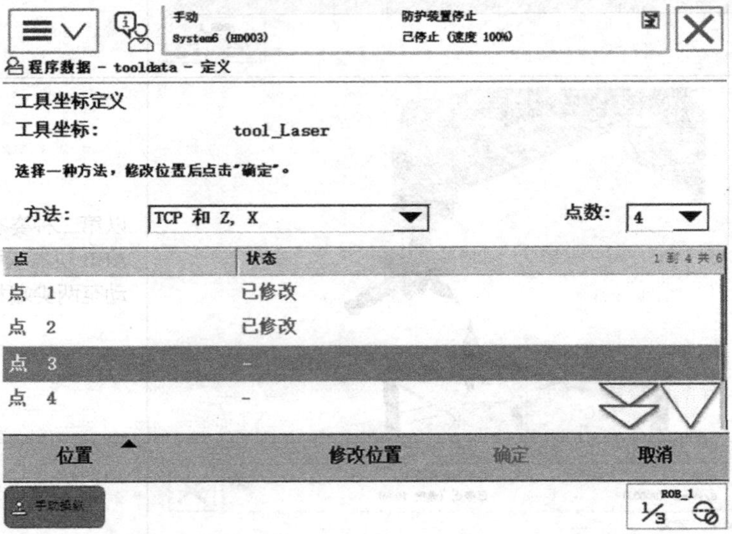手动 System6 (HD003) 防护装置停止 已停止 (速度 100%) 程序数据 - tooldata - 定义 工具坐标定义 工具坐标: tool_Laser 选择一种方法，修改位置后点击"确定"。 方法: TCP 和 Z, X 点数: 4 点 状态 点 1 已修改 点 2 已修改 点 3 - 点 4 - 位置 修改位置 确定 取消 ROB_1 1/3	选择示教器中的点3，单击“修改位置”按钮
9	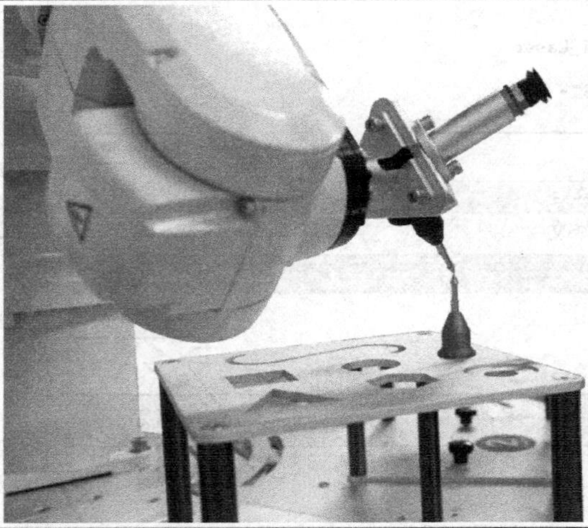	以第四种姿态将ABB机器人手动移动至两尖端相接触

续表

序号	图片示例	操作步骤
10	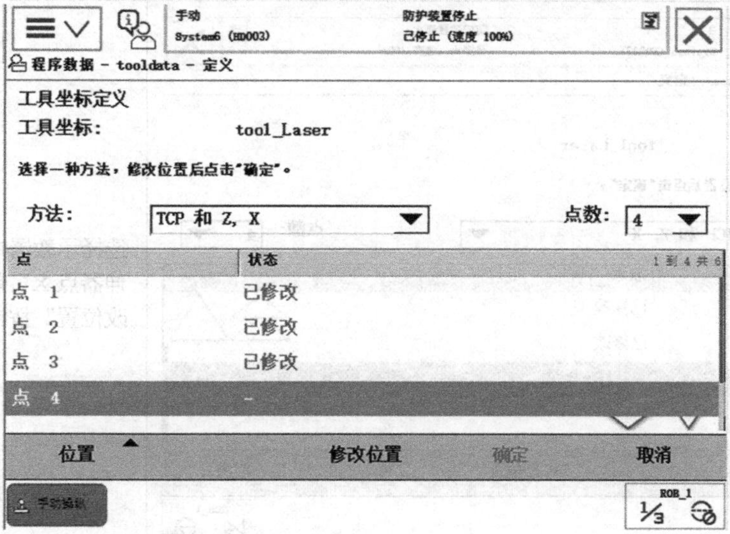 手动 System6 (HD003) 防护装置停止 已停止 (速度 100%) 程序数据 - tooldata - 定义 工具坐标定义 工具坐标: tool_Laser 选择一种方法，修改位置后点击"确定"。 方法: TCP 和 Z, X 点数: 4 点 状态 1 到 4 共 6 点 1 已修改 点 2 已修改 点 3 已修改 点 4 - 位置 修改位置 确定 取消 ROB_1 1/3	选择示教器中的点 4，单击“修改位置”按钮
11	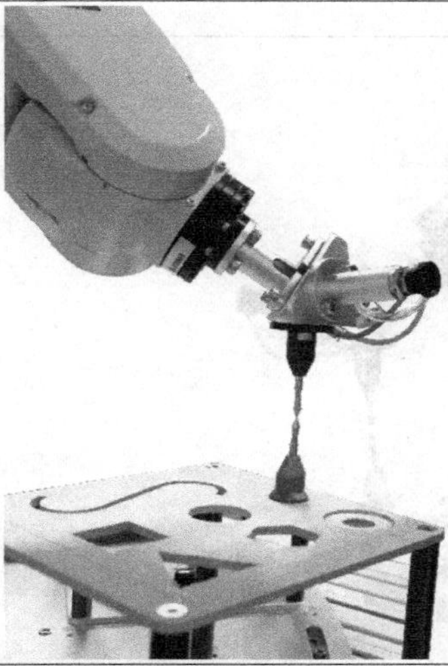	将工具方向调整为竖直，使工具尖端与固定点接触
12		向右移动 ABB 机器人至一点，则 ABB 机器人以该点至固定点的方向作为工具坐标系 x 轴的方向

续表

<table>
<tr><th>序号</th><th>图片示例</th><th>操作步骤</th></tr>
<tr><td>13</td><td>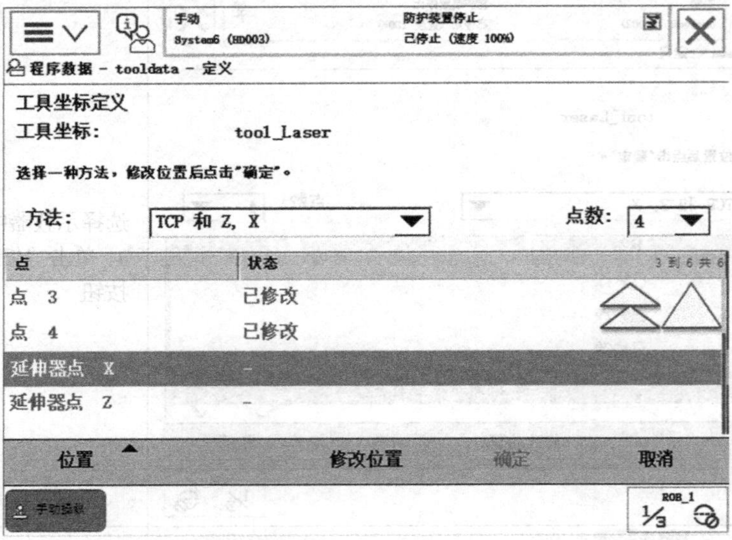
手动
System6 (HD003)
防护装置停止
已停止 (速度 100%)
程序数据 - tooldata - 定义
工具坐标定义
工具坐标:
tool_Laser
选择一种方法，修改位置后点击“确定”。
方法:
TCP 和 Z, X
点数:
4
点
状态
3 到 6 共 6
点 3
已修改
点 4
已修改
延伸器点 X
-
延伸器点 Z
-
位置
修改位置
确定
取消
ROB_1
1/3</td><td>选择示教器中的“延伸器点 X”，单击“修改位置”按钮</td></tr>
<tr><td>14</td><td>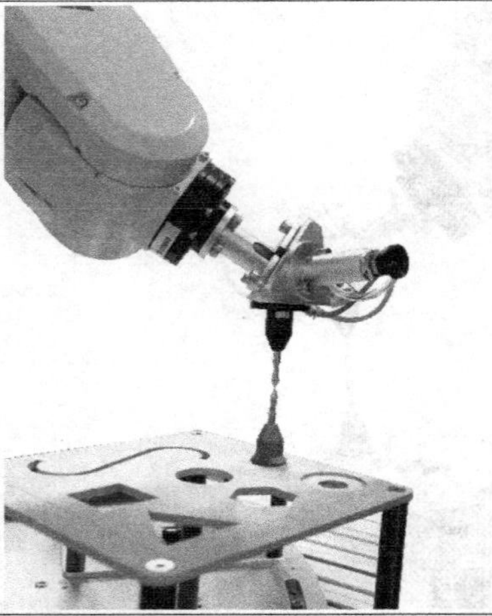</td><td>将工具方向调整为竖直，使工具尖端与固定点接触</td></tr>
<tr><td>15</td><td>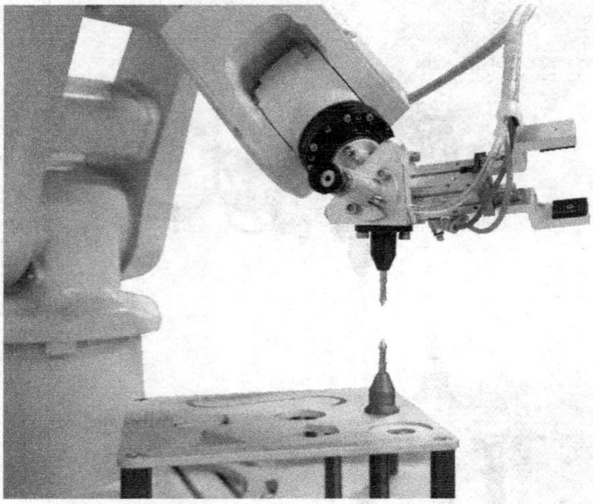</td><td>向上移动 ABB 机器人至一点，则 ABB 机器人以该点至固定点的方向作为工具坐标系 z 轴的方向</td></tr>
</table>

续表

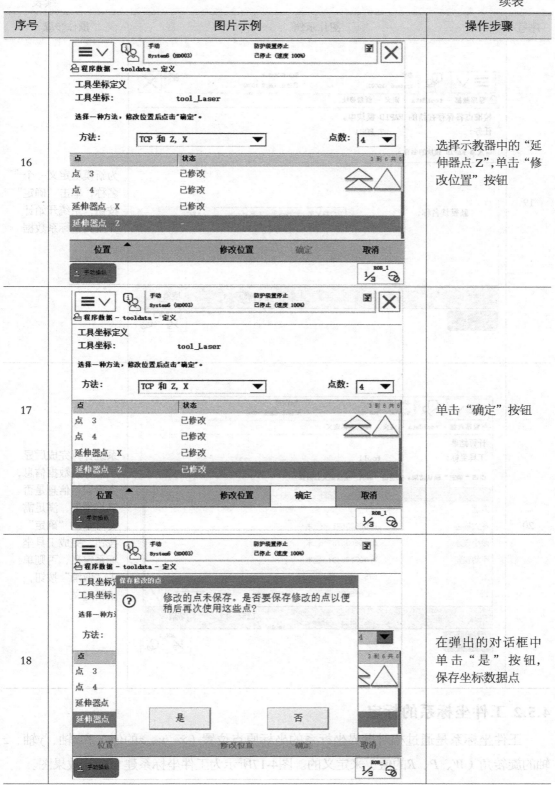

序号	图片示例	操作步骤
16	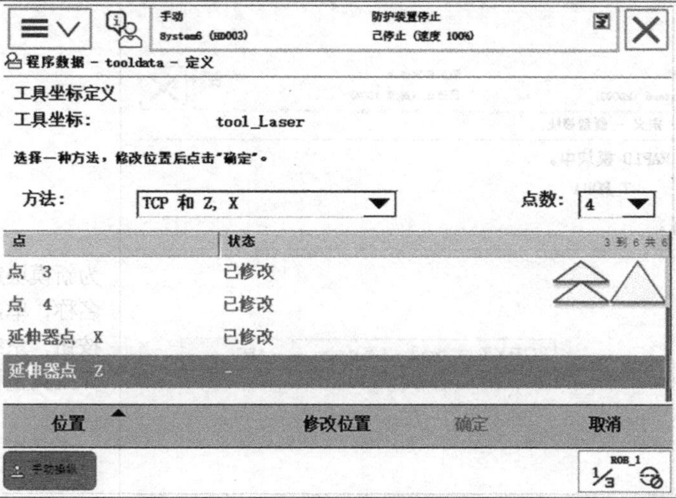	选择示教器中的“延伸器点 Z”，单击“修改位置”按钮
17	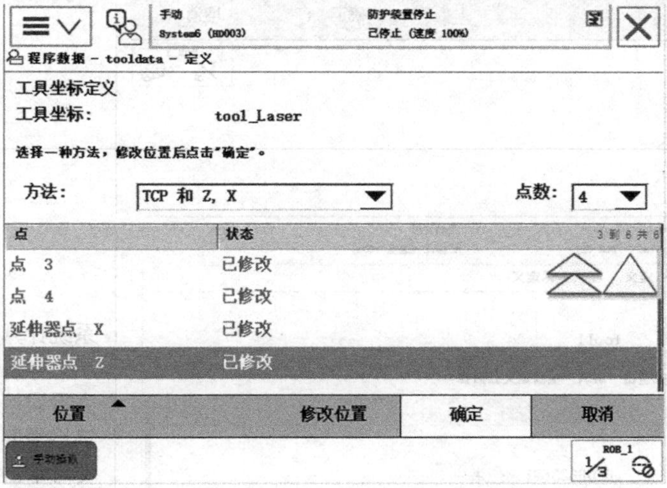	单击“确定”按钮
18	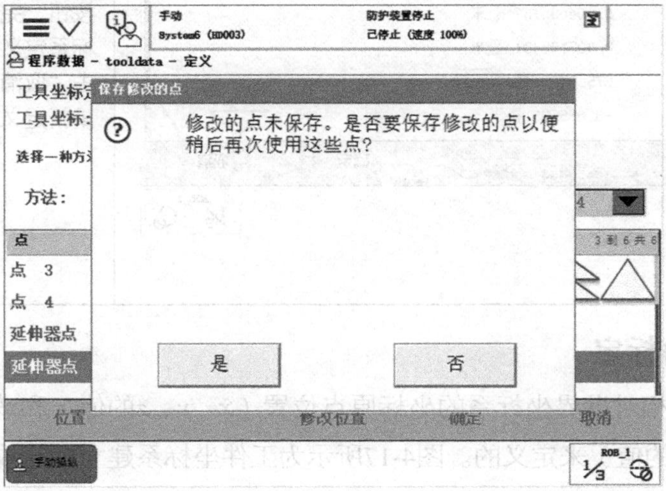	在弹出的对话框中单击“是”按钮，保存坐标数据点

续表

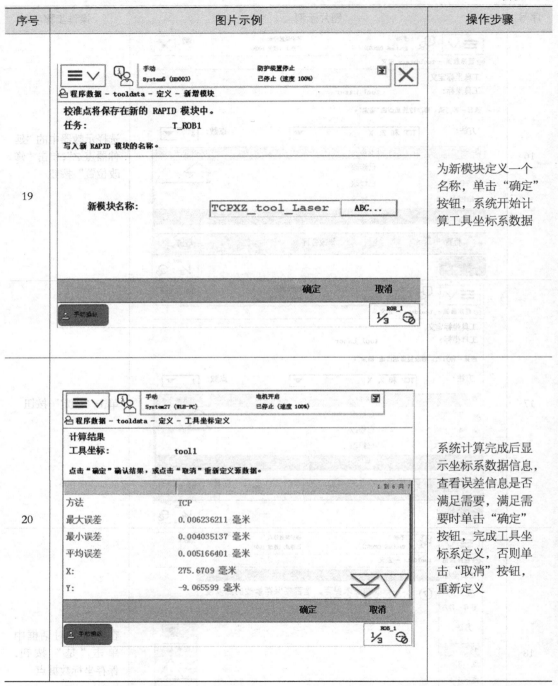

序号	图片示例	操作步骤
19	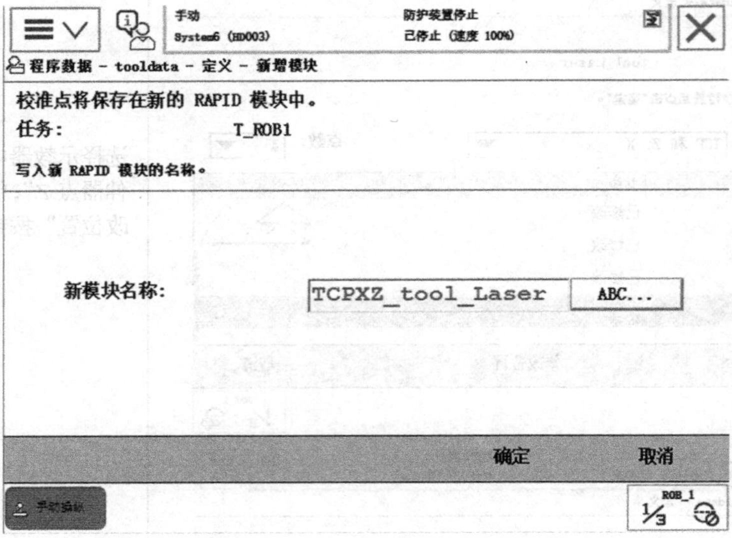手动 System6 (HD003) 防护装置停止 已停止 (速度 100%) 程序数据 - tooldata - 定义 - 新增模块 校准点将保存在新的 RAPID 模块中。 任务: T_ROB1 写入新 RAPID 模块的名称。 新模块名称: TCPXZ_tool_Laser ABC... 确定 取消 ROB_1 1/3	为新模块定义一个名称，单击“确定”按钮，系统开始计算工具坐标系数据
20	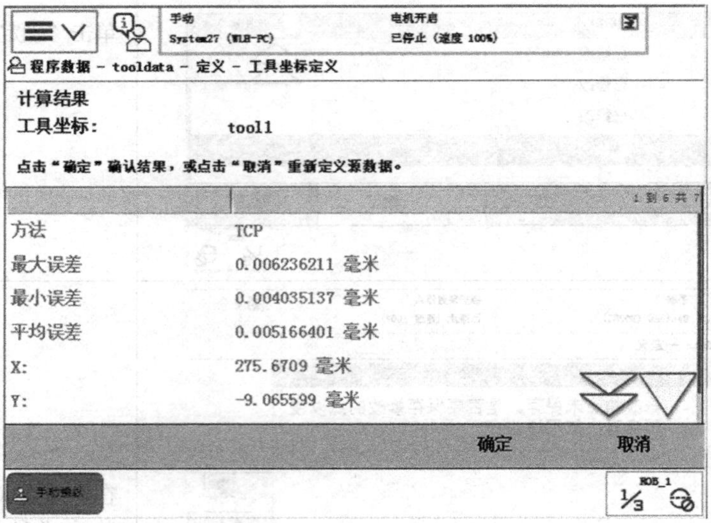手动 System27 (WLB-PC) 电机开启 已停止 (速度 100%) 程序数据 - tooldata - 定义 - 工具坐标定义 计算结果 工具坐标: tool1 点击“确定”确认结果，或点击“取消”重新定义源数据。 1 到 6 共 7 方法 TCP 最大误差 0.006236211 毫米 最小误差 0.004035137 毫米 平均误差 0.005166401 毫米 X: 275.6709 毫米 Y: -9.065599 毫米 确定 取消 ROB_1 1/3	系统计算完成后显示坐标系数据信息，查看误差信息是否满足需要，满足需要时单击“确定”按钮，完成工具坐标系定义，否则单击“取消”按钮，重新定义

4.5.2 工件坐标系的标定

工件坐标系是通过相对世界坐标系的坐标原点位置（x、y、z的值）和x轴、y轴、z轴的旋转角（W、P、R的值）来定义的。图4-17所示为工件坐标系建立后的效果图。

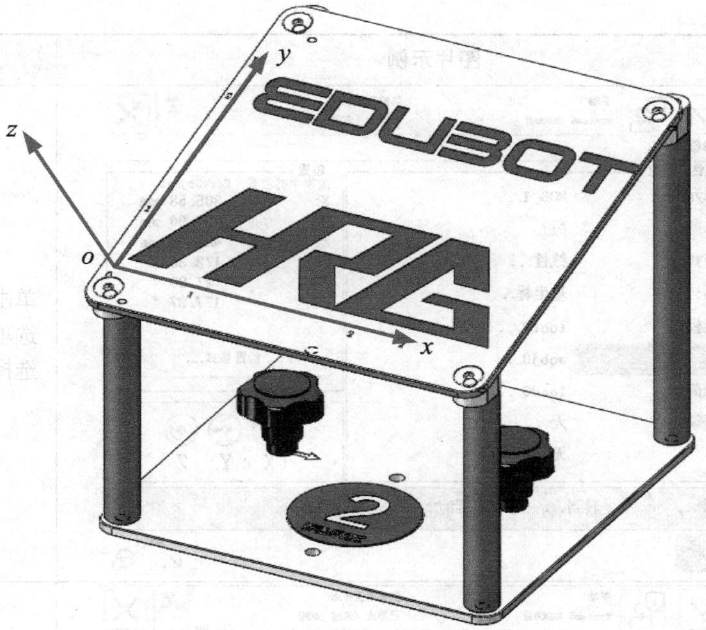
z
y
O
x
EDUBOT
HRG

图 4-17 工件坐标系

1. 新建工件坐标系

新建工件坐标系操作步骤见表4-13。

表 4-13 新建工件坐标系的操作步骤

序号	图片示例	操作步骤
1	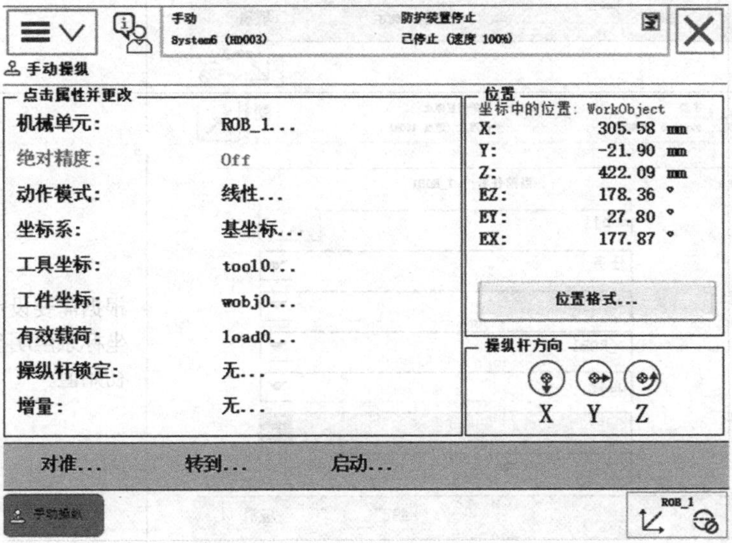手动 System6 (HD003) 防护装置停止 已停止 (速度 100%) 手动操纵 点击属性并更改 机械单元: ROB_1... 绝对精度: Off 动作模式: 线性... 坐标系: 基坐标... 工具坐标: tool0... 工件坐标: wobj0... 有效载荷: load0... 操纵杆锁定: 无... 增量: 无... 位置 坐标中的位置: WorkObject X: 305.58 mm Y: -21.90 mm Z: 422.09 mm EZ: 178.36 ° EY: 27.80 ° EX: 177.87 ° 位置格式... 操纵杆方向 X Y Z 对准... 转到... 启动... 手动操纵 ROB_1	在手动模式下单击“主菜单”下“手动操纵”按钮,进入“手动操纵”界面

续表

序号	图片示例	操作步骤
2	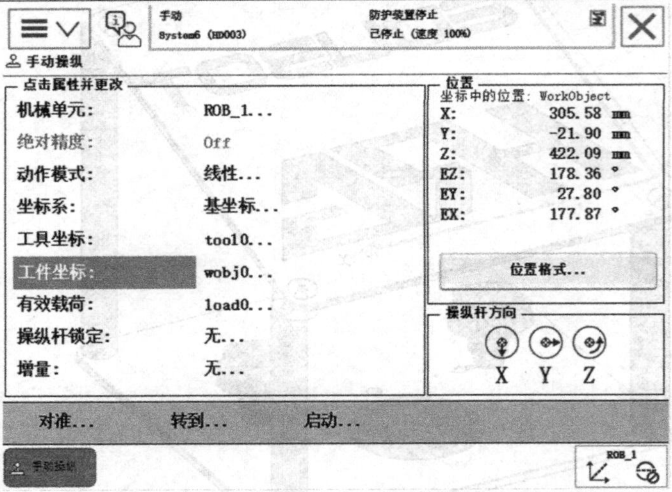手动 System6 (HD003) 防护装置停止 已停止 (速度 100%) 手动操纵 点击属性并更改 机械单元: ROB_1... 绝对精度: Off 动作模式: 线性... 坐标系: 基坐标... 工具坐标: tool0... 工件坐标: wobj0... 有效载荷: load0... 操纵杆锁定: 无... 增量: 无... 位置 坐标中的位置: WorkObject X: 305.58 mm Y: -21.90 mm Z: 422.09 mm EZ: 178.36 ° EY: 27.80 ° EX: 177.87 ° 位置格式... 操纵杆方向 X Y Z 对准... 转到... 启动... ROB_1	单击“工件坐标”选项，进入“工件选择”界面
3	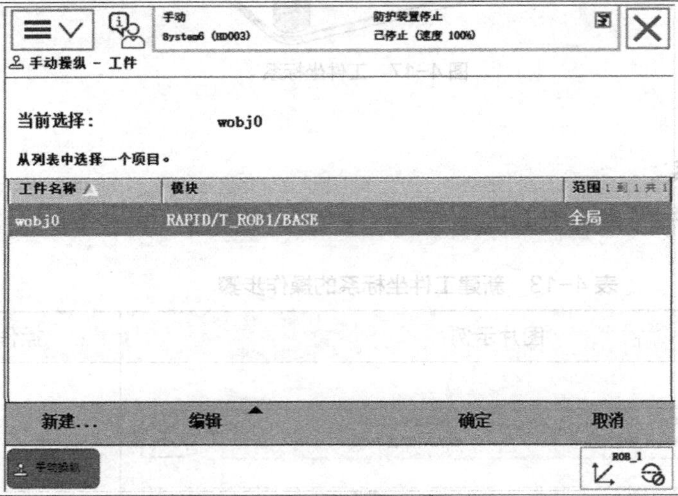手动 System6 (HD003) 防护装置停止 已停止 (速度 100%) 手动操纵 - 工件 当前选择: wobj0 从列表中选择一个项目。 工件名称 模块 范围 1 到 1 共 1 wobj0 RAPID/T_ROB1/BASE 全局 新建... 编辑 确定 取消 ROB_1	单击“新建”按钮，进入工件数据新建界面
4	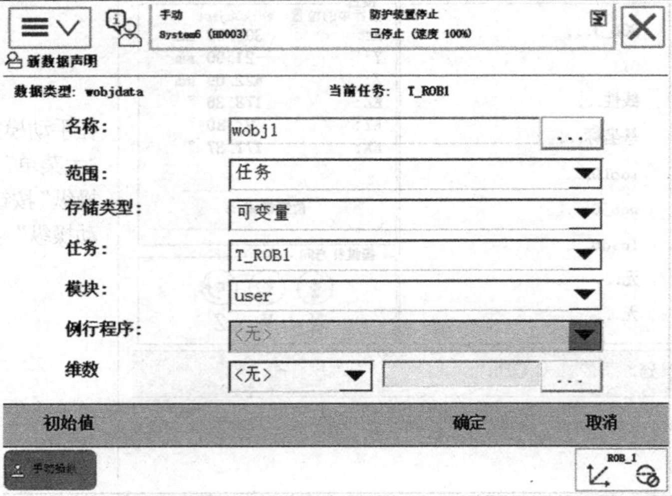手动 System6 (HD003) 防护装置停止 已停止 (速度 100%) 新数据声明 数据类型: wobjdata 当前任务: T_ROB1 名称: wobj1 ... 范围: 任务 存储类型: 可变量 任务: T_ROB1 模块: user 例行程序: <无> 维数 <无> ... 初始值 确定 取消 ROB_1	根据需要设定工件坐标系声明参数及初始值

续表

<table>
<tr><th>序号</th><th>图片示例</th><th>操作步骤</th></tr>
<tr><td>5</td><td>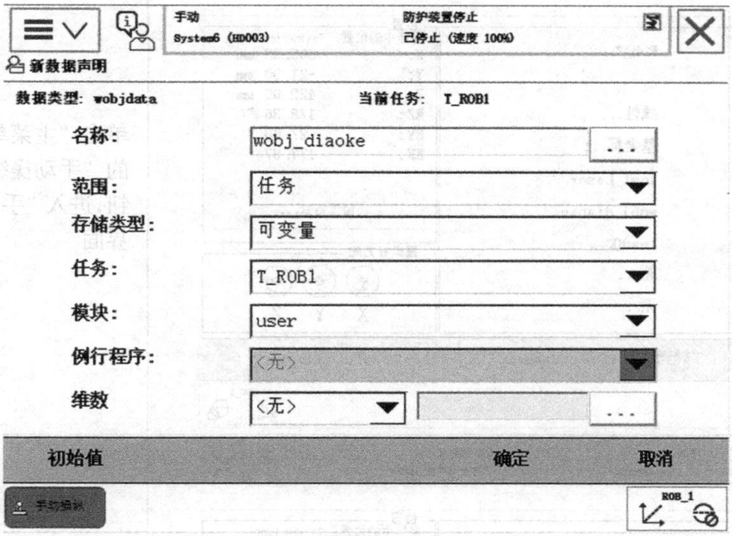
手动
System6 (HD003)
防护装置停止
已停止 (速度 100%)
新数据声明
数据类型: wobjdata
当前任务: T_ROB1
名称:
wobj_diaoke
范围:
任务
存储类型:
可变量
任务:
T_ROB1
模块:
user
例行程序:
<无>
维数
<无>
初始值
确定
取消
ROB_1</td><td>单击“确定”按钮保存数据</td></tr>
<tr><td>6</td><td>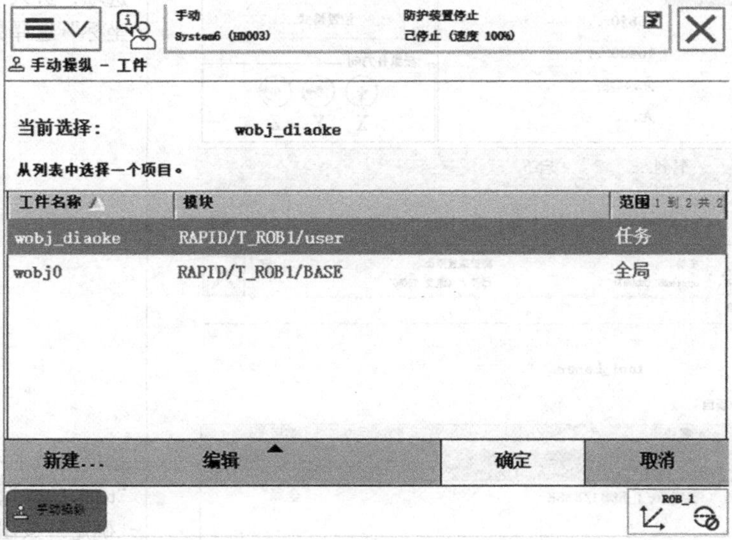
手动
System6 (HD003)
防护装置停止
已停止 (速度 100%)
手动操纵 - 工件
当前选择:
wobj_diaoke
从列表中选择一个项目。
工件名称
模块
范围 1 到 2 共 2
wobj_diaoke
RAPID/T_ROB1/user
任务
wobj0
RAPID/T_ROB1/BASE
全局
新建...
编辑
确定
取消
ROB_1</td><td>单击“确定”按钮完成工件坐标系数据新建</td></tr>
</table>

2. 定义工件坐标系

定义工件坐标系操作步骤见表4-14。

表 4-14　定义工件坐标系的操作步骤

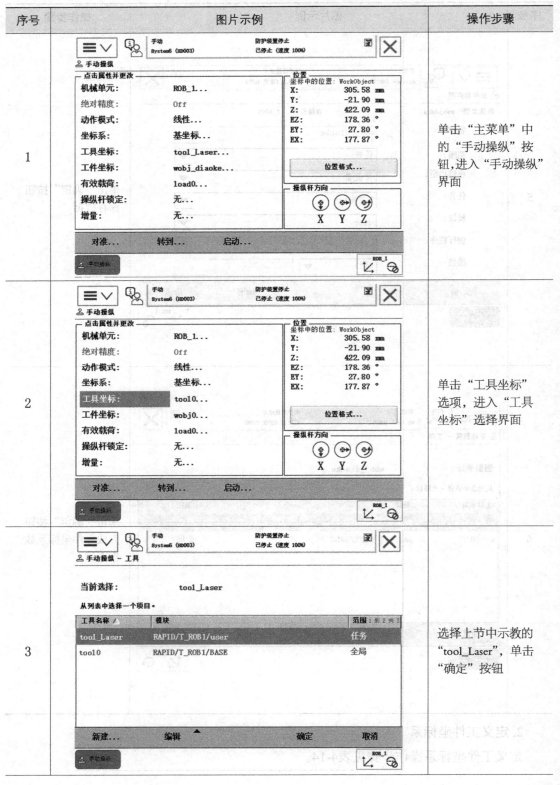

序号	图片示例	操作步骤
1	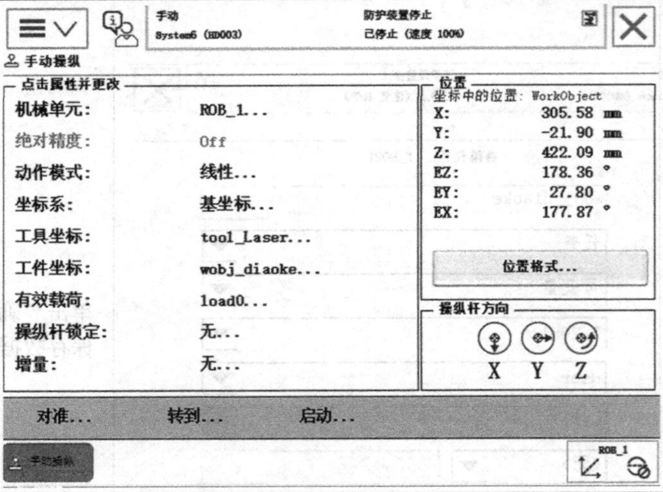手动 System6 (HD003) 防护装置停止 已停止 (速度 100%) 手动操纵 点击属性并更改 机械单元: ROB_1... 绝对精度: Off 动作模式: 线性... 坐标系: 基坐标... 工具坐标: tool_Laser... 工件坐标: wobj_diaoke... 有效载荷: load0... 操纵杆锁定: 无... 增量: 无... 位置 坐标中的位置: WorkObject X: 305.58 mm Y: -21.90 mm Z: 422.09 mm EZ: 178.36 ° EY: 27.80 ° EX: 177.87 ° 位置格式... 操纵杆方向 X Y Z 对准... 转到... 启动... ROB_1	单击“主菜单”中的“手动操纵”按钮,进入“手动操纵”界面
2	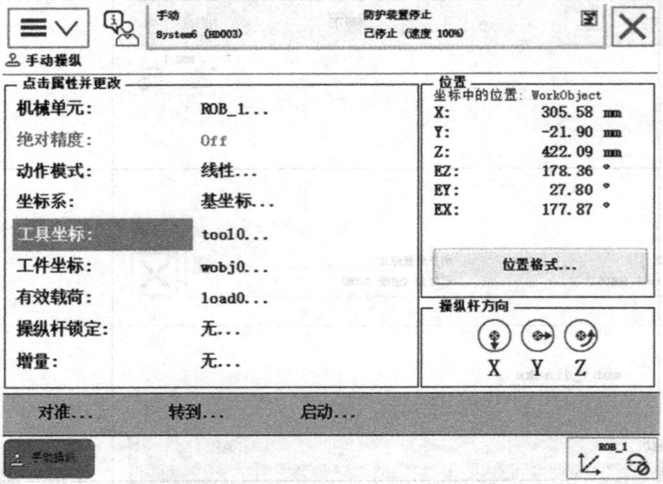手动 System6 (HD003) 防护装置停止 已停止 (速度 100%) 手动操纵 点击属性并更改 机械单元: ROB_1... 绝对精度: Off 动作模式: 线性... 坐标系: 基坐标... 工具坐标: tool0... 工件坐标: wobj0... 有效载荷: load0... 操纵杆锁定: 无... 增量: 无... 位置 坐标中的位置: WorkObject X: 305.58 mm Y: -21.90 mm Z: 422.09 mm EZ: 178.36 ° EY: 27.80 ° EX: 177.87 ° 位置格式... 操纵杆方向 X Y Z 对准... 转到... 启动... ROB_1	单击“工具坐标”选项，进入“工具坐标”选择界面
3	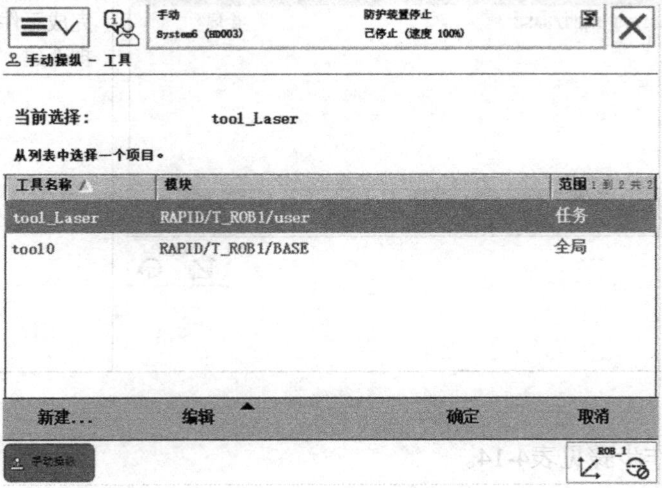手动 System6 (HD003) 防护装置停止 已停止 (速度 100%) 手动操纵 - 工具 当前选择: tool_Laser 从列表中选择一个项目。 工具名称 模块 范围 1 到 2 共 2 tool_Laser RAPID/T_ROB1/user 任务 tool0 RAPID/T_ROB1/BASE 全局 新建... 编辑 确定 取消 ROB_1	选择上节中示教的“tool_Laser”，单击“确定”按钮

续表

序号	图片示例	操作步骤
4	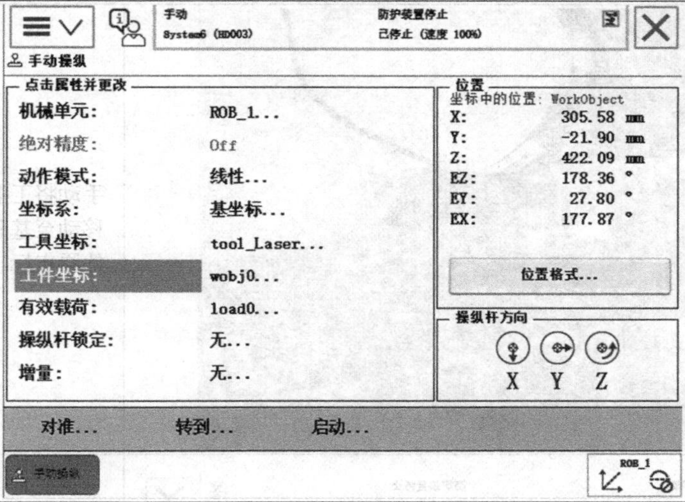手动 System6 (HD003) 防护装置停止 已停止 (速度 100%) 手动操纵 点击属性并更改 机械单元: ROB_1... 绝对精度: Off 动作模式: 线性... 坐标系: 基坐标... 工具坐标: tool_Laser... 工件坐标: wobj0... 有效载荷: load0... 操纵杆锁定: 无... 增量: 无... 位置 坐标中的位置: WorkObject X: 305.58 mm Y: -21.90 mm Z: 422.09 mm EZ: 178.36 ° EY: 27.80 ° EX: 177.87 ° 位置格式... 操纵杆方向 X Y Z 对准... 转到... 启动... ROB_1	单击“工件坐标”选项，进入“工件坐标”选择界面
5	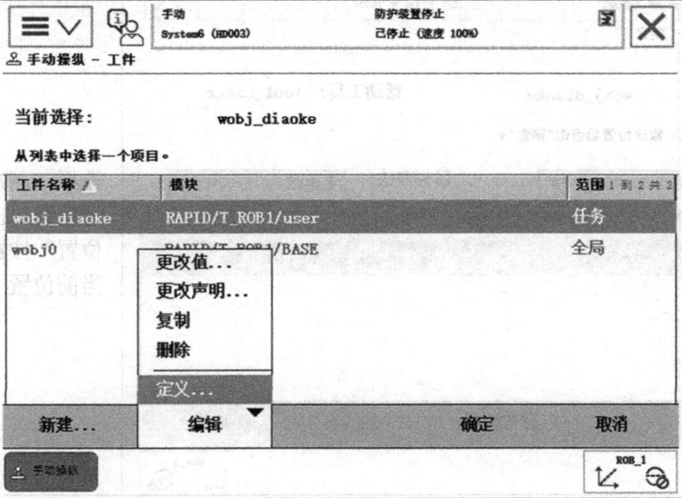手动 System6 (HD003) 防护装置停止 已停止 (速度 100%) 手动操纵 - 工件 当前选择: wobj_diaoke 从列表中选择一个项目。 工件名称 模块 范围 1 到 2 共 2 wobj_diaoke RAPID/T_ROB1/user 任务 wobj0 全局 更改值... 更改声明... 复制 删除 定义... 新建... 编辑 确定 取消 ROB_1	选择上节建立的坐标系，单击“编辑”菜单下的“定义”菜单
6	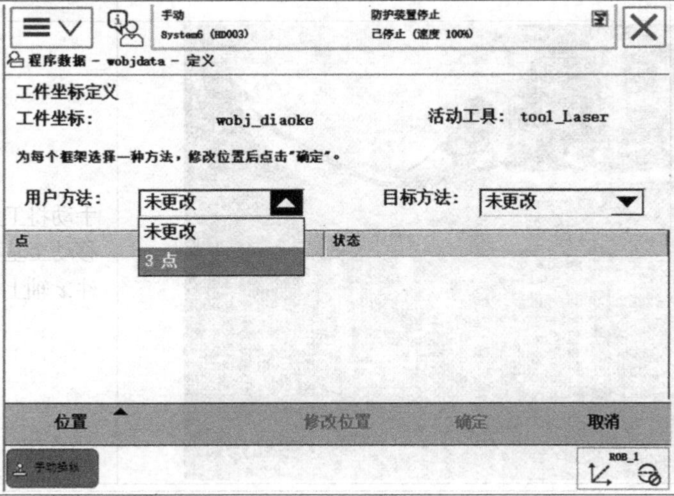手动 System6 (HD003) 防护装置停止 已停止 (速度 100%) 程序数据 - wobjdata - 定义 工件坐标定义 工件坐标: wobj_diaoke 活动工具: tool_Laser 为每个框架选择一种方法，修改位置后点击“确定”。 用户方法: 未更改 目标方法: 未更改 未更改 3 点 点 状态 位置 修改位置 确定 取消 ROB_1	选择用户方法中的“3 点”选项

续表

序号	图片示例	操作步骤
7	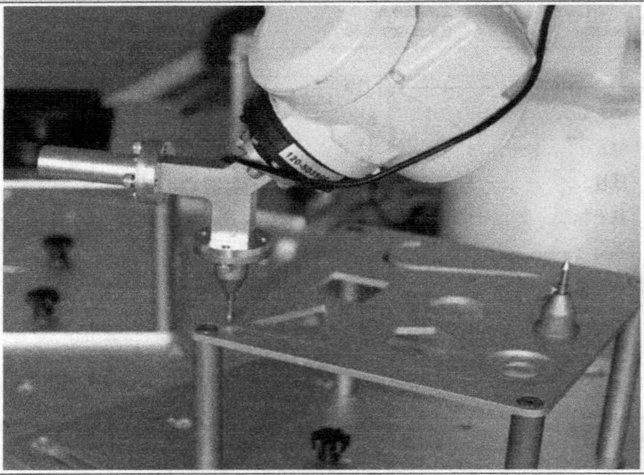	手动将工业机器人移动至基础模块工件原点标志处
8	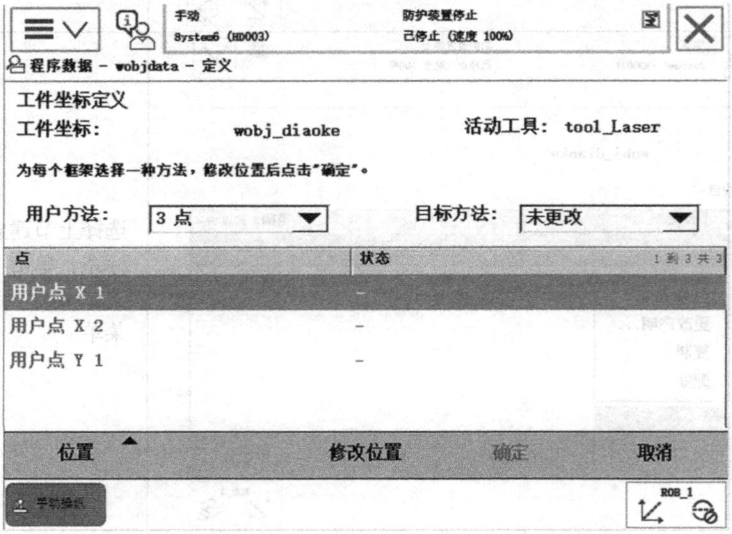 手动 System6 (HD003) 防护装置停止 已停止 (速度 100%) 程序数据 - wobjdata - 定义 工件坐标定义 工件坐标： wobj_diaoke 活动工具： tool_Laser 为每个框架选择一种方法，修改位置后点击“确定”。 用户方法： 3 点 目标方法： 未更改 点 状态 1 到 3 共 3 用户点 X 1 - 用户点 X 2 - 用户点 Y 1 - 位置 修改位置 确定 取消 手动操纵 ROB_1	选择“用户点 X1”选项，单击“修改位置”按钮，保存当前位置
9	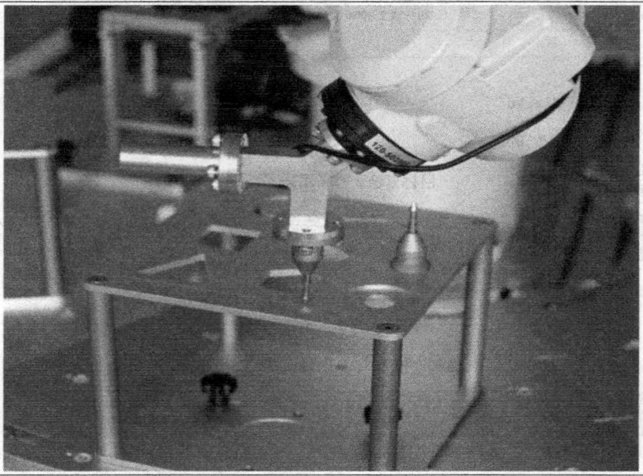	手动将工业机器人移动至基础模块工件 x 轴上标志处

续表

序号	图片示例	操作步骤
10	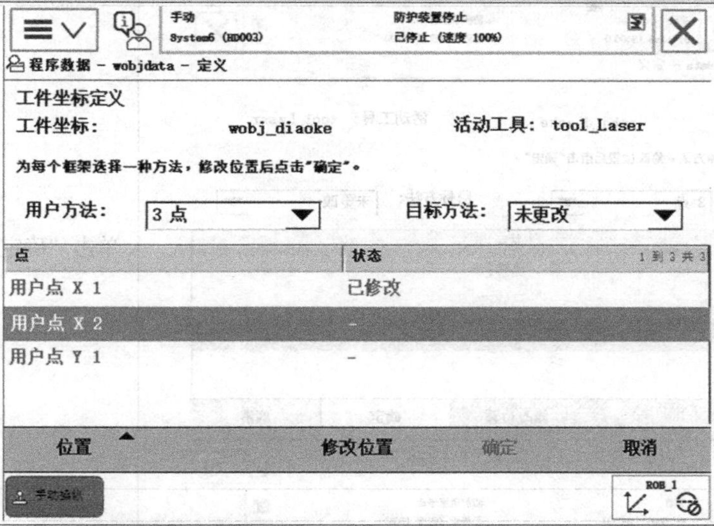手动 System6 (HD003) 防护装置停止 已停止 (速度 100%) 程序数据 - wobjdata - 定义 工件坐标定义 工件坐标: wobj_diaoke 活动工具: tool_Laser 为每个框架选择一种方法，修改位置后点击"确定"。 用户方法: 3 点 目标方法: 未更改 点 状态 1 到 3 共 3 用户点 X 1 已修改 用户点 X 2 用户点 Y 1 位置 修改位置 确定 取消 ROB_1	选择“用户点 X2”选项，单击“修改位置”按钮，保存当前位置
11	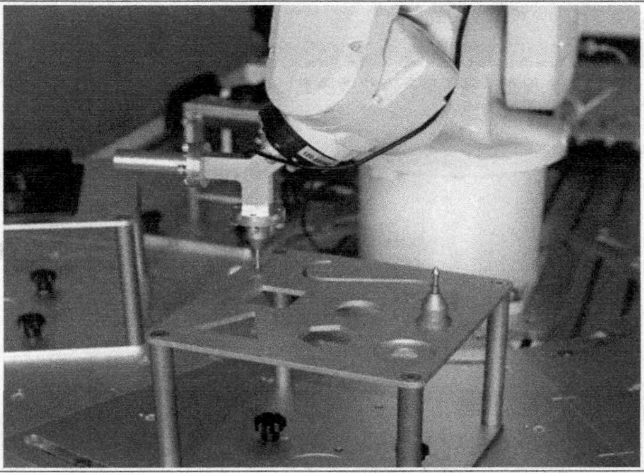	手动将工业机器人移动至基础模块工件 y 轴上标志处
12	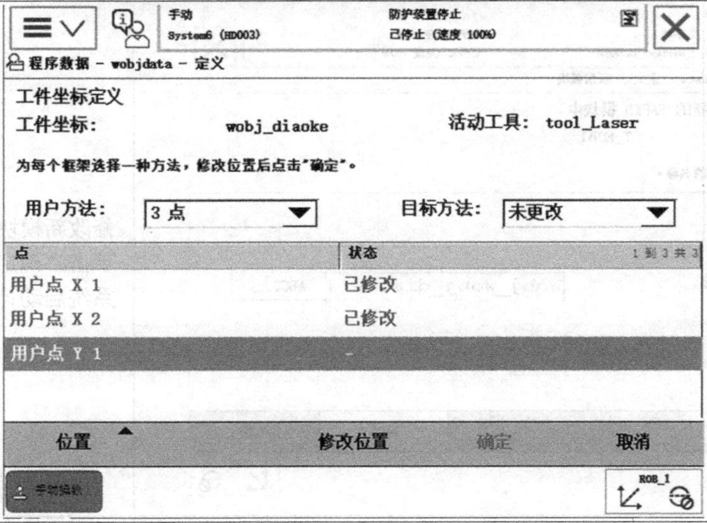手动 System6 (HD003) 防护装置停止 已停止 (速度 100%) 程序数据 - wobjdata - 定义 工件坐标定义 工件坐标: wobj_diaoke 活动工具: tool_Laser 为每个框架选择一种方法，修改位置后点击"确定"。 用户方法: 3 点 目标方法: 未更改 点 状态 1 到 3 共 3 用户点 X 1 已修改 用户点 X 2 已修改 用户点 Y 1 位置 修改位置 确定 取消 ROB_1	选择“用户点 Y1”选项，单击“修改位置”，按钮保存当前位置

续表

序号	图片示例	操作步骤
13	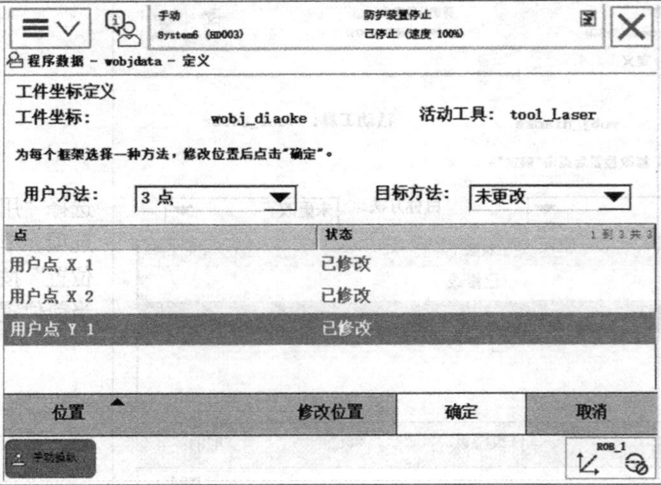手动 System6 (HD003) 防护装置停止 已停止 (速度 100%) 程序数据 - wobjdata - 定义 工件坐标定义 工件坐标：wobj_diaoke 活动工具：tool_Laser 为每个框架选择一种方法，修改位置后点击"确定"。 用户方法：3 点 目标方法：未更改 点 状态 1 到 3 共 3 用户点 X 1 已修改 用户点 X 2 已修改 用户点 Y 1 已修改 位置 修改位置 确定 取消 ROB_1	单击“确定”按钮
14	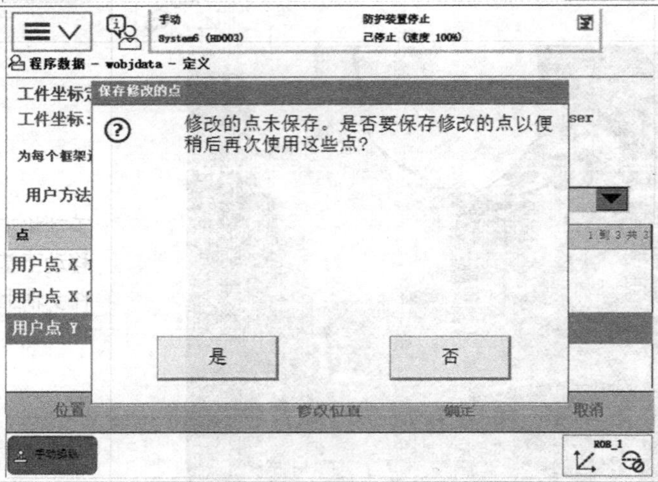手动 System6 (HD003) 防护装置停止 已停止 (速度 100%) 程序数据 - wobjdata - 定义 保存修改的点 修改的点未保存。是否要保存修改的点以便稍后再次使用这些点? 是 否 ROB_1	在弹出的对话框中选择“是”按钮，保存修改的点
15	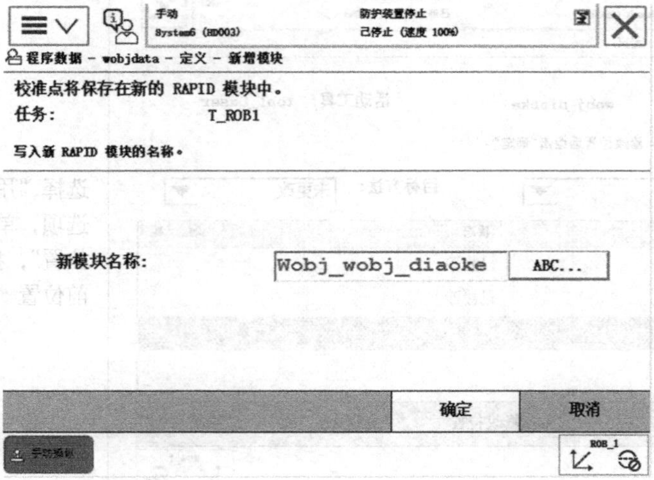手动 System6 (HD003) 防护装置停止 已停止 (速度 100%) 程序数据 - wobjdata - 定义 - 新增模块 校准点将保存在新的 RAPID 模块中。 任务：T_ROB1 写入新 RAPID 模块的名称。 新模块名称：Wobj_wobj_diaoke ABC... 确定 取消 ROB_1	修改新模块的名称，单击“确定”按钮，系统启动计算过程

续表

<table>
<tr><th>序号</th><th>图片示例</th><th>操作步骤</th></tr>
<tr><td>16</td><td>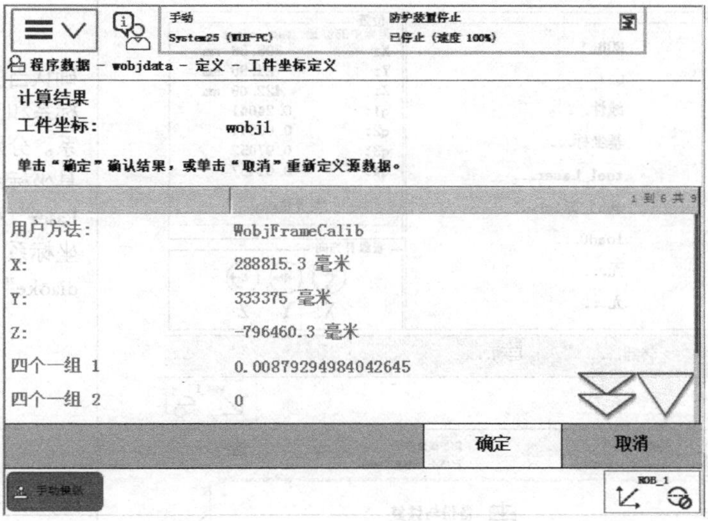
手动
System25 (WLH-PC)
防护装置停止
已停止 (速度 100%)
程序数据 - wobjdata - 定义 - 工件坐标定义
计算结果
工件坐标: wobj1
单击"确定"确认结果，或单击"取消"重新定义源数据。
1 到 6 共 9
用户方法: WobjFrameCalib
X: 288815.3 毫米
Y: 333375 毫米
Z: -796460.3 毫米
四个一组 1 0.00879294984042645
四个一组 2 0
确定
取消
手动操纵
ROB_1</td><td>工件坐标系计算完成后显示计算结果，满足要求则单击“确定”按钮，完成定义过程，否则单击“取消”按钮结束定义过程</td></tr>
<tr><td>17</td><td>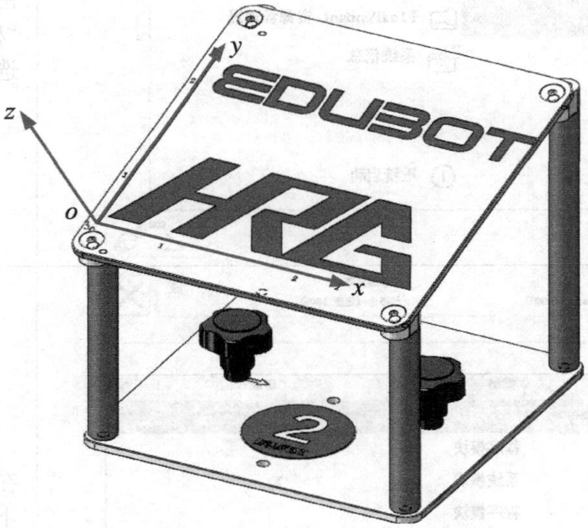
EDUBOT
HRG
z
y
x
o</td><td>新的用户坐标系创建完成</td></tr>
</table>

4.5.3 路径编写

由于激光雕刻模块所需示教的路径点位较多，本节以示教程序“E”路径为例，演示激光雕刻模块程序的编写步骤，见表4-15。

表 4-15　编程实例

序号	图片示例	操作步骤
1	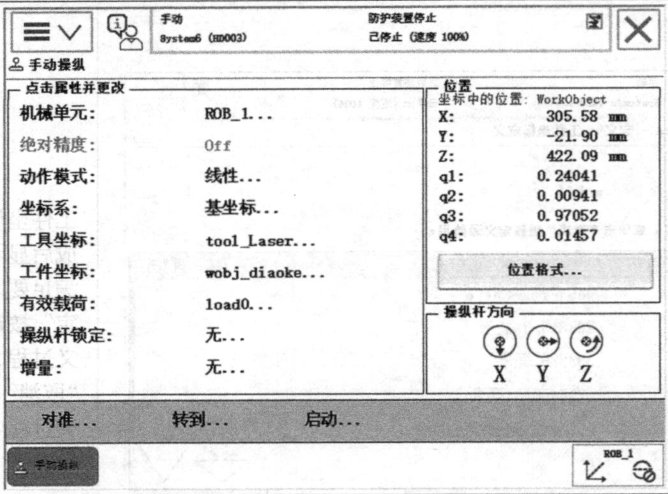手动 System6 (HD003) 防护装置停止 已停止 (速度 100%) 手动操纵 点击属性并更改 机械单元: ROB_1... 绝对精度: Off 动作模式: 线性... 坐标系: 基坐标... 工具坐标: tool_Laser... 工件坐标: wobj_diaoke... 有效载荷: load0... 操纵杆锁定: 无... 增量: 无... 位置 坐标中的位置: WorkObject X: 305.58 mm Y: -21.90 mm Z: 422.09 mm q1: 0.24041 q2: 0.00941 q3: 0.97052 q4: 0.01457 位置格式... 操纵杆方向 X Y Z 对准... 转到... 启动... ROB_1	确认当前工具坐标系和工件坐标系。分别选择工具坐标系“tool_Laser”和工件坐标系“wobj_diaoke”
2	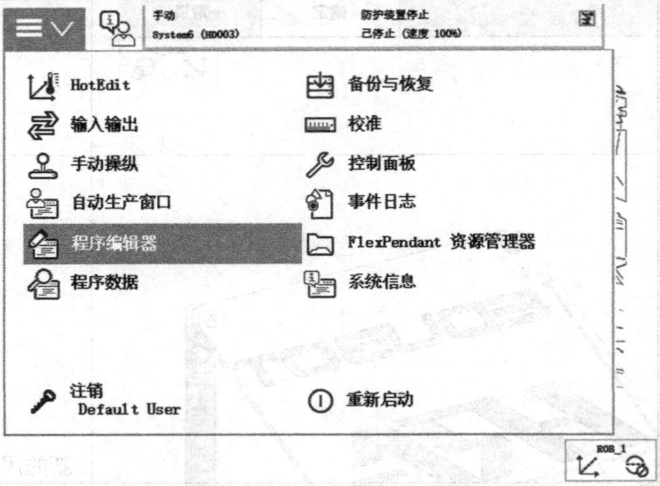手动 System6 (HD003) 防护装置停止 已停止 (速度 100%) HotEdit 输入输出 手动操纵 自动生产窗口 程序编辑器 程序数据 备份与恢复 校准 控制面板 事件日志 FlexPendant 资源管理器 系统信息 注销 Default User 重新启动 ROB_1	在手动模式下单击“主菜单”下“程序编辑器”选项
3	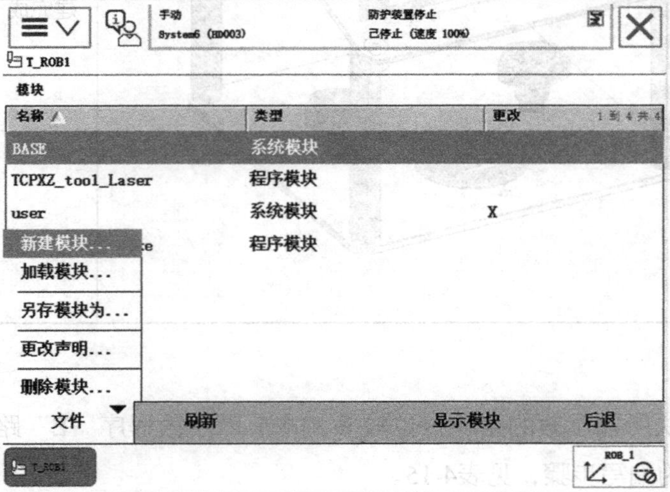手动 System6 (HD003) 防护装置停止 已停止 (速度 100%) T_ROB1 模块 名称 类型 更改 BASE 系统模块 TCPXZ_tool_Laser 程序模块 user 系统模块 X 程序模块 新建模块... 加载模块... 另存模块为... 更改声明... 删除模块... 文件 刷新 显示模块 后退 ROB_1	在“文件”菜单下，选择“新建模块”菜单

续表

序号	图片示例	操作步骤
4	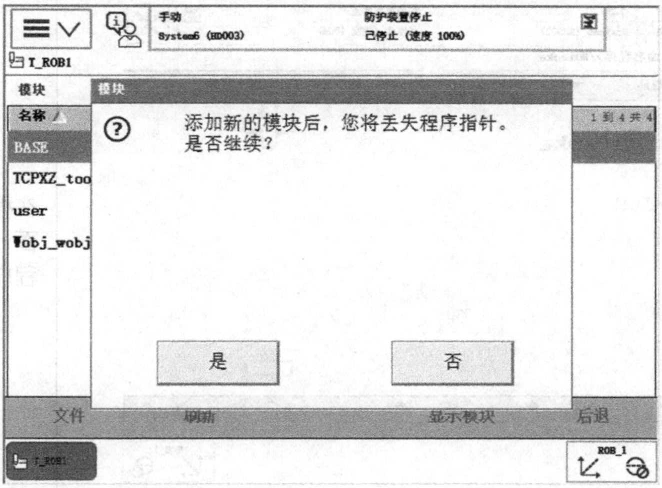 手动 System6 (HD003) 防护装置停止 已停止 (速度 100%) T_ROB1 模块 名称 BASE TCPXZ_too user Wobj_wobj 模块 添加新的模块后，您将丢失程序指针。是否继续？ 是 否 文件 刷新 显示模块 后退 ROB_1	在弹出的对话框中选择“是”按钮，添加新的程序模块
5	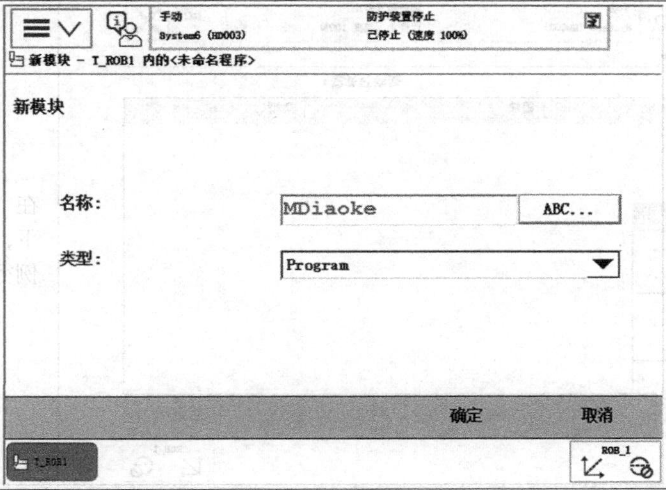 手动 System6 (HD003) 防护装置停止 已停止 (速度 100%) 新模块 - T_ROB1 内的<未命名程序> 新模块 名称: MDiaoke ABC... 类型: Program 确定 取消 ROB_1	将模块名称修改为“MDiaoke”，单击“确定”按钮
6	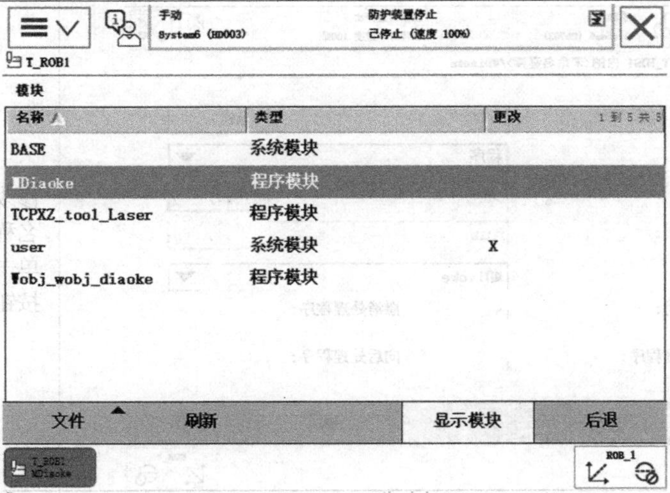 手动 System6 (HD003) 防护装置停止 已停止 (速度 100%) T_ROB1 模块 名称 类型 更改 1 到 5 共 5 BASE 系统模块 MDiaoke 程序模块 TCPXZ_tool_Laser 程序模块 user 系统模块 X Wobj_wobj_diaoke 程序模块 文件 刷新 显示模块 后退 ROB_1	选择“MDiaoke”模块，单击“显示模块”按钮

续表

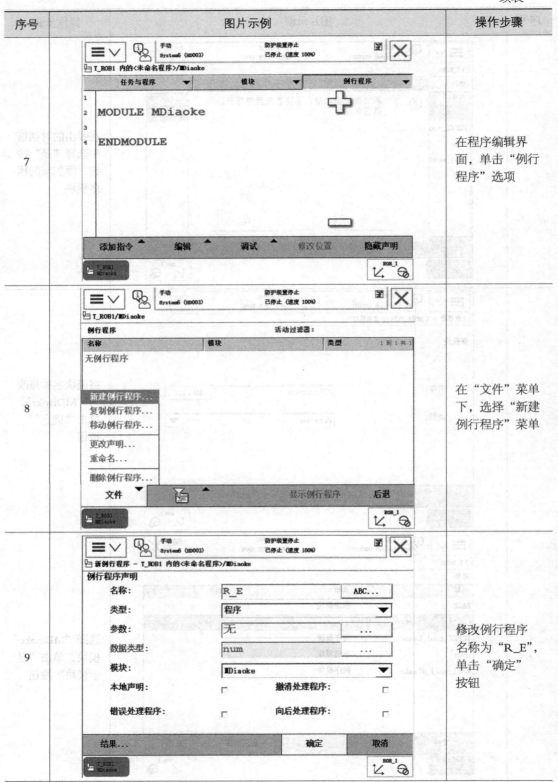

序号	图片示例	操作步骤
7	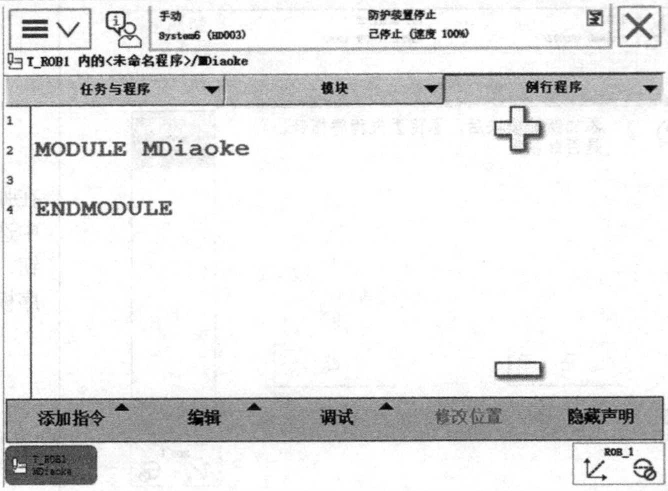手动 System6 (HD003) 防护装置停止 已停止 (速度 100%) T_ROB1 内的<未命名程序>/MDiaoke 任务与程序 模块 例行程序 MODULE MDiaoke ENDMODULE 添加指令 编辑 调试 修改位置 隐藏声明 ROB_1	在程序编辑界面，单击“例行程序”选项
8	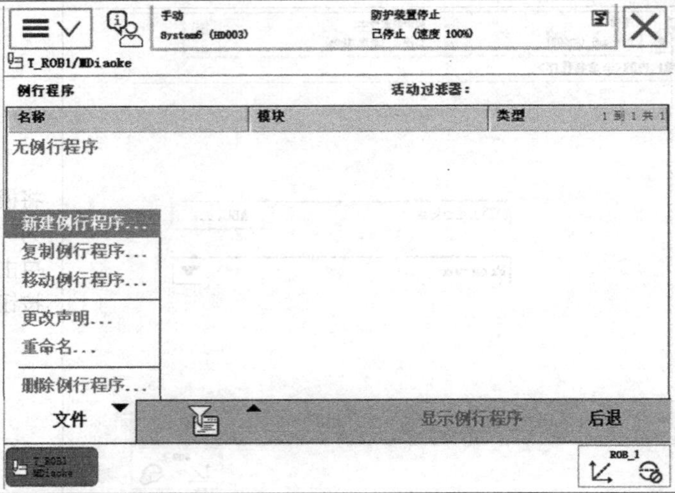手动 System6 (HD003) 防护装置停止 已停止 (速度 100%) T_ROB1/MDiaoke 例行程序 活动过滤器： 名称 模块 类型 无例行程序 新建例行程序... 复制例行程序... 移动例行程序... 更改声明... 重命名... 删除例行程序... 文件 显示例行程序 后退 ROB_1	在“文件”菜单下，选择“新建例行程序”菜单
9	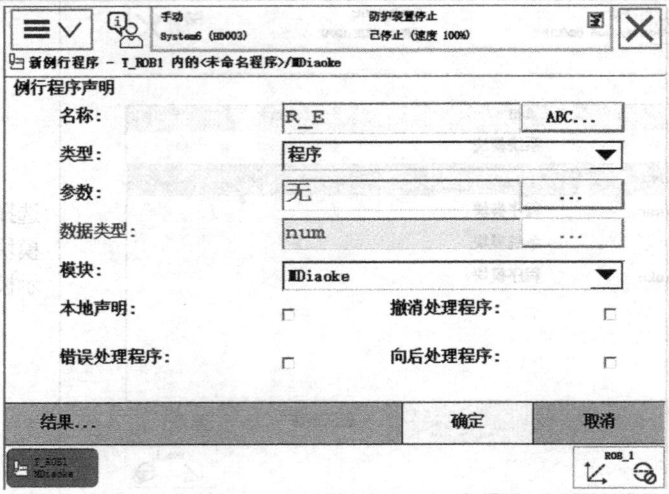手动 System6 (HD003) 防护装置停止 已停止 (速度 100%) 新例行程序 - T_ROB1 内的<未命名程序>/MDiaoke 例行程序声明 名称： R_E ABC... 类型： 程序 参数： 无 数据类型： num 模块： MDiaoke 本地声明： 撤消处理程序： 错误处理程序： 向后处理程序： 结果... 确定 取消 ROB_1	修改例行程序名称为“R_E”，单击“确定”按钮

续表

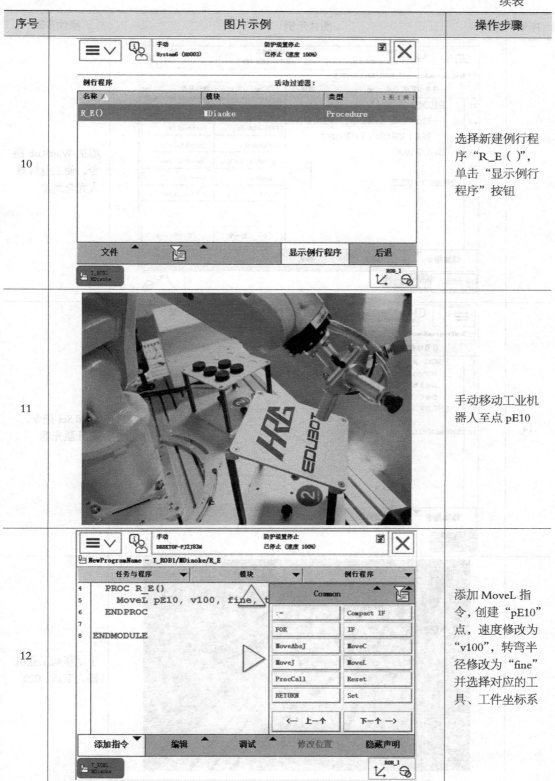

序号	图片示例	操作步骤
10	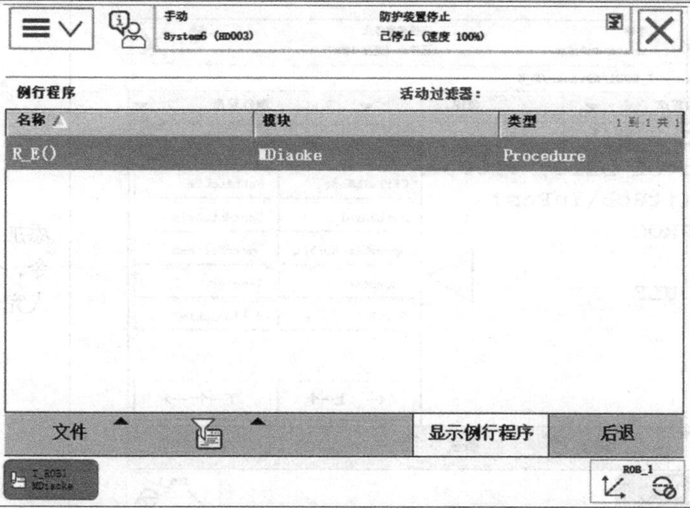手动 System6 (HD003) 防护装置停止 已停止 (速度 100%) 例行程序 活动过滤器: 名称 模块 类型 1 到 1 共 1 R_E() MDiaoke Procedure 文件 显示例行程序 后退 T_ROB1 MDiaoke ROB_1	选择新建例行程序“R_E()”，单击“显示例行程序”按钮
11	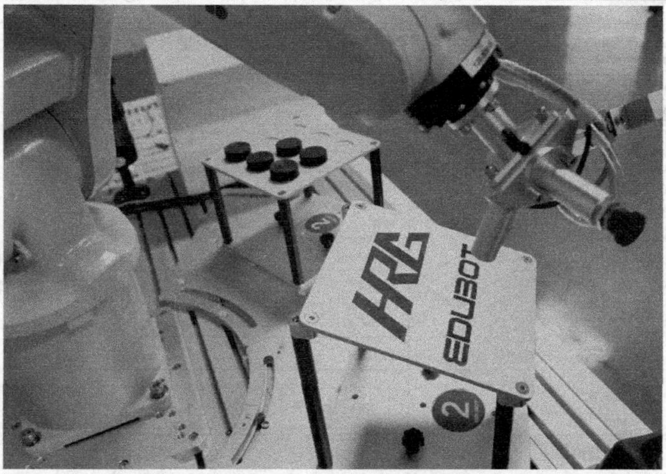HRG EDUBOT	手动移动工业机器人至点 pE10
12	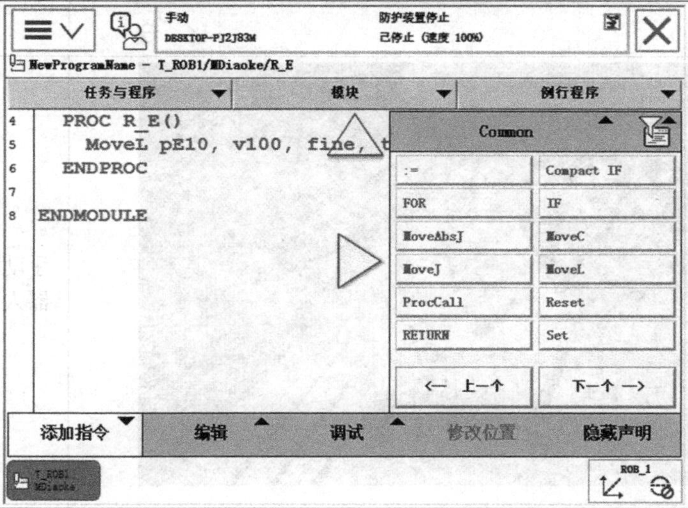手动 DESKTOP-PJ2J83M 防护装置停止 已停止 (速度 100%) NewProgramName - T_ROB1/MDiaoke/R_E 任务与程序 模块 例行程序 PROC R_E() MoveL pE10, v100, fine, ENDPROC ENDMODULE Common := Compact IF FOR IF MoveAbsJ MoveC MoveJ MoveL ProcCall Reset RETURN Set ← 上一个 下一个 → 添加指令 编辑 调试 修改位置 隐藏声明 T_ROB1 MDiaoke ROB_1	添加 MoveL 指令，创建“pE10”点，速度修改为“v100”，转弯半径修改为“fine”并选择对应的工具、工件坐标系

续表

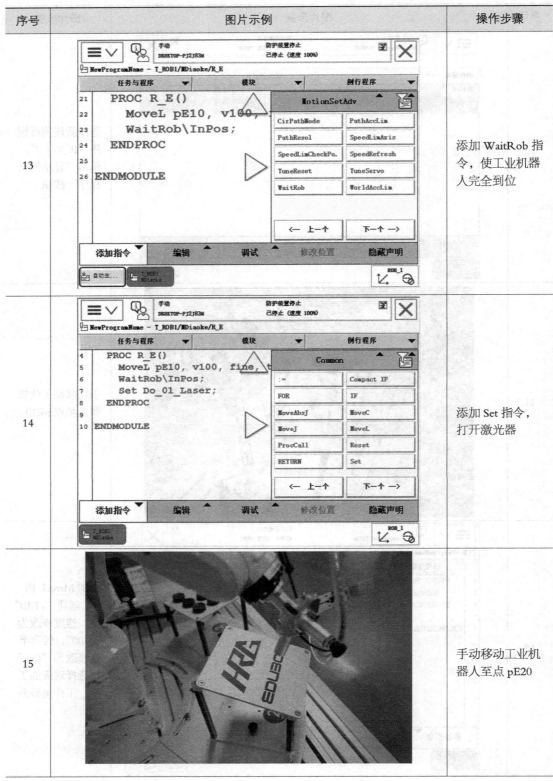

序号	图片示例	操作步骤
13	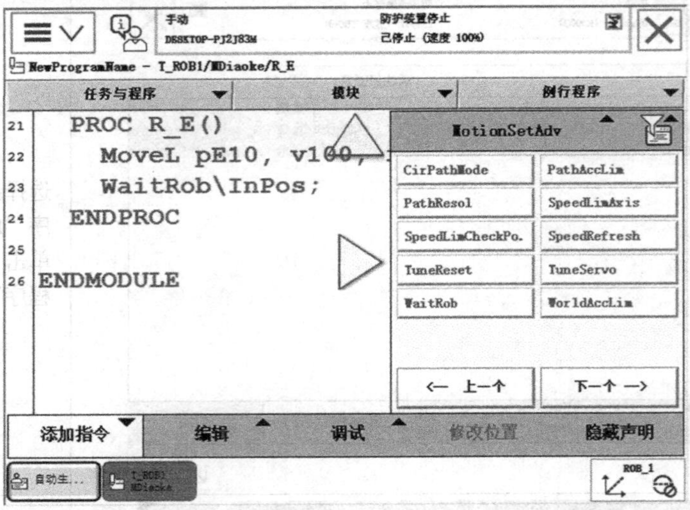手动 DESKTOP-PJ2J83M 防护装置停止 已停止 (速度 100%) NewProgramName - T_ROB1/MDiaoke/R_E 任务与程序 模块 例行程序 21 PROC R_E() 22 MoveL pE10, v100, 23 WaitRob\InPos; 24 ENDPROC 25 26 ENDMODULE MotionSetAdv CirPathMode PathAccLim PathResol SpeedLimAxis SpeedLimCheckPo. SpeedRefresh TuneReset TuneServo WaitRob WorldAccLim ← 上一个 下一个 → 添加指令 编辑 调试 修改位置 隐藏声明 ROB_1	添加 WaitRob 指令，使工业机器人完全到位
14	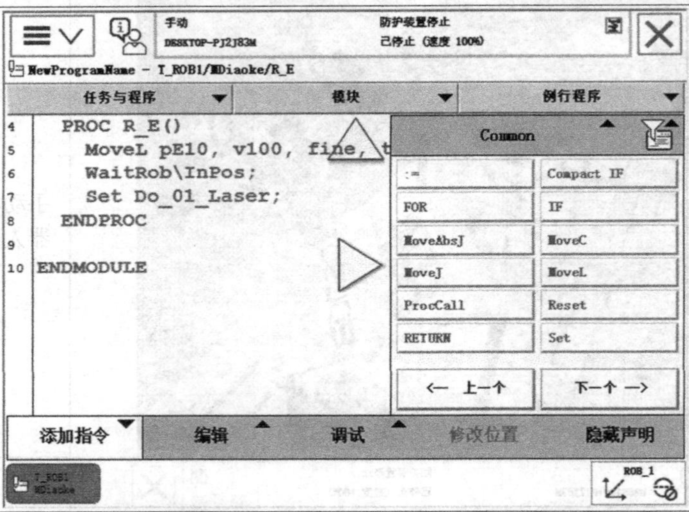手动 DESKTOP-PJ2J83M 防护装置停止 已停止 (速度 100%) NewProgramName - T_ROB1/MDiaoke/R_E 任务与程序 模块 例行程序 4 PROC R_E() 5 MoveL pE10, v100, fine, 6 WaitRob\InPos; 7 Set Do_01_Laser; 8 ENDPROC 9 10 ENDMODULE Common := Compact IF FOR IF MoveAbsJ MoveC MoveJ MoveL ProcCall Reset RETURN Set ← 上一个 下一个 → 添加指令 编辑 调试 修改位置 隐藏声明 ROB_1	添加 Set 指令，打开激光器
15		手动移动工业机器人至点 pE20

续表

序号	图片示例	操作步骤
16	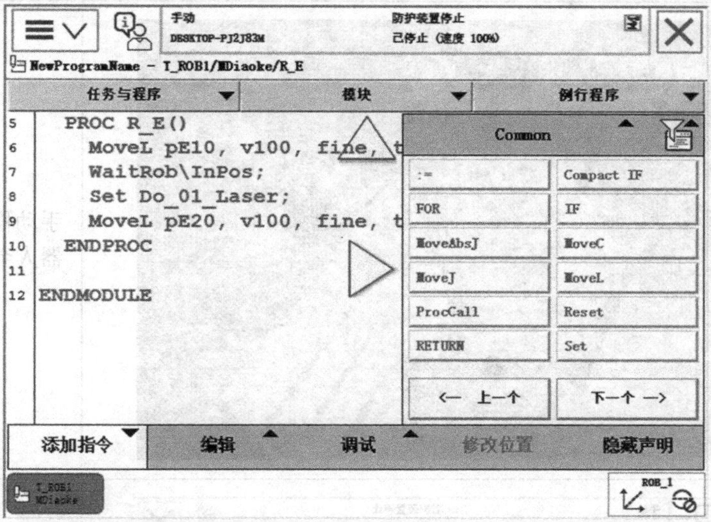手动 DESKTOP-PJ2J83M 防护装置停止 已停止 (速度 100%) NewProgramName - T_ROB1/MDiaoke/R_E 任务与程序 模块 例行程序 5 PROC R_E() 6 MoveL pE10, v100, fine, 7 WaitRob\InPos; 8 Set Do_01_Laser; 9 MoveL pE20, v100, fine, 10 ENDPROC 11 12 ENDMODULE Common := Compact IF FOR IF MoveAbsJ MoveC MoveJ MoveL ProcCall Reset RETURN Set ← 上一个 下一个 → 添加指令 编辑 调试 修改位置 隐藏声明 ROB_1	添加MoveL指令，自动生成数据信息，保存工业机器人当前位置
17	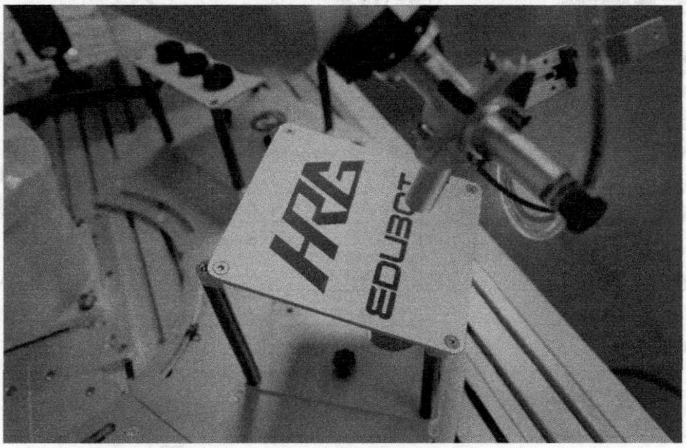EDUBOT	手动移动工业机器人至点pE30
18	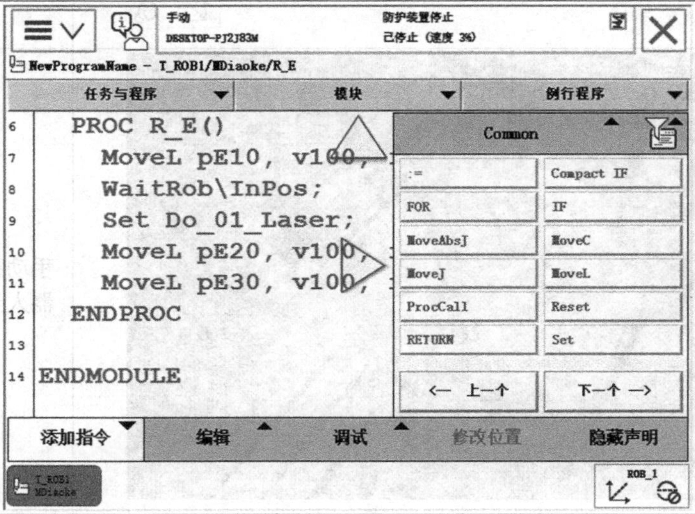手动 DESKTOP-PJ2J83M 防护装置停止 已停止 (速度 3%) NewProgramName - T_ROB1/MDiaoke/R_E 任务与程序 模块 例行程序 6 PROC R_E() 7 MoveL pE10, v100, 8 WaitRob\InPos; 9 Set Do_01_Laser; 10 MoveL pE20, v100, 11 MoveL pE30, v100, 12 ENDPROC 13 14 ENDMODULE Common := Compact IF FOR IF MoveAbsJ MoveC MoveJ MoveL ProcCall Reset RETURN Set ← 上一个 下一个 → 添加指令 编辑 调试 修改位置 隐藏声明 ROB_1	添加MoveL指令，自动生成数据信息，保存工业机器人当前位置

续表

序号	图片示例	操作步骤
19	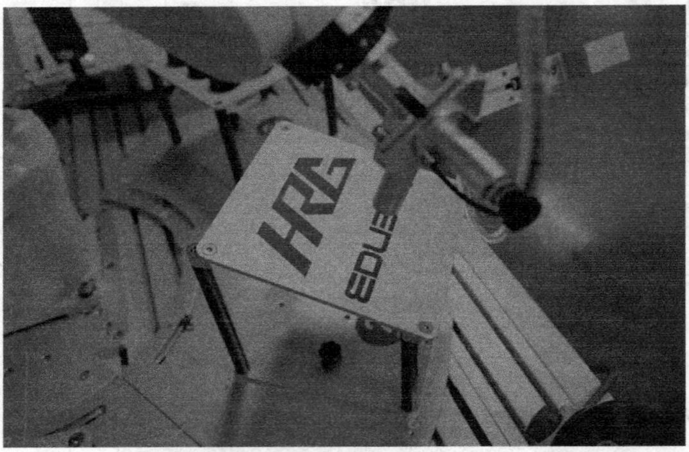	手动移动工业机器人至点 pE40
20	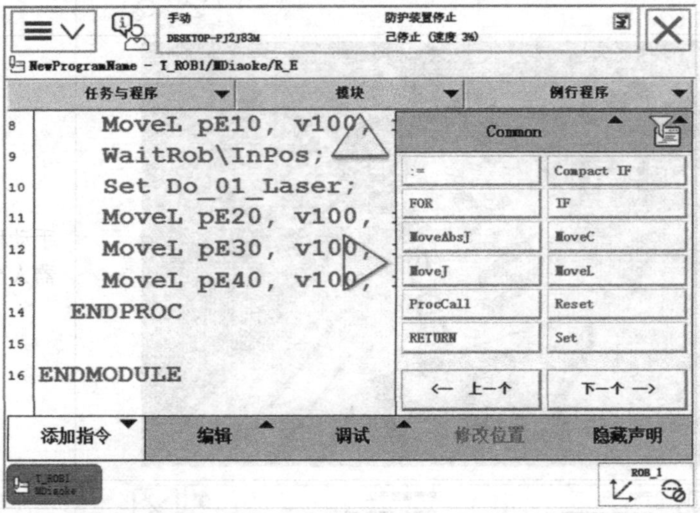手动 DESKTOP-PJ2J83M 防护装置停止 已停止 (速度 3%) NewProgramName - T_ROB1/MDiaoke/R_E 任务与程序 模块 例行程序 MoveL pE10, v100, WaitRob\InPos; Set Do_01_Laser; MoveL pE20, v100, MoveL pE30, v100, MoveL pE40, v100, ENDPROC ENDMODULE Common := Compact IF FOR IF MoveAbsJ MoveC MoveJ MoveL ProcCall Reset RETURN Set ← 上一个 下一个 → 添加指令 编辑 调试 修改位置 隐藏声明 T_ROB1 MDiaoke ROB_1	添加 MoveL 指令，自动生成数据信息，保存工业机器人当前位置
21	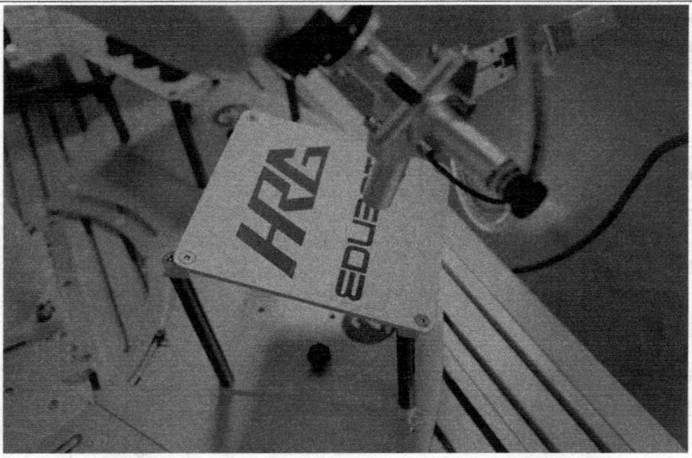	手动移动工业机器人至点 pE50

续表

序号	图片示例	操作步骤
22	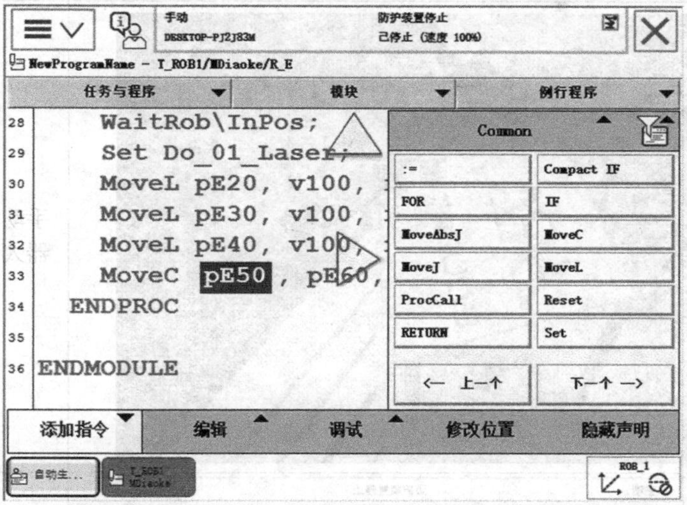手动 DESKTOP-PJ2J83M 防护装置停止 己停止 (速度 100%) NewProgramName - T_ROB1/MDiaoke/R_E 任务与程序 模块 例行程序 WaitRob\InPos; Set Do_01_Laser; MoveL pE20, v100, MoveL pE30, v100, MoveL pE40, v100, MoveC pE50, pE60, ENDPROC ENDMODULE Common := Compact IF FOR IF MoveAbsJ MoveC MoveJ MoveL ProcCall Reset RETURN Set ← 上一个 下一个 → 添加指令 编辑 调试 修改位置 隐藏声明 ROB_1	添加MoveC指令，选择“pE50”，单击“修改位置”按钮
23	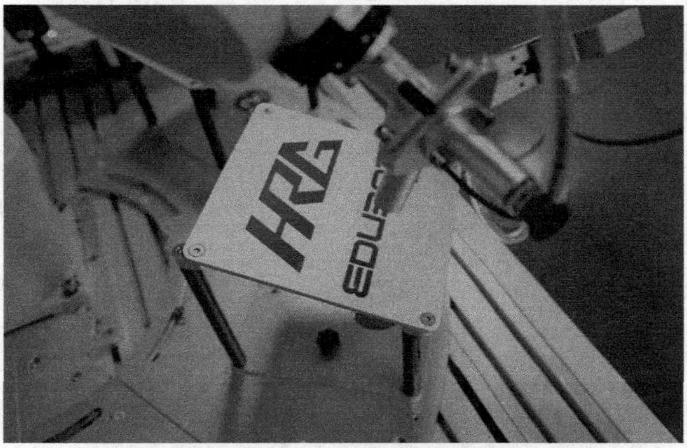	手动移动工业机器人至点pE60
24	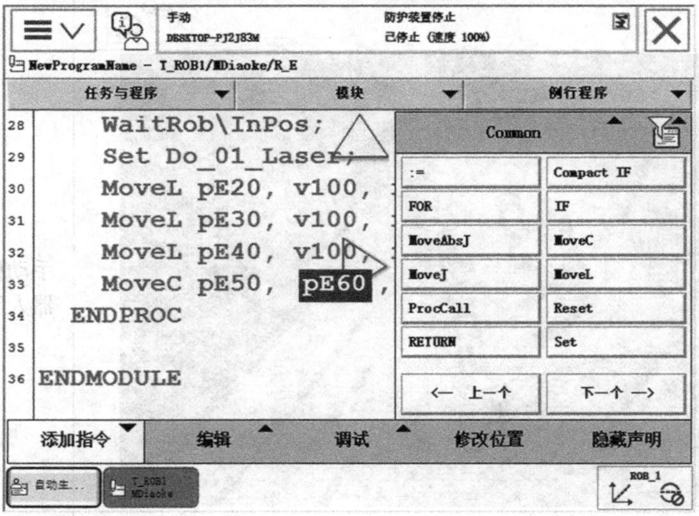手动 DESKTOP-PJ2J83M 防护装置停止 己停止 (速度 100%) NewProgramName - T_ROB1/MDiaoke/R_E 任务与程序 模块 例行程序 WaitRob\InPos; Set Do_01_Laser; MoveL pE20, v100, MoveL pE30, v100, MoveL pE40, v100, MoveC pE50, pE60, ENDPROC ENDMODULE Common := Compact IF FOR IF MoveAbsJ MoveC MoveJ MoveL ProcCall Reset RETURN Set ← 上一个 下一个 → 添加指令 编辑 调试 修改位置 隐藏声明 ROB_1	选择“pE60”，单击“修改位置”按钮

续表

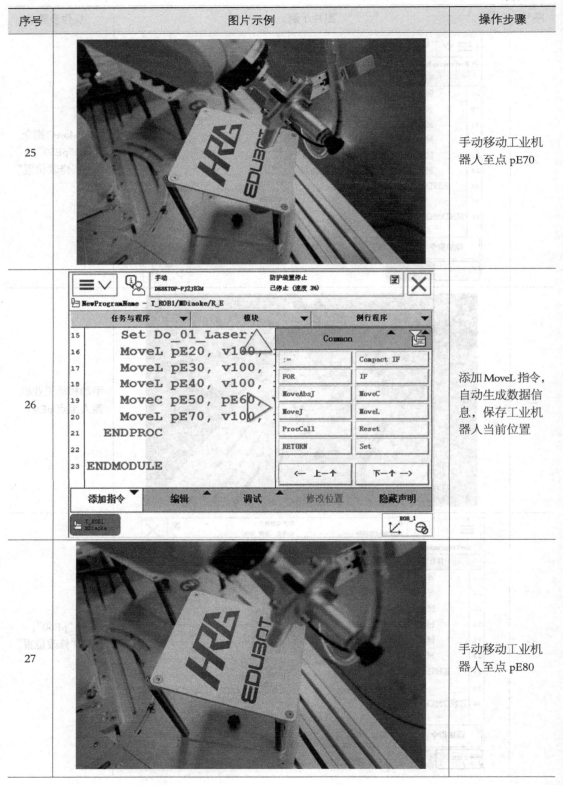

<table>
<tr><th>序号</th><th>图片示例</th><th>操作步骤</th></tr>
<tr><td>25</td><td>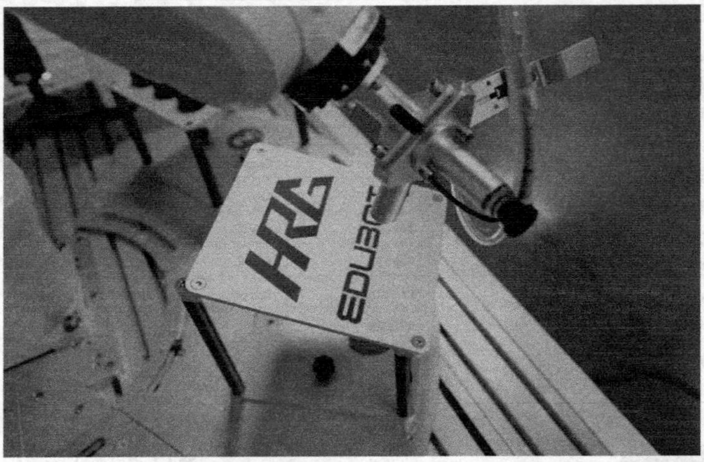</td><td>手动移动工业机器人至点 pE70</td></tr>
<tr><td>26</td><td>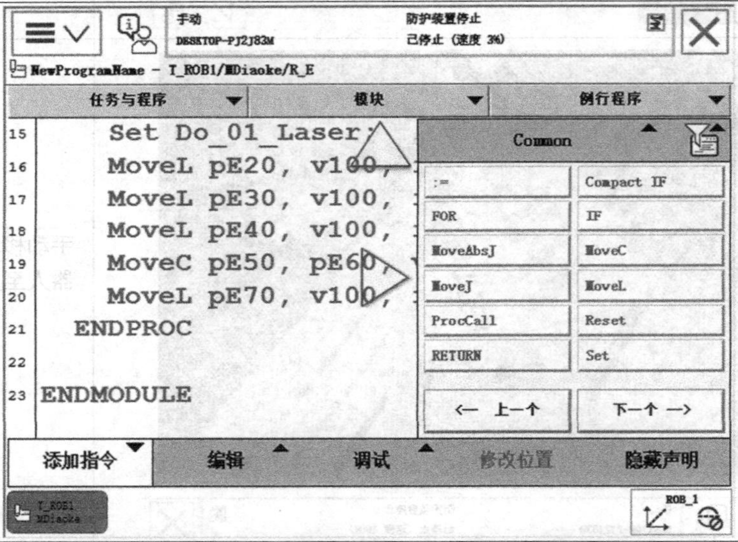
手动
DESKTOP-PJ2J83M
防护装置停止
已停止 (速度 3%)
NewProgramName - T_ROB1/MDiaoke/R_E
任务与程序
模块
例行程序
15 Set Do_01_Laser;
16 MoveL pE20, v100,
17 MoveL pE30, v100,
18 MoveL pE40, v100,
19 MoveC pE50, pE60,
20 MoveL pE70, v100,
21 ENDPROC
22
23 ENDMODULE
Common
:=
Compact IF
FOR
IF
MoveAbsJ
MoveC
MoveJ
MoveL
ProcCall
Reset
RETURN
Set
← 上一个
下一个 →
添加指令
编辑
调试
修改位置
隐藏声明
T_ROB1
MDiaoke
ROB_1</td><td>添加 MoveL 指令，自动生成数据信息，保存工业机器人当前位置</td></tr>
<tr><td>27</td><td></td><td>手动移动工业机器人至点 pE80</td></tr>
</table>

续表

序号	图片示例	操作步骤

28	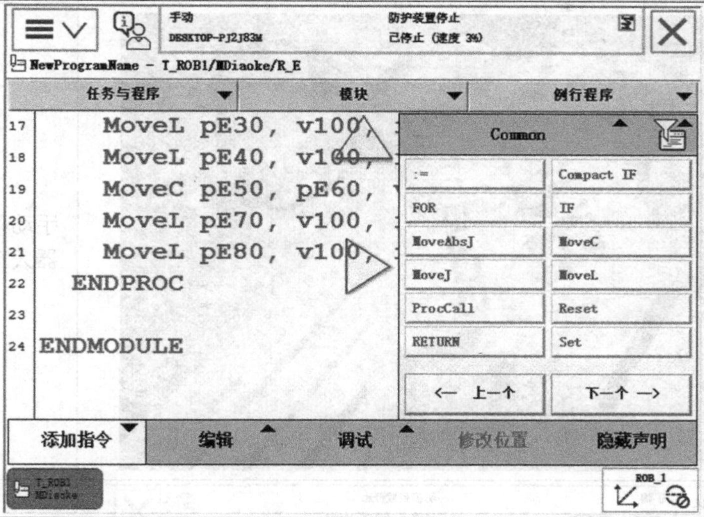手动
	DESKTOP-PJ2J83M
	防护装置停止
	已停止 (速度 3%)
	NewProgramName - T_ROB1/MDiaoke/R_E
	任务与程序
	模块
	例行程序
	MoveL pE30, v100
	MoveL pE40, v100
	MoveC pE50, pE60,
	MoveL pE70, v100,
	MoveL pE80, v100
	ENDPROC
	ENDMODULE
	Common
	:=
	Compact IF
	FOR
	IF
	MoveAbsJ
	MoveC
	MoveJ
	MoveL
	ProcCall
	Reset
	RETURN
	Set
	<— 上一个
	下一个 —>
	添加指令
	编辑
	调试
	修改位置
	隐藏声明
	ROB_1
		添加MoveL指令，自动生成数据信息，保存工业机器人当前位置

29	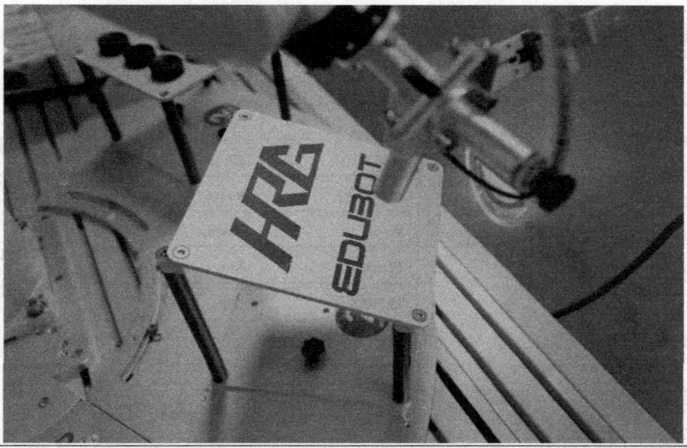EDUBOT	手动移动工业机器人至点pE90

30	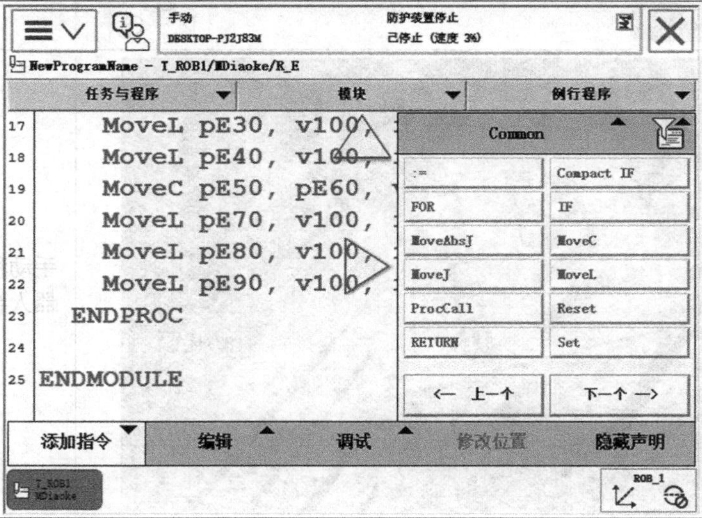手动
	DESKTOP-PJ2J83M
	防护装置停止
	已停止 (速度 3%)
	NewProgramName - T_ROB1/MDiaoke/R_E
	任务与程序
	模块
	例行程序
	MoveL pE30, v100
	MoveL pE40, v100
	MoveC pE50, pE60,
	MoveL pE70, v100,
	MoveL pE80, v100
	MoveL pE90, v100
	ENDPROC
	ENDMODULE
	Common
	:=
	Compact IF
	FOR
	IF
	MoveAbsJ
	MoveC
	MoveJ
	MoveL
	ProcCall
	Reset
	RETURN
	Set
	<— 上一个
	下一个 —>
	添加指令
	编辑
	调试
	修改位置
	隐藏声明
	ROB_1
		添加MoveL指令，自动生成数据信息，保存工业机器人当前位置

续表

序号	图片示例	操作步骤
31		手动移动工业机器人至点 pE100
32	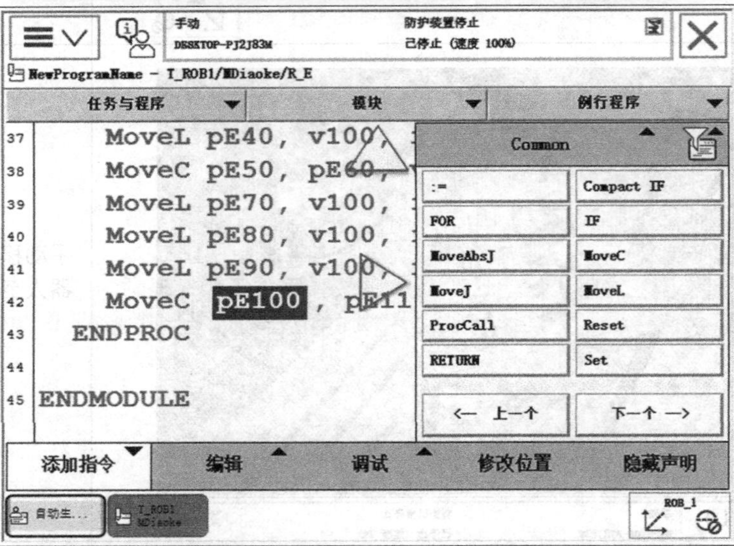手动 DESKTOP-PJ2J83M 防护装置停止 已停止 (速度 100%) NewProgramName - T_ROB1/MDiaoke/R_E 任务与程序 模块 例行程序 37 MoveL pE40, v100, 38 MoveC pE50, pE60, 39 MoveL pE70, v100, 40 MoveL pE80, v100, 41 MoveL pE90, v100, 42 MoveC pE100, pE11 43 ENDPROC 44 45 ENDMODULE Common := Compact IF FOR IF MoveAbsJ MoveC MoveJ MoveL ProcCall Reset RETURN Set ← 上一个 下一个 → 添加指令 编辑 调试 修改位置 隐藏声明 自动生... T_ROB1 MDiaoke ROB_1	添加 MoveC 指令，选择“pE100”，单击“修改位置”按钮
33		手动移动工业机器人至点 pE110

续表

序号	图片示例	操作步骤
34	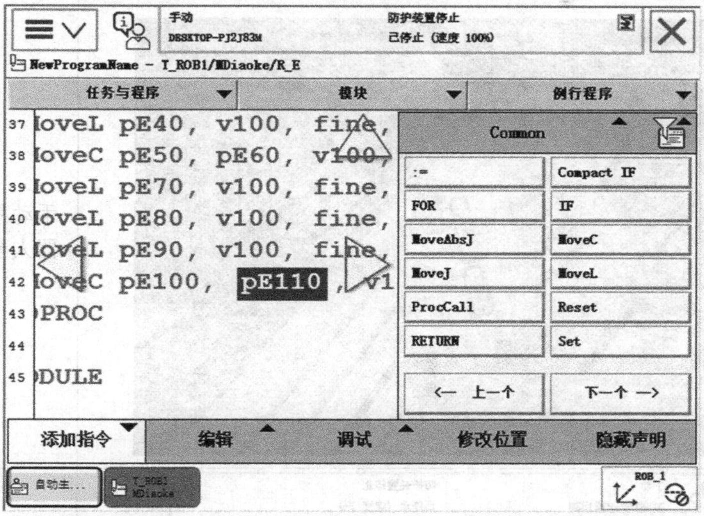手动 DESKTOP-PJ2J83M 防护装置停止 已停止 (速度 100%) NewProgramName - T_ROB1/MDiaoke/R_E 任务与程序 模块 例行程序 oveL pE40, v100, fine, oveC pE50, pE60, v100, oveL pE70, v100, fine, oveL pE80, v100, fine, oveL pE90, v100, fine, oveC pE100, pE110, v1 PROC DULE Common := Compact IF FOR IF MoveAbsJ MoveC MoveJ MoveL ProcCall Reset RETURN Set ← 上一个 下一个 → 添加指令 编辑 调试 修改位置 隐藏声明 ROB_1	选择“pE110”，单击“修改位置”按钮
35	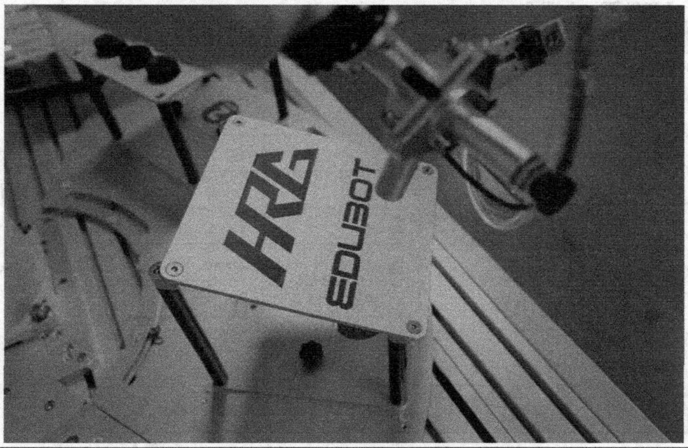EDUBOT	手动移动工业机器人至点 pE120
36	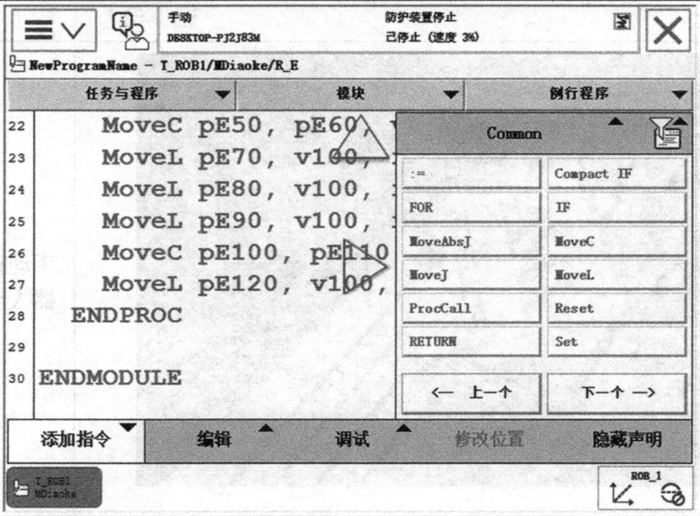手动 DESKTOP-PJ2J83M 防护装置停止 已停止 (速度 3%) NewProgramName - T_ROB1/MDiaoke/R_E 任务与程序 模块 例行程序 MoveC pE50, pE60, MoveL pE70, v100, MoveL pE80, v100, MoveL pE90, v100, MoveC pE100, pE110 MoveL pE120, v100, ENDPROC ENDMODULE Common := Compact IF FOR IF MoveAbsJ MoveC MoveJ MoveL ProcCall Reset RETURN Set ← 上一个 下一个 → 添加指令 编辑 调试 修改位置 隐藏声明 ROB_1	添加 MoveL 指令，自动生成数据信息，保存工业机器人当前位置

续表

序号	图片示例	操作步骤
37	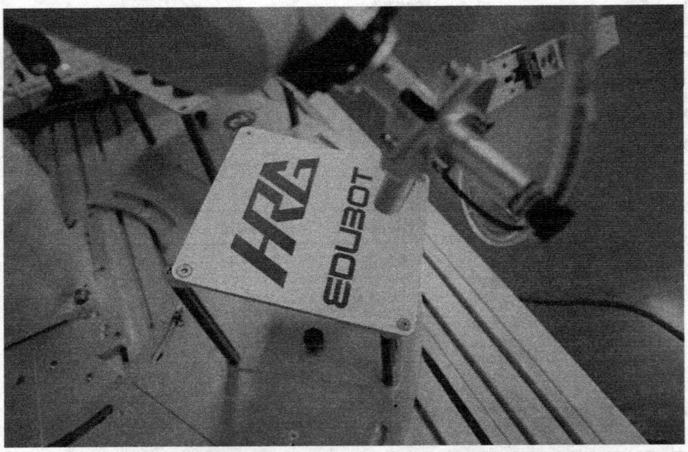	手动移动工业机器人至点 pE130
38	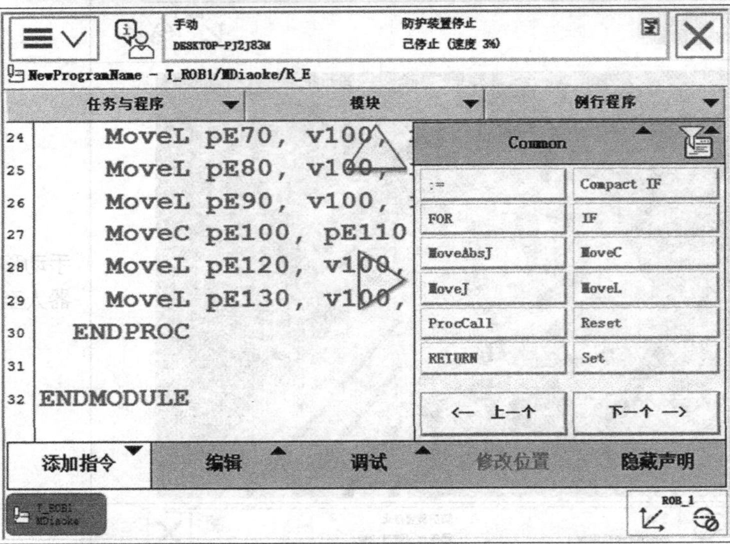手动 DESKTOP-PJ2J83M 防护装置停止 已停止 (速度 3%) NewProgramName - T_ROB1/MDiaoke/R_E 任务与程序 模块 例行程序 24 MoveL pE70, v100, 25 MoveL pE80, v100, 26 MoveL pE90, v100, 27 MoveC pE100, pE110 28 MoveL pE120, v100, 29 MoveL pE130, v100, 30 ENDPROC 31 32 ENDMODULE Common := Compact IF FOR IF MoveAbsJ MoveC MoveJ MoveL ProcCall Reset RETURN Set ← 上一个 下一个 → 添加指令 编辑 调试 修改位置 隐藏声明 T_ROB1 MDiaoke ROB_1	添加 MoveL 指令，自动生成数据信息，保存工业机器人当前位置
39	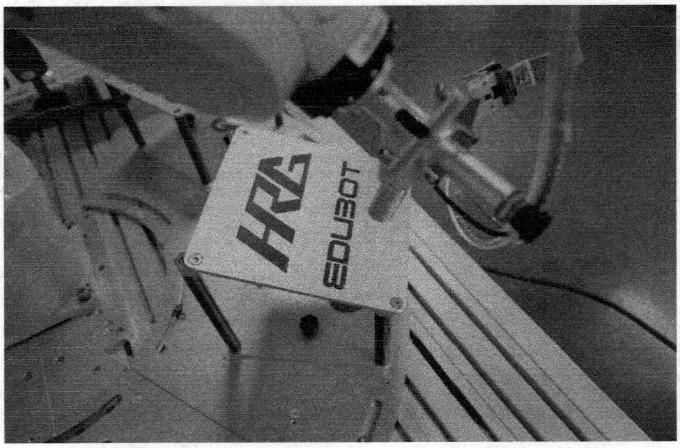	手动移动工业机器人至点 pE140

续表

序号	图片示例	操作步骤
40	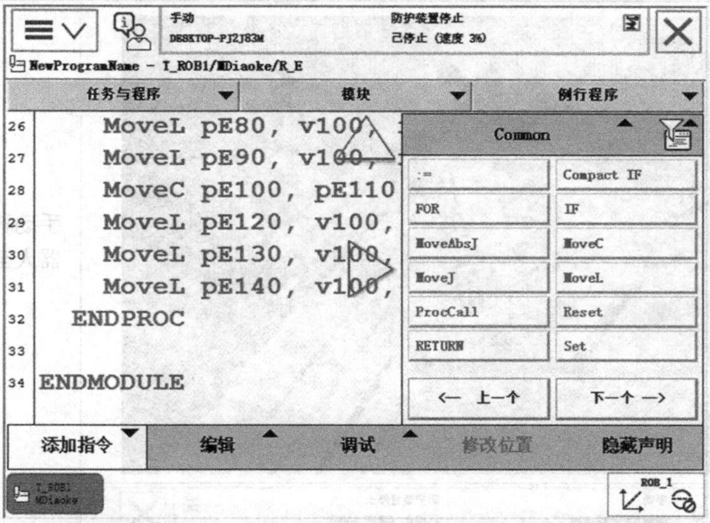手动 DESKTOP-PJ2J83M 防护装置停止 已停止 (速度 3%) NewProgramName - T_ROB1/MDiaoke/R_E 任务与程序 模块 例行程序 26 MoveL pE80, v100, 27 MoveL pE90, v100, 28 MoveC pE100, pE110 29 MoveL pE120, v100, 30 MoveL pE130, v100, 31 MoveL pE140, v100, 32 ENDPROC 33 34 ENDMODULE Common := Compact IF FOR IF MoveAbsJ MoveC MoveJ MoveL ProcCall Reset RETURN Set ← 上一个 下一个 → 添加指令 编辑 调试 修改位置 隐藏声明 T_ROB1 MDiaoke ROB_1	添加MoveL指令，自动生成数据信息，保存工业机器人当前位置
41	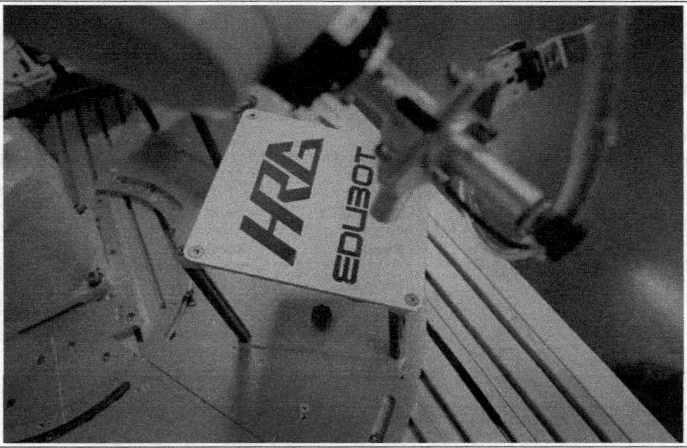HRG EDUBOT	手动移动工业机器人至点pE150
42	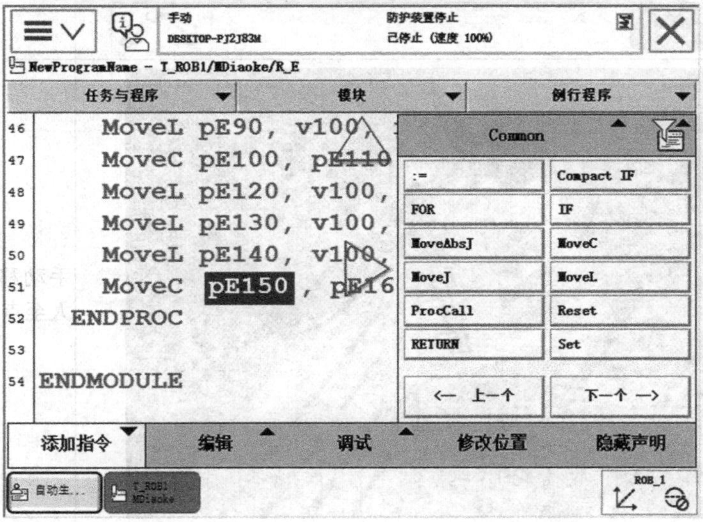手动 DESKTOP-PJ2J83M 防护装置停止 已停止 (速度 100%) NewProgramName - T_ROB1/MDiaoke/R_E 任务与程序 模块 例行程序 46 MoveL pE90, v100, 47 MoveC pE100, pE110 48 MoveL pE120, v100, 49 MoveL pE130, v100, 50 MoveL pE140, v100, 51 MoveC pE150 , pE16 52 ENDPROC 53 54 ENDMODULE Common := Compact IF FOR IF MoveAbsJ MoveC MoveJ MoveL ProcCall Reset RETURN Set ← 上一个 下一个 → 添加指令 编辑 调试 修改位置 隐藏声明 自动生... T_ROB1 MDiaoke ROB_1	添加MoveC指令，选择“pE150”，单击“修改位置”按钮

续表

序号	图片示例	操作步骤
43		手动移动工业机器人至点 pE160
44	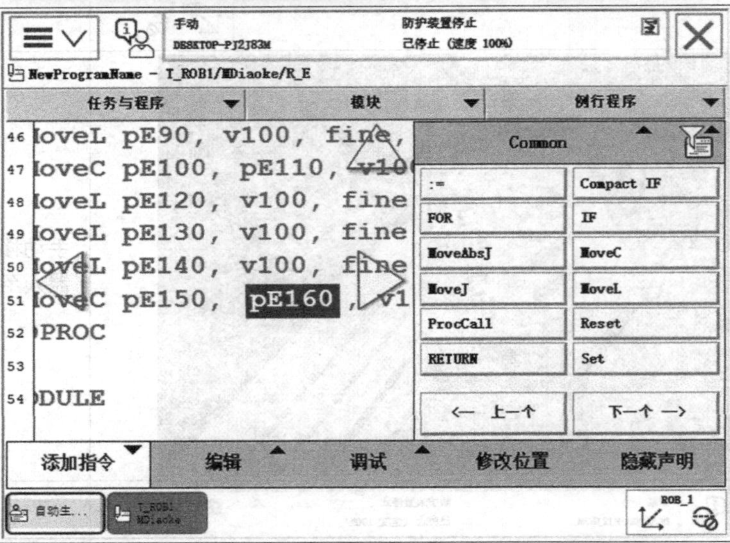手动 DESKTOP-PJ2J83M 防护装置停止 己停止（速度 100%） NewProgramName - T_ROB1/MDiaoke/R_E 任务与程序 模块 例行程序 46 loveL pE90, v100, fine, 47 loveC pE100, pE110, v10 48 loveL pE120, v100, fine 49 loveL pE130, v100, fine 50 loveL pE140, v100, fine 51 loveC pE150, pE160, v1 52 PROC 53 54 DULE Common := Compact IF FOR IF MoveAbsJ MoveC MoveJ MoveL ProcCall Reset RETURN Set ← 上一个 下一个 → 添加指令 编辑 调试 修改位置 隐藏声明 ROB_1	添加 MoveC 指令，选择“pE160”，单击“修改位置”按钮
45	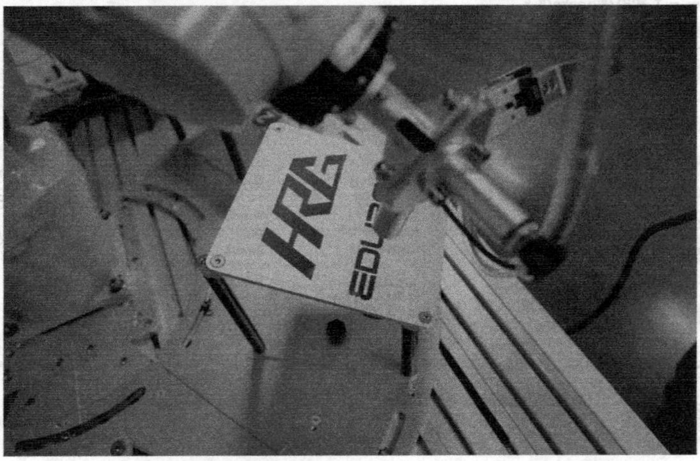	手动移动工业机器人至点 pE170

续表

序号	图片示例	操作步骤

46	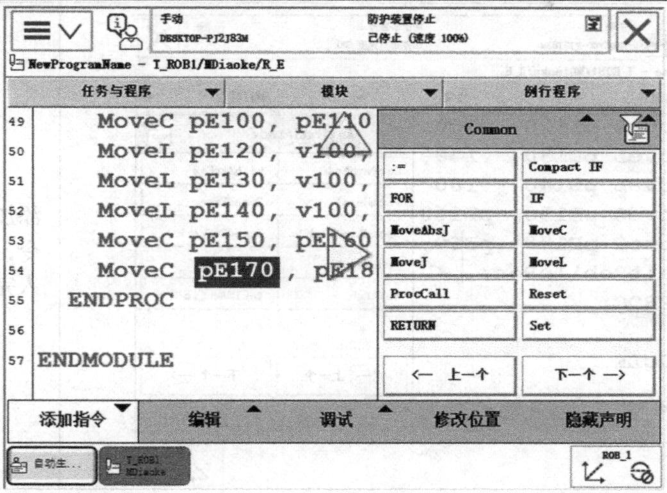手动
	DESKTOP-PJ2J83M
	防护装置停止
	已停止 (速度 100%)
	NewProgramName - T_ROB1/MDiaoke/R_E
	任务与程序
	模块
	例行程序
	MoveC pE100, pE110
	MoveL pE120, v100,
	MoveL pE130, v100,
	MoveL pE140, v100,
	MoveC pE150, pE160
	MoveC pE170 , pE18
	ENDPROC
	ENDMODULE
	Common
	:=
	Compact IF
	FOR
	IF
	MoveAbsJ
	MoveC
	MoveJ
	MoveL
	ProcCall
	Reset
	RETURN
	Set
	← 上一个
	下一个 →
	添加指令
	编辑
	调试
	修改位置
	隐藏声明
	ROB_1
		添加 MoveC 指令，选择“pE170”，单击“修改位置”按钮

47	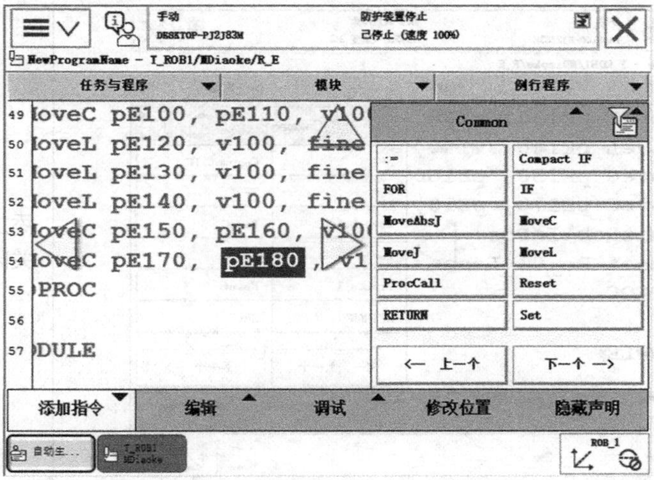手动 DESKTOP-PJ2J83M 防护装置停止 已停止 (速度 100%) NewProgramName - T_ROB1/MDiaoke/R_E 任务与程序 模块 例行程序 Common := Compact IF FOR IF MoveAbsJ MoveC MoveJ MoveL ProcCall Reset RETURN Set ← 上一个 下一个 → 添加指令 编辑 调试 修改位置 隐藏声明 ROB_1	选择“pE180”，双击进入点位设置
48	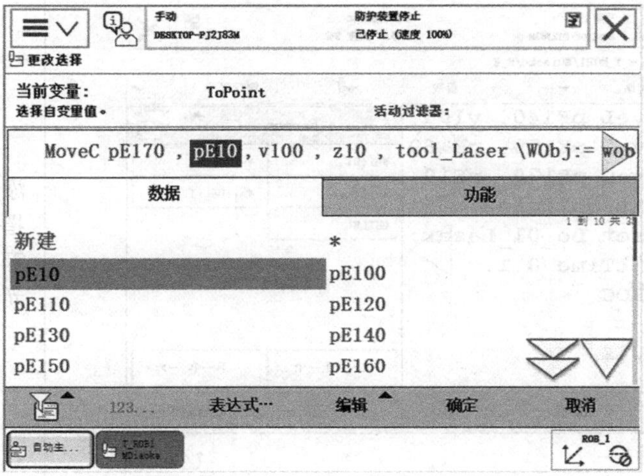手动 DESKTOP-PJ2J83M 防护装置停止 已停止 (速度 100%) 更改选择 当前变量： ToPoint 选择自变量值。 活动过滤器： MoveC pE170 , pE10 , v100 , z10 , tool_Laser \WObj:= wob 数据 功能 新建 * pE10 pE100 pE110 pE120 pE130 pE140 pE150 pE160 123... 表达式… 编辑 确定 取消 ROB_1	选择已示教点“pE10”

续表

序号	图片示例	操作步骤
49	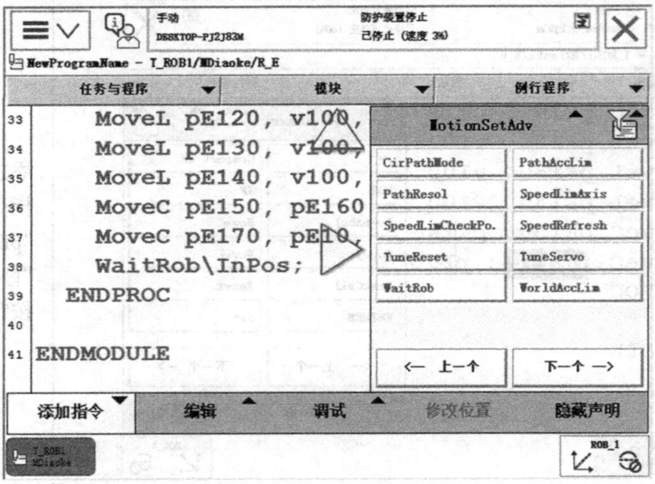手动 DESKTOP-PJ2J83M 防护装置停止 已停止 (速度 3%) NewProgramName - T_ROB1/MDiaoke/R_E 任务与程序 模块 例行程序 MoveL pE120, v100, MoveL pE130, v100, MoveL pE140, v100, MoveC pE150, pE160 MoveC pE170, pE10, WaitRob\InPos; ENDPROC ENDMODULE MotionSetAdv CirPathMode PathAccLim PathResol SpeedLimAxis SpeedLimCheckPo. SpeedRefresh TuneReset TuneServo WaitRob WorldAccLim ← 上一个 下一个 → 添加指令 编辑 调试 修改位置 隐藏声明 ROB_1	添加 WaitRob 指令，使工业机器人完全到位
50	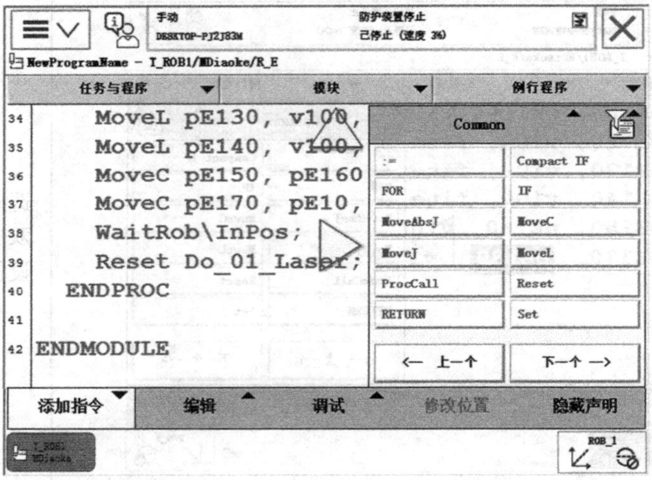手动 DESKTOP-PJ2J83M 防护装置停止 已停止 (速度 3%) NewProgramName - T_ROB1/MDiaoke/R_E 任务与程序 模块 例行程序 MoveL pE130, v100, MoveL pE140, v100, MoveC pE150, pE160 MoveC pE170, pE10, WaitRob\InPos; Reset Do_01_Laser; ENDPROC ENDMODULE Common := Compact IF FOR IF MoveAbsJ MoveC MoveJ MoveL ProcCall Reset RETURN Set ← 上一个 下一个 → 添加指令 编辑 调试 修改位置 隐藏声明 ROB_1	添加 Reset 指令，关闭激光器
51	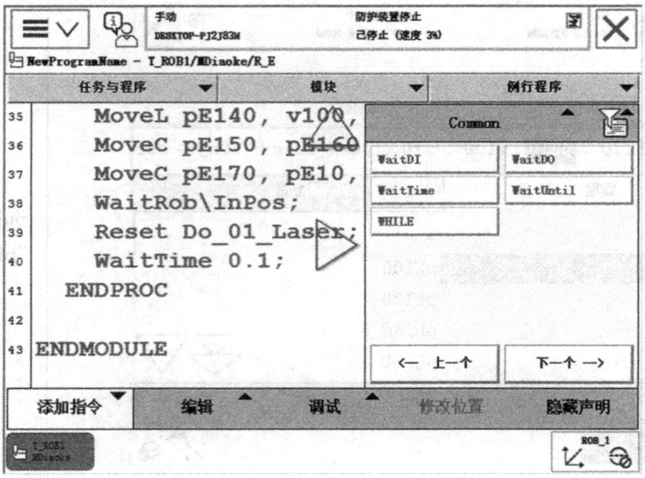手动 DESKTOP-PJ2J83M 防护装置停止 已停止 (速度 3%) NewProgramName - T_ROB1/MDiaoke/R_E 任务与程序 模块 例行程序 MoveL pE140, v100, MoveC pE150, pE160 MoveC pE170, pE10, WaitRob\InPos; Reset Do_01_Laser; WaitTime 0.1; ENDPROC ENDMODULE Common WaitDI WaitDO WaitTime WaitUntil WHILE ← 上一个 下一个 → 添加指令 编辑 调试 修改位置 隐藏声明 ROB_1	添加 WaitTime 指令，设置 0.1s 等待时间，使激光器完全关闭

续表

序号	图片示例	操作步骤
52	PROC R_E() MoveL pE10, v100, fine, tool_Laser\WObj:= wobj_diaoke; WaitRob\InPos; Set Do_00_Laser; MoveL pE20, v100, fine, tool_Laser\WObj:= wobj_diaoke; MoveL pE30, v100, fine, tool_Laser\WObj:= wobj_diaoke; MoveL pE40, v100, fine, tool_Laser\WObj:= wobj_diaoke; MoveC pE50,pE60,v100, fine, tool_Laser\WObj:= wobj_diaoke; MoveL pE70, v100, fine, tool_Laser\WObj:= wobj_diaoke; MoveL pE80, v100, fine, tool_Laser\WObj:= wobj_diaoke; MoveL pE90, v100, fine, tool_Laser\WObj:= wobj_diaoke; MoveC pE100,pE110,v100, fine, tool_Laser\WObj:= wobj_diaoke; MoveL pE120, v100, fine, tool_Laser\WObj:= wobj_diaoke; MoveL pE130, v100, fine, tool_Laser\WObj:= wobj_diaoke; MoveL pE140, v100, fine, tool_Laser\WObj:= wobj_diaoke; MoveC pE150,pE160,v100, fine, tool_Laser\WObj:= wobj_diaoke; MoveC pE170,pE10,v100, fine, tool_Laser\WObj:= wobj_diaoke; ReSet Do_00_Laser; WaitTime 0.1; ENDPROC	“E”路径完整程序

4.5.4 综合调试

所有程序编写完成后，需要进行调试，综合调试操作步骤见表4-16。

表 4-16 综合调试操作步骤

序号	图片示例	操作步骤
1	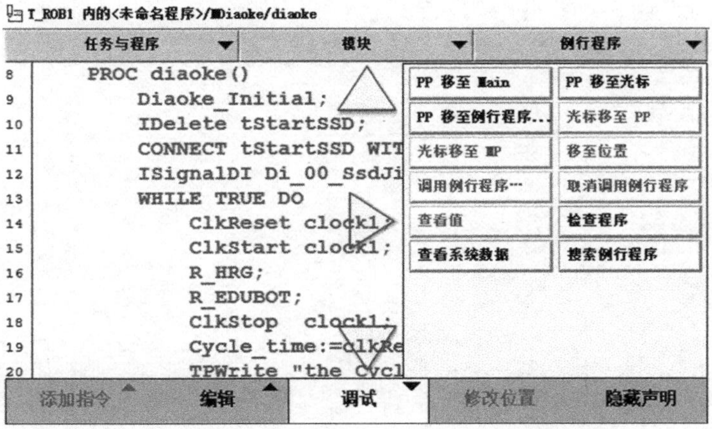T_ROB1 内的<未命名程序>/MDiaoke/diaoke 任务与程序 模块 例行程序 PROC diaoke() Diaoke_Initial; IDelete tStartSSD; CONNECT tStartSSD WIT ISignalDI Di_00_SsdJi WHILE TRUE DO ClkReset clock1; ClkStart clock1; R_HRG; R_EDUBOT; ClkStop clock1; Cycle_time:=ClkRe TPWrite "the Cycl PP 移至 Main PP 移至光标 PP 移至例行程序... 光标移至 PP 光标移至 MP 移至位置 调用例行程序… 取消调用例行程序 查看值 检查程序 查看系统数据 搜索例行程序 添加指令 编辑 调试 修改位置 隐藏声明	单击“调试”按钮，后再单击“PP 移至例行程序”按钮

续表

序号	图片示例	操作步骤
2	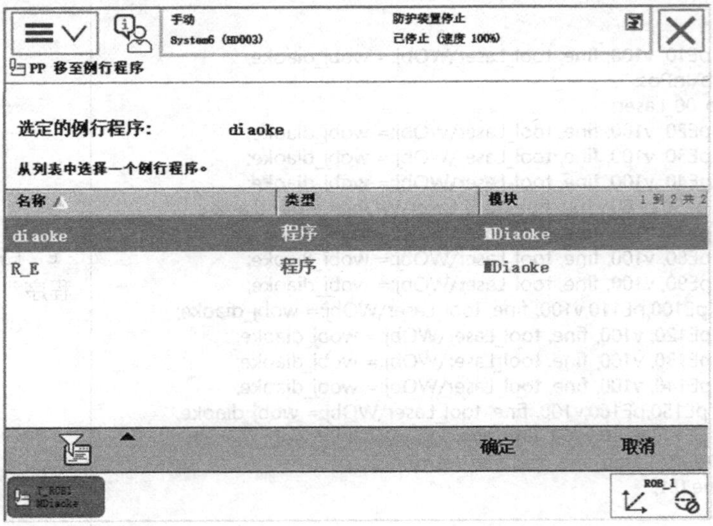手动 System6 (HD003) 防护装置停止 已停止 (速度 100%) PP 移至例行程序 选定的例行程序: diaoke 从列表中选择一个例行程序。 名称 类型 模块 1 到 2 共 2 diaoke 程序 Diaoke R_E 程序 Diaoke 确定 取消 ROB_1	选择“diaoke”选项，单击“确定”按钮。
3	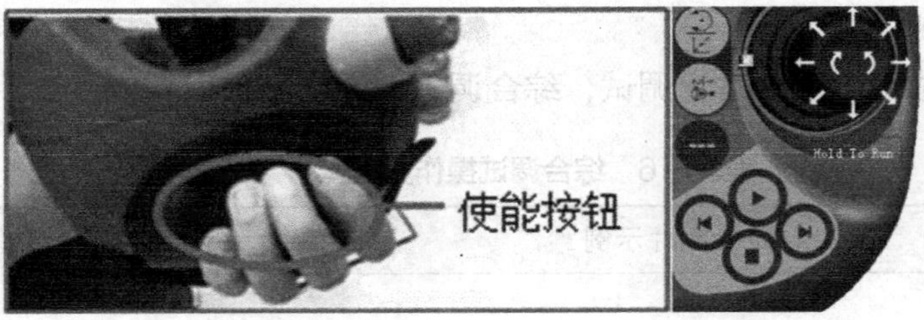使能按钮 Hold To Run	按使能按钮，同时按住步进按键，工业机器人将进行单步动作

第5章 码垛应用

【学习目标】

（1）了解搬运项目的行业背景及实训目的。

（2）熟悉搬运动作的流程及路径规划。

（3）掌握通用输入/输出信号及系统输入/输出信号的配置流程。

（4）掌握数组的使用及带参数例行程序的创建。

（5）掌握偏移指令、流程控制指令的使用方法。

（6）掌握工业机器人的编程、调试及自动运行。

随着科技的发展，很多轻工业都相继使用自动化流水线作业，不仅效率提高几十倍，生产成本也降低了。随着劳动力成本上涨，以劳动密集型企业为主的我国制造业进入新的发展阶段，配送搬运码垛等领域开始进入工业机器人市场，如图5-1所示。

工业机器人码垛可按照要求的编组方式和层数，完成对料袋、箱体等各种产品的码垛，能提高企业的生产效率和产量，减少人工搬运造成的错误；还可以全天候作业，节约大量人力资源成本，广泛应用于化工、饮料、食品、啤酒和塑料等生产企业。

图 5-1　工业机器人纸箱码垛应用

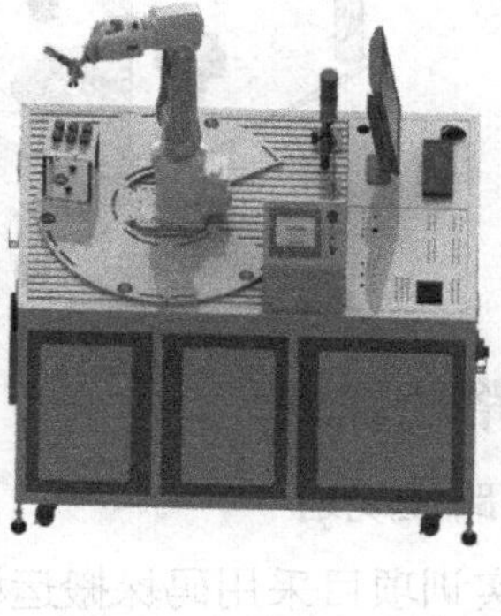

图 5-2　工业机器人码垛应用实训设备

本实训项目采用码垛搬运模块，利用吸盘抓取圆饼物料，通过数组、函数的使用，读者可以掌握IRB 120机器人的常用操作及编程，熟悉工业机器人的码垛工艺和典型应用案例，能够更加熟练地操作工业机器人（见图5-2）。

5.1 任务分析

微课视频

任务分析（码垛）、知识要点和系统组成及配置

5.1.1 任务描述

本实训项目是IRB 120机器人手持真空吸盘来码垛搬运，其工作过程如下。

① 初始状态下，码垛搬运模块工位1～工位5放置有5个圆饼物料，如图5-3所示。

② IRB 120机器人在安全点等待2s，开始进行搬运正向动作。将圆饼物料从5号工位搬运至6号工位，4号工位搬运至5号工位，依次循环，直至工位2～工位6分别放置有圆饼物料，如图5-3所示，此时正向搬运完成。

③ IRB 120机器人回到安全点等待2s，然后进行搬运反向动作。将圆饼物料从2 号工位搬运至1号工位，3号工位搬运至2号工位，依次循环，直至工位1～工位5分别放置有圆饼物料，如图5-3所示，此时反向搬运完成。

④ 最后让IRB 120机器人回到安全点，以上为IRB 120机器人搬运码垛的完整动作过程。

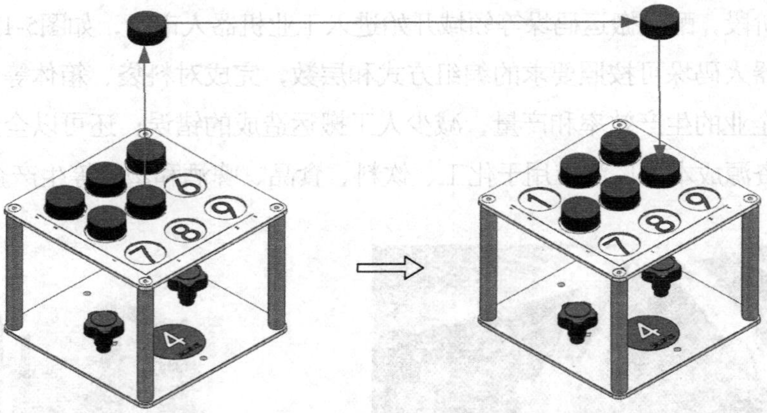

图 5-3　IRB 120 机器人码垛搬运示意图

5.1.2 路径规划

1. 路径规划

本实训项目采用码垛搬运模块，以码垛搬运模块工位上的圆饼物料为例，演示IRB 120机器人进行码垛应用的轨迹路径运动。路径规划如图5-4所示。

正向运动：安全点phome→工位5目标点上方100mm处→工位5目标点→打开真空，等待0.5s，吸取圆饼物料→工位5目标点上方100mm处→工位6目标点上方100mm处→工位6目标点→关闭真空，等待0.5s，放置圆饼物料→工位6目标点上方100mm处→（完成工位5的物料搬运）→……→工位2目标点上方100mm处→（完成工位1的物料搬运）→安全点phome。

反向运动：安全点phome→工位2目标点上方100mm处→工位2目标点→打开真空，等待0.5s，吸取圆饼物料→工位2目标点上方100mm处→工位1目标点上方100mm处→工位1目标点→关闭真空，等待0.5s，放置圆饼物料→工位1目标点上方100mm处→（完成工位2的物料搬运）→……→工位5目标点上方100mm处→（完成工位6的物料搬运）→安全点phome。

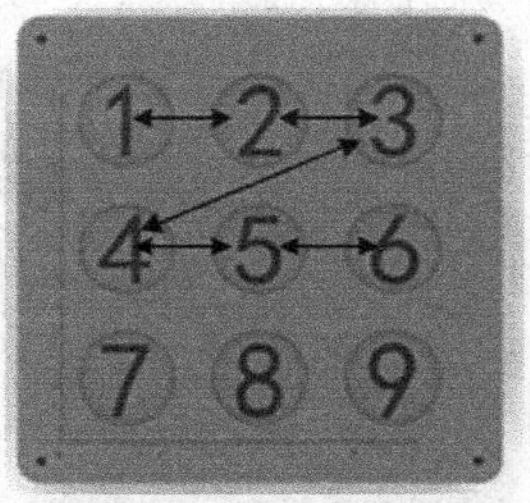
1
2
3
4
5
6
7
8
9

图 5-4 IRB 120 机器人码垛搬运路径规划示意图

码垛搬运路径规划目标点命名及注释见表5-1。

表 5-1 码垛搬运路径规划目标点

名称	点数据	注释
安全点	phome_banyun	IRB 120 机器人安全点
工位点 1	pBY10	工位 1 的目标点
工位点上方 50 mm 处	OFFS（pBYPos，0，0，50）	对应工位 1 ~ 工位 6 目标点上方

2. **程序编辑规划**

码垛搬运模块上有3×3共9个工位，其中每行每列间距均为55mm，可以通过创建码垛搬运模块进行编程，本实例所使用的模块及例行程序见表5-2。

表 5-2 码垛搬运项目例行程序

名称	类型	作用
MBanyun	程序模块	存放码垛相关程序及数据
pHandPos	robtarget 型 3×3 的二维数组	保存工位码垛数据，各数据点与工位数据对照如图 5-5 所示
Banyun_Initial	例行程序	初始化程序，设置工业机器人运行速度，使工业机器人回到安全点等

续表

名称	类型	作用
caculPos	例行程序	根据工位间距及初始点位置计算工位数据
RTeach	例行程序	工位赋值程序
GetWbPos	例行程序	根据输入点号获取工位位置数据
BY_pick	例行程序	物料拾取动作程序
BY_Place	例行程序	物料放置动作程序
RZBanyun	例行程序	将物料从工位 1 ~ 工位 5 搬运到工位 2 ~ 工位 6
RNBanyun	例行程序	将物料从工位 2 ~ 工位 6 搬运到工位 1 ~ 工位 5

1
2
3
1
2
3
1
2
3
4
5
6
7
8
9

图 5-5　工位数据编码

3. 要点解析

① 搬运动作采用吸盘工具，需定义吸盘工具坐标系。首先应利用标定尖锥建立工具坐标系，然后将该坐标系在z方向进行偏移即得到吸盘工具坐标系。

② 工件坐标点位置采用offs指令，需建立搬运模块工件坐标系。

③ 动作由吸盘工具完成，需配置吸盘I/O信号。

④ 吸盘动作会有延时，为了提高工业机器人效率需提前开吸盘和关吸盘。

⑤ 为实现码垛节拍的优化，应在过渡点设置较大的转弯半径，减少工业机器人在转角时的速度衰减。

5.2 知识要点

5.2.1 指令解析

本实训项目中所用到的编程指令及作用见表5-3，各指令的详细信息、参数说明及调用格式可参考2.4节。

表 5-3 码垛搬运项目主要程序指令及作用

序号	指令	作用
1	ProcCall	调用无返回值例行程序
2	WaitTime	等待给定时间
3	IF 条件指令	当满足条件时仅需要执行多条指令时，可使用该指令
4	FOR 循环指令	当一个或多个指令重复运行时，使用该指令
5	Offs 位置偏移	在工业机器人目标点的工件位置方向上偏移一定量
6	DIV 除法指令	取得被除数的商
7	MOD 求模指令	取得被除数的余数

5.2.2 数组

数组是将相同数据类型的元素按一定顺序排列的集合。ABB机器人的RAPID语言支持一维、二维和三维数组，数组起始序号从1开始。RAPID语言的所有数据类型都可以创建数组，如位置数组、变量数组、字符串数组等。数组的熟练使用能够将同一类别的变量集合在一起处理，简化编程，使操作方便简洁。

在程序编写过程中，当需要调用大量的同种类型、同种用处的数据时，在创建数据时可以利用数组来存放这些数据，以便于在编程过程中对其进行灵活调用。

例如创建一个robtarget类型的数组p_array，p_array里有10个点位，走完10个位置可以用如下代码。

```
FOR i FROM 1 TO 10 DO
MoveL p_ array{i},v500,zl,tool0;
ENDFOR
```

1. 一维数组

一维数组是ABB机器人中最基本的数组，数组中的每个变量的数据类型是相同的，数组用“[]”包括，数组元素用“，”隔开，一维数组的定义及数组元素的赋值如下所示。

```
PERS num reg1{3}:=[5，7，9]；（定义一维数组 reg1）
reg2:=reg1{2}（reg2 被赋值为 7）
```

2. 二维数组

二维数组也是ABB机器人中常用的数组类型，数组的定义及数组元素的赋值如下。

```
PERS num reg1{3，4}:=[[1，2，3，4],
[5，6，7，8],
[9，10，11，12]]；（定义二维数组 reg1）
reg2:=reg1{3，2}（reg2 被赋值为 10）
```

3. 创建数组数据

对于一些常见的码垛跺型，可以利用数组来存放各个摆放位置数据，这样在搬运动作程序中直接调用该数据即可。实际项目中，只需示教一个基准位置点。

本实训项目中创建一个二维数组pHandPos，用于存储各个摆放位置数据。该数组中的元素数据类型为robtarget，大小为3×3，元素与码垛模块的工位一一对应。二维数组创建的具体操作步骤见表5-4。

表 5-4　二维数组创建步骤

序号	图片示例	操作步骤
1	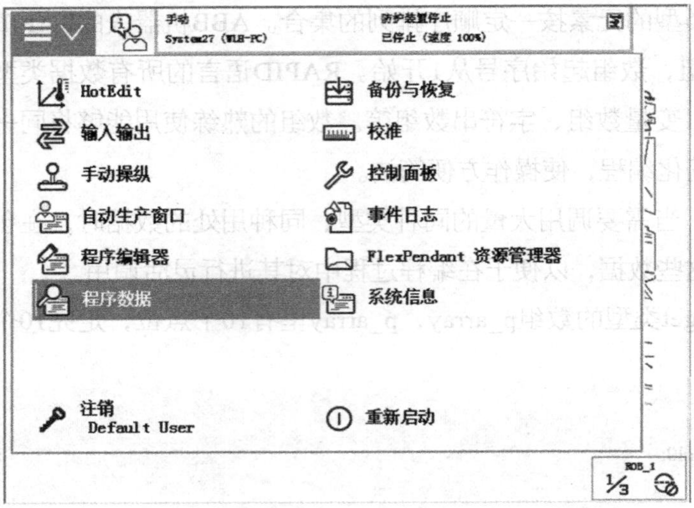 手动 System27 (WLB-PC) 防护装置停止 已停止 (速度 100%) HotEdit 备份与恢复 输入输出 校准 手动操纵 控制面板 自动生产窗口 事件日志 程序编辑器 FlexPendant 资源管理器 程序数据 系统信息 注销 Default User 重新启动 ROB_1	单击“主菜单”下“程序数据”
2	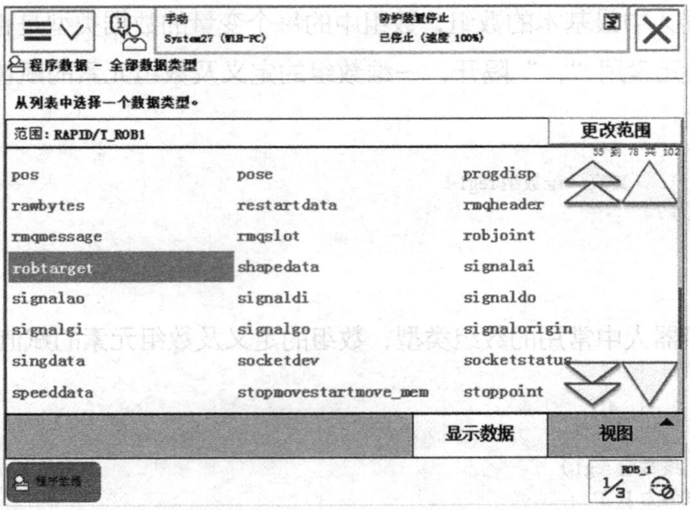 手动 System27 (WLB-PC) 防护装置停止 已停止 (速度 100%) 程序数据 - 全部数据类型 从列表中选择一个数据类型。 范围: RAPID/T_ROB1 更改范围 55 到 78 共 102 pos pose progdisp rawbytes restartdata rmqheader rmqmessage rmqslot robjoint robtarget shapedata signalai signalao signaldi signaldo signalgi signalgo signalorigin singdata socketdev socketstatus speeddata stopmovestartmove_mem stoppoint 显示数据 视图 ROB_1	选择“robtarget”数据类型

续表

序号	图片示例	操作步骤
3	手动 System2 (HD003) 防护装置停止 已停止 (速度 100%) 新数据声明 数据类型：robtarget 当前任务： T_ROB1 名称： pHandPos 范围： 全局 存储类型： 可变量 任务： T_ROB1 模块： MBanyun 例行程序： <无> 维数 2 {3,3} 确定 取消 程序数据 ROB_1 1/3	修改名称为“pHandPos”，修改存储类型为“可变量”，修改存储模块为“MBanyun”，修改数据为“2{3,3}”，单击“确定”按钮，完成数据创建。工业机器人数据索引是从1开始的，{3,3}二维数组的行、列索引号分别为1、2、3和1、2、3

5.2.3 例行程序

例行程序是ABB机器人程序的基本结构，用户可通过定义不同功能的例行程序实现程序的结构化和模块化。例行程序分为带参数的例行程序和不带参数的例行程序。带参数的例行程序是在程序中增加参数变量，参数变量通过不同的定义模式，既可以为例行程序传入参数，也可以由例行程序返回值，方便程序的模块化编辑和调用。这里以一个简单的画正方形的程序为例进行介绍。

首先定义一个画正方形的例行程序**rDraw_Square**，该例行程序包含一个**robtarget**类型的输入参数**pStart**（表示正方形起点）和一个**num**类型的输入参数**nSize**（表示正方形边长），程序如下。

```
PROC rDraw_Square (robtarget pStart, num nSize)
MoveL pStart, v100, fine, tool1;
MoveL Offs(pStart,nSize,0,0), v100, fine, tool1;
MoveL Offs(pStart,nSize, -nSize,0), v100, fine, tool1;
MoveL Offs(pStart,0, -nSize,0), v100, fine, tool1;
MoveL pStart, v100, fine, tool1;
ENDPROC
```

在调用此带参数的例行程序时，需要输入一个目标点作为正方形的顶点，同时还要输入一个数字型数据作为正方形的边长。

```
PROC rDraw()
rDraw_Square  p10,100;
ENDPROC
```

在程序中，调用画正方形程序，同时输入顶点**p10**，边长**100**，则工业机器人**TCP**会完成如图5-6所示轨迹。

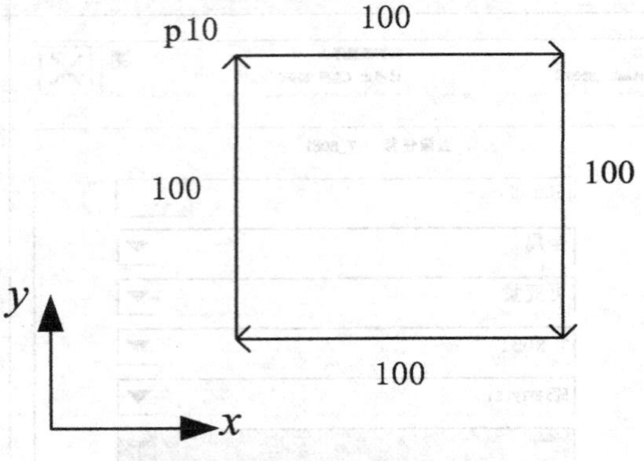
p10
100
100
100
100
y
x

图 5-6　工业机器人运行轨迹

本实训项目中需要分别创建两个带参数的例行程序caculPos和GetWbPos。例行程序caculPos带有3个输入参数，用来实现工位数据的计算；例行程序GetWbPos带有一个输入参数和一个输出参数，用来实现工位位置数据的获取。带参数例行程序创建的具体操作步骤如下。

1. 创建例行程序caculPos

例行程序caculPos创建步骤，见表5-5。

表 5-5　例行程序 CaculPos 创建步骤

序号	图片示例	操作步骤
1	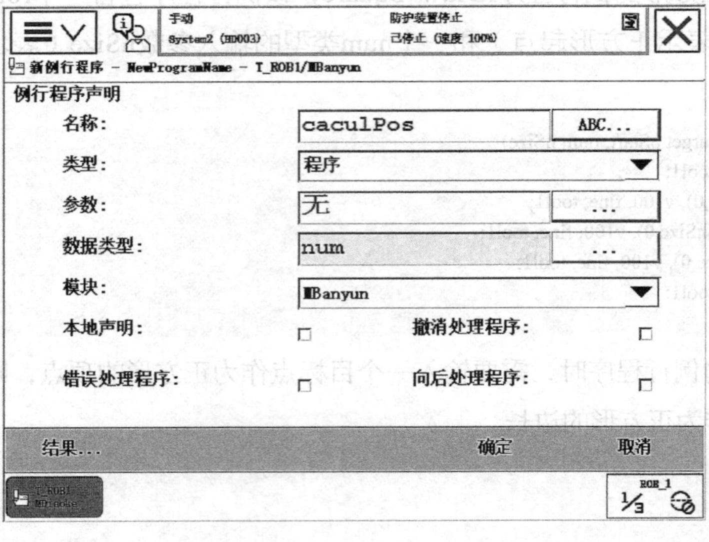手动 System2 (HD003) 防护装置停止 已停止 (速度 100%) 新例行程序 - NewProgramName - T_ROB1/MBanyun 例行程序声明 名称: caculPos ABC... 类型: 程序 参数: 无 ... 数据类型: num ... 模块: MBanyun 本地声明: 撤消处理程序: 错误处理程序: 向后处理程序: 结果... 确定 取消 T_ROB1 ROB_1 1/3	在程序编辑器的MBanyun模块中新建例行程序，名称修改为caculPos，单击“参数”选项

续表

序号	图片示例	操作步骤
2	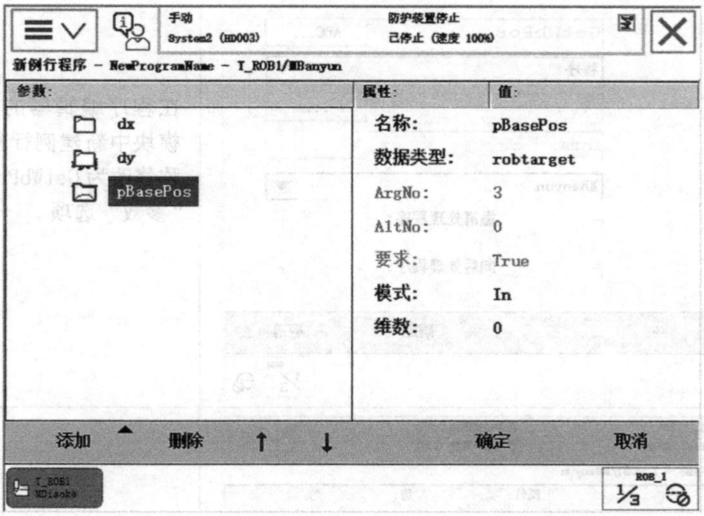手动 System2 (HD003) 防护装置停止 已停止 (速度 100%) 新例行程序 - NewProgramName - T_ROB1/MBanyun 参数: dx dy pBasePos 属性: 值: 名称: pBasePos 数据类型: robtarget ArgNo: 3 AltNo: 0 要求: True 模式: In 维数: 0 添加 删除 确定 取消 T_ROB1 MDiaoke ROB_1 1/3	添加 3 个参数如下。 dx：num 型数据，行间距。 dy：num 型数据，列间距。 pBasePos：robtarget 型数据，示教基准点
3	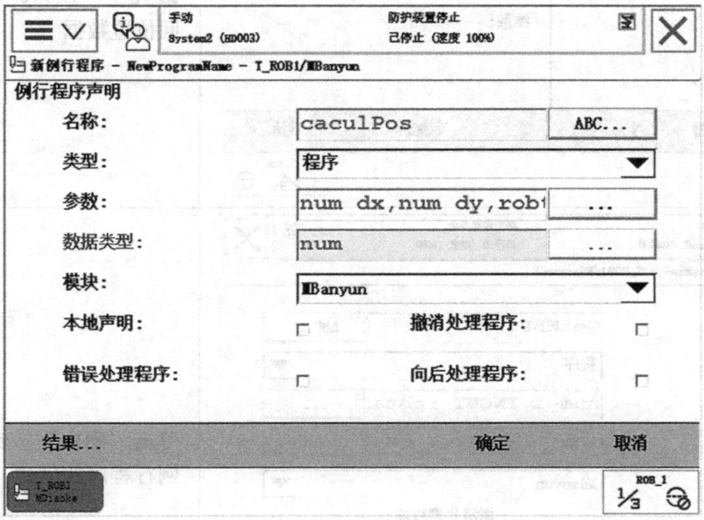手动 System2 (HD003) 防护装置停止 已停止 (速度 100%) 新例行程序 - NewProgramName - T_ROB1/MBanyun 例行程序声明 名称: caculPos ABC... 类型: 程序 参数: num dx,num dy,rob 数据类型: num 模块: MBanyun 本地声明: 撤消处理程序: 错误处理程序: 向后处理程序: 结果... 确定 取消 T_ROB1 MDiaoke ROB_1 1/3	单击“确定”按钮，完成例行程序的创建

2. 创建GetWbPos例行程序

例行程序GetWbPos创建步骤，见表5-6。

表 5-6　例行程序 GetWbPos 创建步骤

序号	图片示例	操作步骤
1	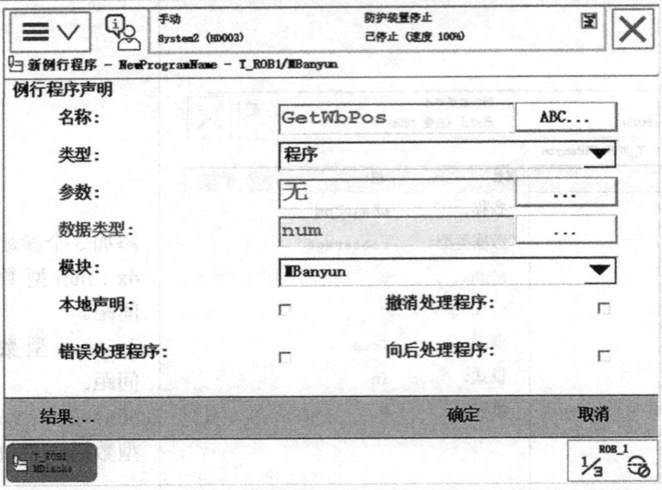手动 System2 (HD003) 防护装置停止 已停止 (速度 100%) 新例行程序 - NewProgramName - T_ROB1/MBanyun 例行程序声明 名称: GetWbPos ABC... 类型: 程序 参数: 无 ... 数据类型: num ... 模块: MBanyun 本地声明: 撤消处理程序: 错误处理程序: 向后处理程序: 结果... 确定 取消 ROB_1 1/3	在程序编辑器的 MBanyun 模块中新建例行程序，名称修改为 GetWbPos，单击“参数”选项
2	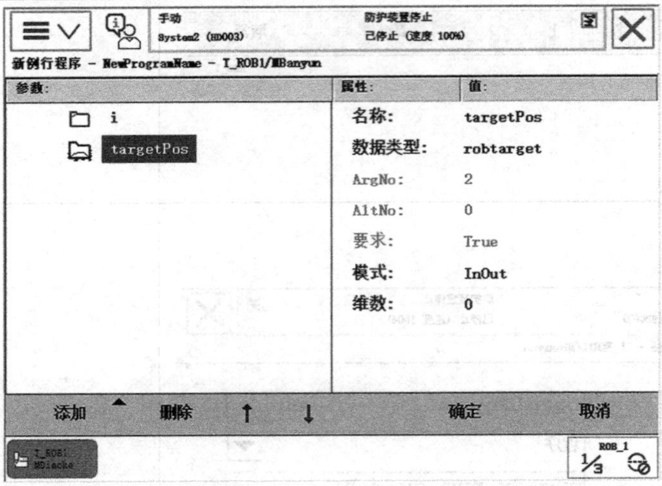手动 System2 (HD003) 防护装置停止 已停止 (速度 100%) 新例行程序 - NewProgramName - T_ROB1/MBanyun 参数: 属性: 值: i targetPos 名称: targetPos 数据类型: robtarget ArgNo: 2 AltNo: 0 要求: True 模式: InOut 维数: 0 添加 删除 确定 取消 ROB_1 1/3	添加两个参数如下。 i：num 型数据，工件编号。 targetPos：robtarget 数据类型，InOut 模式，返回位置数据
3	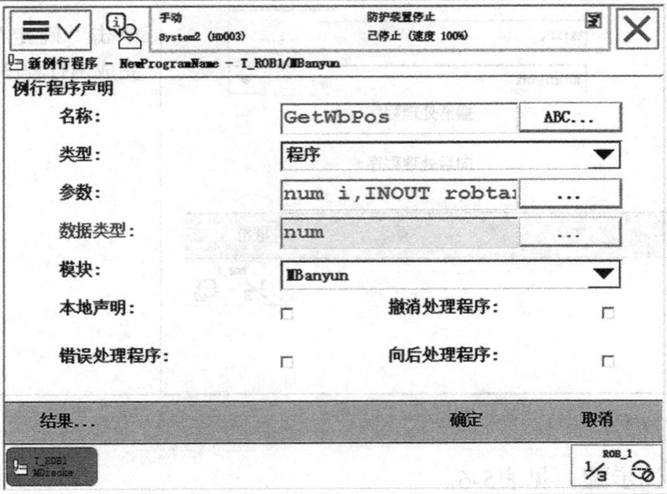手动 System2 (HD003) 防护装置停止 已停止 (速度 100%) 新例行程序 - NewProgramName - T_ROB1/MBanyun 例行程序声明 名称: GetWbPos ABC... 类型: 程序 参数: num i,INOUT robta ... 数据类型: num ... 模块: MBanyun 本地声明: 撤消处理程序: 错误处理程序: 向后处理程序: 结果... 确定 取消 ROB_1 1/3	单击“确定”按钮，完成例行程序的创建

5.3 系统组成及配置

5.3.1 系统组成

本节以HRG-HD1XKA型工业机器人技能考核实训台（专业版）为例，来学习IRB 120机器人编程与操作。本实例利用码垛搬运模块来学习IRB 120机器人的码垛工艺，实训环境如图5-7所示。

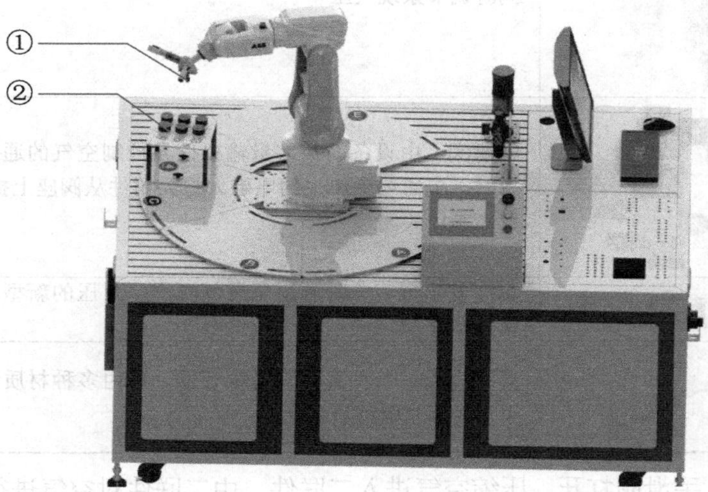
①
②

①-吸盘，用来抓取物料、设定工具坐标系；②-码垛搬运模块，突显六轴工业机器人工件坐标系的特点

图 5-7 码垛搬运应用

5.3.2 硬件配置

本实训项目的硬件配置包括电气连接和气路配置两部分。其中真空吸盘的电气连接见4.3.2节，这里不再赘述。实训台气路组成如图5-8所示，各部分作用见表5-7。

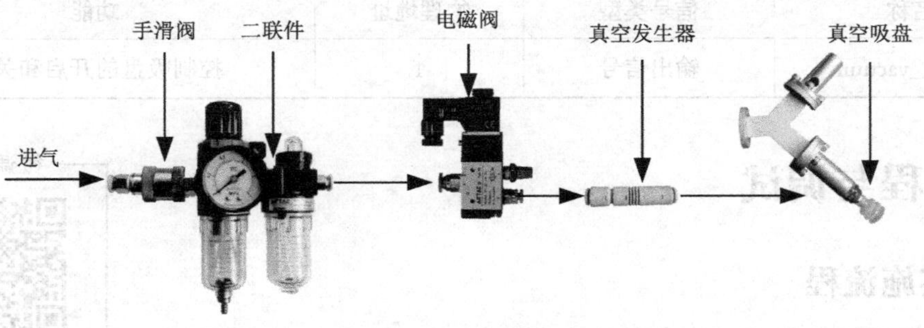
手滑阀
二联件
电磁阀
真空发生器
真空吸盘
进气

图 5-8 气路组成

表 5-7　气路各部分组成

序号	图例	说明
1		手滑阀：两位三通的手动滑阀，接在管道中作为气源开关，当气源关闭时，系统中的气压将同时排空
2		二联件：由空气过滤器、减压阀、油雾器组成，对空气进行过滤，同时调节系统气压
3	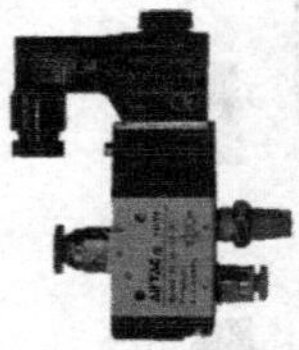	电磁阀：由设备的数字量输出信号控制空气的通断，当有信号输入时，电磁线圈产生的电磁力将关闭件从阀座上提起，阀门打开，反之阀门关闭
4		真空发生器：一种利用正压气源产生负压的新型、高效的小型真空元器件
5		真空吸盘：一种真空设备执行器，可由多种材质制作，广泛应用于多种真空吸持设备上

气路构成：手滑阀打开，压缩空气进入二联件，由二联件对空气进行过滤和稳压，当电磁阀导通时，空气通过真空发生器由正压变为负压，从而产生吸力，通过真空吸盘吸取工件。

5.3.3 I/O信号配置

码垛搬运应用实训项目需利用吸盘码垛搬运模块工位上的物料，从而模拟码垛的工作过程，需要使用表5-8中的I/O信号。

表 5-8　I/O 信号配置

名称	信号类型	物理地址	功能
Do_01_vacuum	输出信号	1	控制吸盘的开启和关闭

5.4 编程与调试

微课视频

编程与调试（码垛）

5.4.1 实施流程

工业机器人应用项目工序繁多，程序复杂，通常在项目开始之前，应先绘制流程图，并根据流程图进行工业机器人的相应操作及编写程序。工业机器人码垛搬运项目的工作流程如图5-9所示。

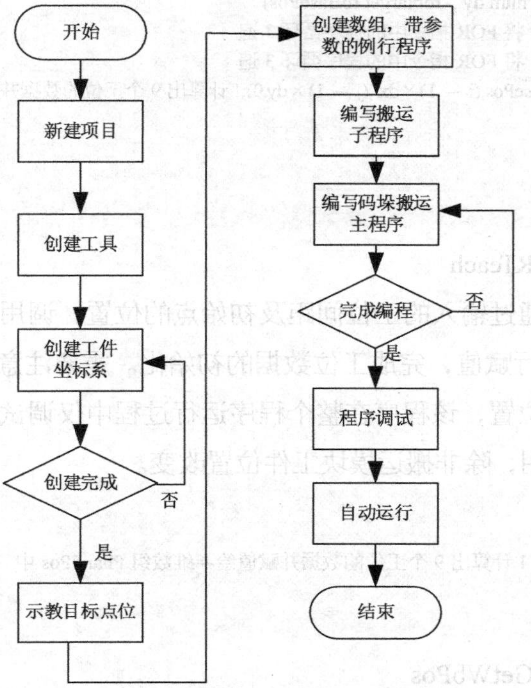
开始
新建项目
创建工具
创建工件坐标系
创建完成
否
是
示教目标点位
创建数组，带参数的例行程序
编写搬运子程序
编写码垛搬运主程序
完成编程
否
是
程序调试
自动运行
结束

图 5-9 工业机器人码垛搬运项目的工作流程

5.4.2 初始化程序

初始化程序用于设定工业机器人运行时的速度、加速度，关闭吸盘的输出信号，使工业机器人回到安全位置，为整个码垛搬运动作任务做准备。

初始化程序代码如下。

```
PROC Banyun_Initial()
AccSet 100, 100;! 设置加速度为 100%，加速度变化率 100%
VelSet 100, 1000;! 设置速度为 100%，最大速度 1000mm/s
Reset Do_01_vacuum;! 关闭吸盘
MoveJ phome_banyun, v500, z50, tool_xipan\WObj:=wobj_banyun;! 工业机器人运动到安全点
ENDPROC
```

5.4.3 动作程序

1. 工位计算程序caculPos

caculPos例行程序根据工位间距及初始点的位置，使用Offs函数计算各个工位偏移值，从而获取工位数据并存放在二维数组pHandPos中，保存码垛工位位置信息。caculPos例行程序包含3个输入参数，即工位行间距dx、工位列间距dy和示教基准点（第一个工位的目标点）。程序如下，其中i、j表示数组索引。

```
PROC CaculPos(num dx , num dy , robtarget rbBasePos)
FOR i FROM 1 TO 3 DO! 将 FOR 指令中的程序循环 3 遍
FOR j FROM 1 TO 3 DO! 将 FOR 指令中的程序循环 3 遍
phandPos{j,i} := Offs(rbBasePos,(i — 1) × dx ,(j — 1) × dy,0);! 计算出 9 个工位的数据并赋值给＝维数组 PhandPos 中
ENDFOR! 结束循环
ENDFOR! 结束循环
ENDPROC
```

2. 工位赋值程序RTeach

RTeach例行程序通过输入的工位间距及初始点的位置，调用工位计算程序，对数组pHandPos中的元素进行赋值，完成工位数据的初始化。需要注意的是，这里的pBY10是第一个工位的目标点位置，该程序在整个程序运行过程中仅调试运行一次即可，其他例行程序中不可随意调用，除非搬运模块工件位置改变。

```
PROC RTeach()
CaculPos 55, -55, pBY10; ! 计算出 9 个工位的数据并赋值给＝维数组 PhandPos 中
ENDPROC
```

3. 工位获取程序GetWbPos

GetWbPos例行程序根据输入的工位编号（工位号的数值在区间[1,9]内），判断其在存放工位码垛数据的二维数组pHandPos中的位置，从而计算工位号对应的位置数据。该例行程序包含两个参数，即输入参数（工件编号）和输出参数（位置数据）。程序如下，其中i表示某一个工位代号，X、Y为数组的索引号。

```
PROC GetWbPos(num i,INOUTrobtarget targetPos)
IF (i < 1) OR (i > 9) THEN! 判断 num 型数据 i 是否满足条件
TPWrite" GetHandPos OverRange!" ;! 如果满足条件执行该程序，将“GetHandPos OverRange ! ”字符串写在人机交互接口
X := 1;! 将 num 型数据 X 赋值为 1
Y := 1;! 将 num 型数据 Y 赋值为 1
ELSE! 如果不满足条件，则执行以下程序
X := (i — 1) DIV 3 + 1;! 将计算出的数值赋值给 num 型数据 X
Y := (i — 1) MOD 3 + 1;! 将计算出的数值赋值给 num 型数据 Y
ENDIF! 结束判断
targetPos := phandPos{X,Y};! 通过计算出的值，获取相应的工位
ENDPROC
```

4. 物料拾取程序BY_pick

BY_pick例行程序用于实现工业机器人从搬运模块的某个工位拾取物料的动作。

```
PROC BY_pick(robtarget targetPos)
MoveJ Offs(targetPos,0,0,100), v200, z50,tool_xipan\WObj:=wobj_banyun;! 将工业机器人移动到目标点上方100mm 的位置
MoveL targetPos, v200, fine, tool_xipan\WObj:=wobj_banyun;! 将工业机器人移动到目标点的位置
Set Do_01_vacuum;! 打开吸盘，吸取搬运工件
WaitTime 0.5;! 等待 0.5s
MoveL Offs(targetPos,0,0,100), v200, z20, tool_xipan\WObj:=wobj_banyun;! 工业机器人吸取工件移动至目标点上方 100mm 的位置
ENDPROC
```

5. **物料放置程序BY_Place**

BY_ Place例行程序用于实现工业机器人将物料放置在搬运模块的某个工位上的动作。

```
PROC BY_Place(robtarget targetPos)
MoveJ Offs(targetPos,0,0,100), v200, z50, tool_xipan\WObj:=wobj_banyun;
! 将工业机器人移动到目标点上方 100mm 的位置
MoveL targetPos, v200, fine, tool_xipan\WObj:=wobj_banyun;
! 将工业机器人移动到目标点的位置
Reset Do_01_vacuum;! 关闭吸盘，放下搬运工件
WaitTime 0.5;! 等待 0.5s
MoveL Offs(targetPos,0,0,100), v200, z20, tool_xipan\WObj:=wobj_banyun;
! 将工业机器人移动到目标点上方 100mm 的位置
ENDPROC
```

6. **正向搬运程序**

搬运正向动作是将工位5搬运至工位6，工位4搬运至工位5，依次循环，直至工位1的圆饼搬运至工位2。

```
PROC RZBanyun()
FOR i FROM 6 TO 2 STEP -1 DO! 将 FOR 指令中的程序循环 5 遍，i 从 6 开始，每循环一遍 i — 1，直到 i=2
GetWbPos i — 1, pBYPos;
! 将工位位置和点位代入例行程序，获取工位 i — 1 的工位位置，并赋值给 pBYPos
BY_pick pBYPos; ! 拾取物料
GetWbPos i, pBYPos;
! 将工位位置和点位代入例行程序，获取工位 i 的工位位置，并赋值给 pBYPos
BY_Place pBYPos;! 放置物料
ENDFOR
ENDPROC
```

7. **反向搬运程序**

搬运反向动作是将工位2搬运至工位1，工位3搬运至工位2，依次循环，直至工位6的圆饼搬至工位5。

```
PROC RNBanyun()
FOR i FROM 2 TO 6 DO
! 将 FOR 指令中的程序循环 5 遍，i 从 2 开始，每循环一遍 i+1，直到 i=6
GetWbPos i, pBYPos;
```

```
! 将工位位置和点位代入例行程序，获取工位 i 的工位位置，并赋值给 pBYPos
BY_pick pBYPos;! 拾取物料
GetWbPos i — 1, pBYPos;
! 将工位位置和点位代入例行程序，获取工位 i — 1 的工位位置，并赋值给 pBYPos
BY_Place pBYPos;! 放置物料
ENDFOR
ENDPROC
```

5.4.4 程序框架

RBanyun例行程序用来实现搬运的动作，包括搬运正向动作和搬运反向动作。程序如下。

```
PROC RBanyun()
Banyun_Initial;
MoveJ phome_banyun,v200, fine, tool_xipan\WObj:=wobj_banyun;! 回到安全点位置
RZBanyun;! 正向搬运
MoveJ phome_banyun,v200, fine, tool_xipan\WObj:=wobj_banyun;! 回到安全点位置
RNBanyun;! 反向搬运
MoveJ phome_banyun,v200, fine, tool_xipan\WObj:=wobj_banyun;! 回到安全点位置
ENDPROC
```

5.4.5 综合调试

所有程序编写完成后，需要进行调试，综合调试操作步骤见表5-9。

表 5-9　综合调试操作步骤

序号	图片示例	操作步骤
1	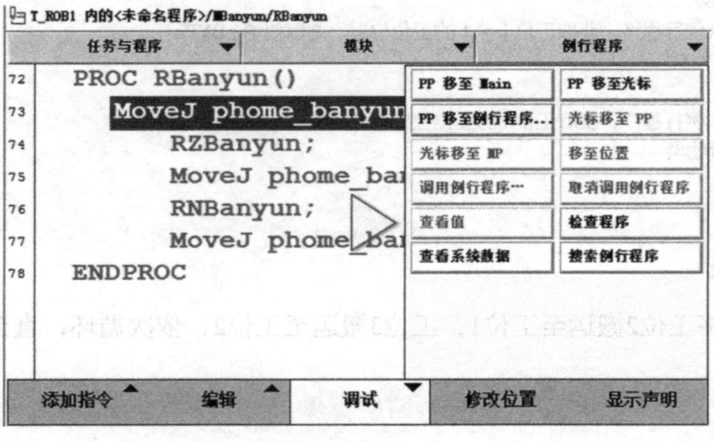任务与程序 模块 例行程序 PROC RBanyun() MoveJ phome_banyun RZBanyun; MoveJ phome_ba RNBanyun; MoveJ phome_ba ENDPROC PP 移至 Main PP 移至光标 PP 移至例行程序... 光标移至 PP 光标移至 MP 移至位置 调用例行程序… 取消调用例行程序 查看值 检查程序 查看系统数据 搜索例行程序 添加指令 编辑 调试 修改位置 显示声明	单击“调试”，然后单击“PP 移至例行程序”

续表

序号	图片示例	操作步骤
2	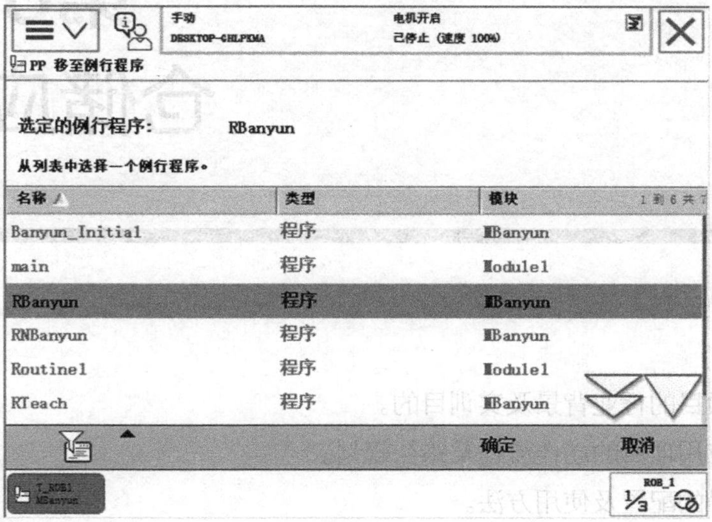手动 DESKTOP-GHLFKMA 电机开启 已停止 (速度 100%) PP 移至例行程序 选定的例行程序: RBanyun 从列表中选择一个例行程序。 名称 类型 模块 Banyun_Initial 程序 MBanyun main 程序 Module1 RBanyun 程序 MBanyun RNBanyun 程序 MBanyun Routine1 程序 Module1 RTeach 程序 MBanyun 确定 取消 ROB_1	选择“RBanyun”，然后单击“确定”
3	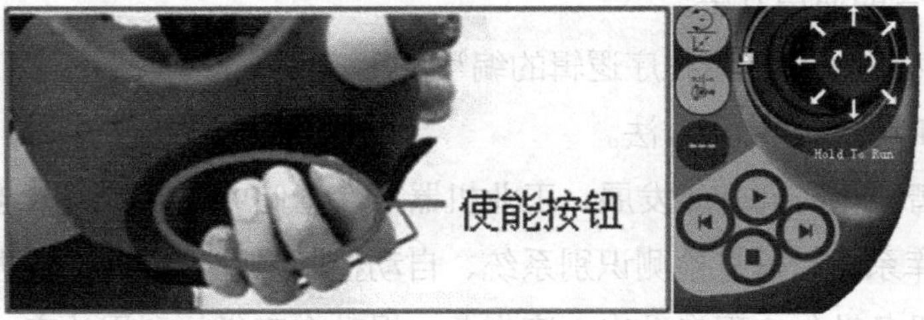使能按钮 Hold To Run	按使能按钮，同时按住步进按键。机器人将进行单步动作

第6章 仓储应用

【学习目标】

（1）了解仓储项目的行业背景及实训目的。

（2）熟悉仓储应用项目的动作流程及路径规划。

（3）掌握组信号的配置及使用方法。

（4）掌握数组的使用及带参数例行程序的创建。

（5）掌握偏移指令的使用方法。

（6）熟悉程序流程图的绘制及程序逻辑的编写。

（7）掌握条件判断程序的使用方法。

随着仓储系统向智能化方向升级发展，工业机器人在仓储中的应用越来越广泛，如搭配立体货架、出入库系统、信息检测识别系统、自动控制系统等，通过先进的总线、通信技术，协调各类设备动作实现自动出入库作业，提升仓库货位利用效率，降低作业人员的劳动强度，如图6-1（a）所示。

仓储应用项目是模拟在实际工业生产中，工业机器人对工件进行组装、定位、装配、搬运的过程。本实训项目设备如图6-1（b）所示，运用的实训模块有立体仓库模块、装配定位模块、异步输送带模块。

（a）工业机器人仓储应用

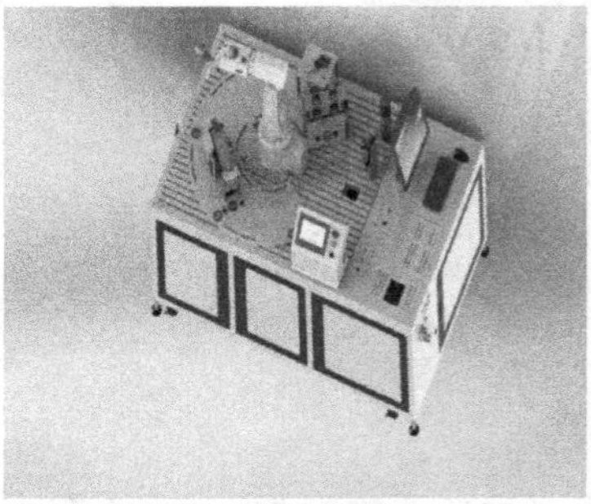

（b）仓储应用实训设备

图6-1 仓储应用

6.1 任务分析

6.1.1 任务描述

微课视频

任务分析（仓储）、知识要点和系统组成及配置

本实训项目立体仓库的上下两层共放置4个方形物料。工作过程如下：手动放置一个圆饼物料在输送带上，当IRB 120机器人检测到传送带上的圆饼物料到位信号时，判断立体仓库中是否存在方形物料，若不存在方形物料，则IRB 120机器人不做任何处理；若存在方形物料，则检测方形物料存放的位置，并从立体仓库中抓取该方形物料（若存在多个方形物料，则随机抓取一个）放置在装配定位模块上，然后吸取传送带上的圆饼物料，在装配定位模块完成装配任务，最后将装配成品放置于立体仓库中任意一个空闲位置。

6.1.2 路径规划

1. 路径规划

本实训项目的物料装配路径较为复杂，我们将其分为定位、装配、搬运3个过程路径。

（1）定位（料仓模块→装配定位模块）

IRB 120机器人先判断料仓模块中，几号料仓有物料，根据事先指定的抓取顺序完成抓取动作，图6-2中以抓取“一号”料仓物料为例，对方形物料的抓取路径做了一个规划，具体动作流程如下。

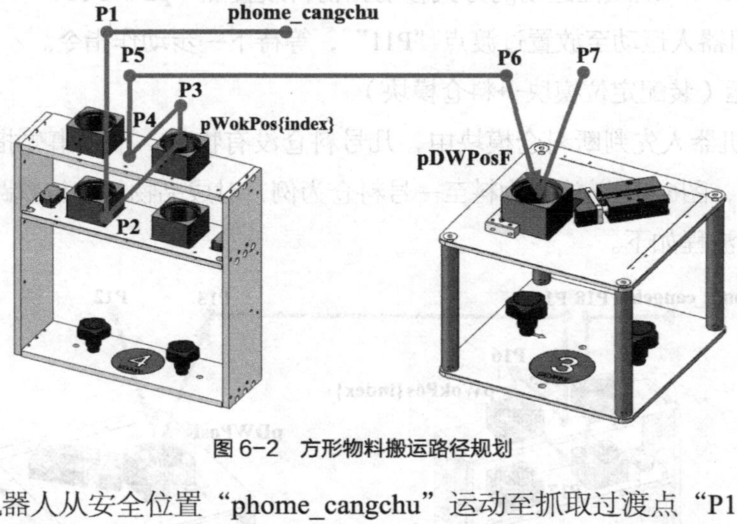
P1
phome_cangchu
P5
P6
P7
P3
P4
pWokPos{index}
pDWPosF
P2

图6-2 方形物料搬运路径规划

IRB 120机器人从安全位置“phome_cangchu”运动至抓取过渡点“P1”→以线性运动方式移动至一号物料抓取过渡点“P2”→以线性运动的方式移动IRB 120机器人至物料抓取点“pWokPos{index}”→待物料抓取完成，以线性运动方式移动IRB 120机器人至路径点“P3”→以线性运动方式移动IRB 120机器人至装配过渡点“P4”→以线性运动方式移动IRB 120机器人至装配过渡点“P5”→以关节运动方式移动IRB 120机器人至

装配过渡点“P6”→打开气缸，使定位机构弹开→以线性运动方式移动IRB 120机器人至物料放置点“pDWPosF”→待物料放置完成后，以线性运动的方式移动IRB 120机器人至放置过渡点“P7”→关闭气缸，使定位机构夹紧→等待下一步动作指令。

（2）装配（异步输送带模块→装配定位模块）

图6-3中以装配圆形物料为例，对圆形物料的抓取路径做了一个规划，具体动作流程如下。

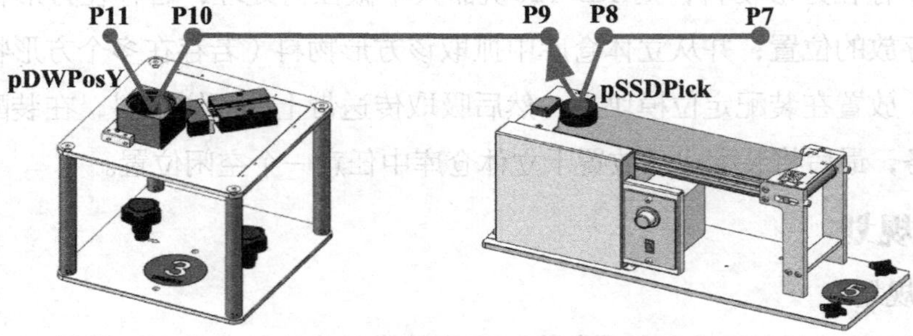
P11
P10
P9
P8
P7
pDWPosY
pSSDPick

图 6-3　圆形物料搬运路径规划

IRB 120机器人在过渡点“P7”，等待传感器检测到圆形物料时→IRB 120机器人移动至抓取过渡点“P8”→以线性运动的方式移动至物料抓取点“pSSDPick”→待物料抓取完成后，以线性运动的方式移动至路径过渡点“P9”→以适当的运动方式移动至放置过渡点“P10”→以线性运动的方式移动至物料放置点“pDWPosY”→待物料放置完成，IRB 120机器人运动至放置过渡点“P11”，等待下一步动作指令。

（3）搬运（装配定位模块→料仓模块）

IRB 120机器人先判断料仓模块中，几号料仓没有物料，根据事先指定的放置顺序完成物料放置，图6-4中以放置物料至一号料仓为例，对成品物料的放置路径做了一个规划，具体动作流程如下。

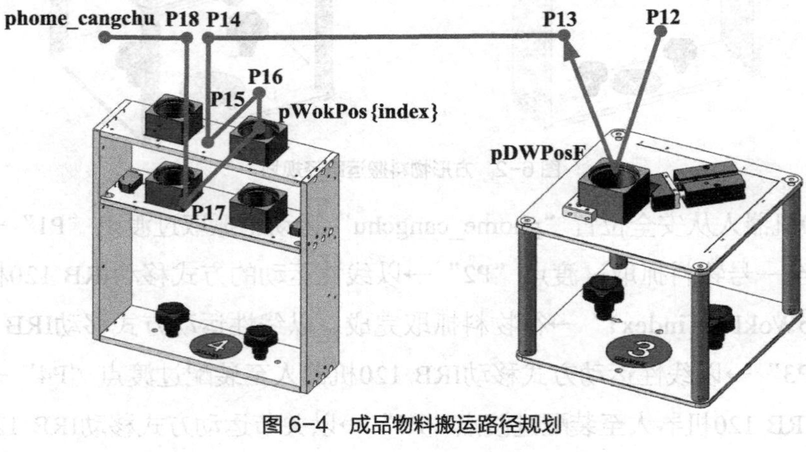
phome_cangchu
P18
P14
P13
P12
P16
P15
pWokPos{index}
pDWPosF
P17

图 6-4　成品物料搬运路径规划

IRB 120机器人在过渡点“P12”处判断有无料仓闲置，如判断一号料仓闲置→打开气缸，弹开定位机构→以线性运动的方式移动至物料抓取点“pDWPosF”→抓取装配成品并以线性运动的方式将IRB 120机器人移动至路径过渡点“P13”→以适当的运动方式移动至安全过渡点“P14”→以线性运动的方式移动至物料放置过渡点“P15”→以线性运动的方式移动至物料放置过渡点“P16”→以线性运动的方式移动至物料放置点“pWokPos{index}”→放置装配成品→IRB 120机器人返回物料放置过渡点“P17”→IRB 120机器人返回物料放置过渡点“P18”→IRB 120机器人返回安全点“phome_cangchu”→动作结束。

路径规划中特征点的位置信息见表6-1。

表6-1 路径规划中特征点位置信息

目标点	位置点计算方式	参考坐标系	工具
phome_cangchu	示教	wobj0	tool0
P1	Offs(pWokPos{index},200,0,200)	wobj_liaocang	tool_jiazhua
P2	Offs(pWokPos{index},200,0,0)	wobj_liaocang	tool_jiazhua
pObjPos	示教	wobj_liaocang	tool_jiazhua
P3	Offs(pWokPos{index},0,0,50)	wobj_liaocang	tool_jiazhua
P4	Offs(pWokPos{index},100,0,50)	wobj_liaocang	tool_jiazhua
P5	Offs(pWokPos{index},100,0,200)	wobj_liaocang	tool_jiazhua
P6	Offs（pDWPosF，0,0,100）	wobj0	tool_jiazhua
pDWPosF	示教	wobj0	tool_jiazhua
P7	示教	wobj0	tool_jiazhua
P8	Offs（pSSDPick，0,0,100）	wobj0	tool_xipan
pSSDPick	示教	wobj0	tool_xipan
P9	Offs（pSSDPick，0,0,200）	wobj0	tool_xipan
P10	Offs（pDWPosY，0,0,200）	wobj0	tool_xipan
pDWPosY	示教	wobj0	tool_xipan
P11	Offs（pDWPosY，0,0,200）	wobj0	tool_xipan
P12	Offs（pDWPosF，0,0,200）	wobj0	tool_jiazhua
P13	Offs（pDWPosF，0,0,200）	wobj0	tool_jiazhua
P14	Offs(pWokPos{index},100,0,200)	wobj_liaocang	tool_jiazhua
P15	Offs(pWokPos{index},100,0,50)	wobj_liaocang	tool_jiazhua
P16	Offs(pWokPos{index},0,0,50)	wobj_liaocang	tool_jiazhua
P17	Offs(pWokPos{index},100,0,0)	wobj_liaocang	tool_jiazhua
P18	Offs(pWokPos{index},100,0,200)	wobj_liaocang	tool_jiazhua

立体仓库中的4个工位点数据信息见表6-2。

表6-2　立体仓库模块工位点

序号	点序号	注释	备注
1	pWokPos {1}	工位 1 位置	示教点（pObjPos）
2	pWokPos {2}	工位 2 位置	Offs(pObjPos，0，-130，0）；
3	pWokPos {3}	工位 3 位置	Offs(pObjPos，0，0，-150）
4	pWokPos {4}	工位 4 位置	Offs(pObjPos，0，-130，-150）

2. 要点解析

① 物料抓取放置点，通过Offs函数控制高度。

② 程序主逻辑通过TEST指令控制，对应的CASE执行对应的程序。

③ 通过赋值指令控制TEST参数*n*的值，并且对*n*值进行控制。

④ 初始化程序对IRB 120机器人初始位置、运行速度、吸盘及夹具的状态进行初始化控制。

⑤ IRB 120机器人运动轨迹较多，为便于程序查看修改，需建立单独的例行程序，充分掌握程序调用思想。

⑥方形物料由夹爪来搬运，圆饼物料由吸盘来抓取，需建立两个工具坐标系tool_jiazhua和tool_xipan，方便调整末端执行器的姿态和掌握工具切换。

⑦物料搬运及放置的坐标点位置采用offs指令，需建立仓储模块的工件坐标系wobj_liaocang。

⑧利用组信号来获取立体仓库模块 4 个工位的状态，并将其作为TEST的参数值。

⑨由于运动轨迹较多，利用写入示教器指令TPWrite，显示程序运行状态，便于操作人员调试IRB 120机器人或查找错误。

6.2 知识要点

6.2.1 指令解析

本实训项目中所用到的编程指令及作用见表6-3，各指令的详细信息、参数说明及调用格式可参考2.4节。

表6-3　仓储应用主要指令解析

序号	指令	作用
1	TEST	根据表达式或数据的值，当有待执行不同的指令时使用
2	WaitTime	等待给定时间
3	IF 条件指令	当满足条件时仅需要执行多条指令时，可使用该指令

续表

序号	指令	作用
4	WaitDI	用于等待，直至已设置数字信号输入
5	Offs 位置偏移	在工业机器人目标点的工件位置方向上偏移一定量
6	OR	用于评估一个逻辑值的条件表达式，如果表达式之一或全部正确，则返回值为 TRUE
7	EXIT	用于终止程序执行，仅可从主程序第一个指令重新执行程序
8	TPWrite	用于在示教器上写入文本，可将特定数据的值与文本一起写入

6.2.2 组I/O信号

组I/O信号是将几个数字输入/输出信号设置为一个组合，以一个指令来控制这些信号。组I/O信号包括数字组输入信号（GI）和数字组输出信号（GO），在程序中可当作数值使用，其范围由组信号的位数决定，常用组I/O信号控制指令有SetGO、WaitGI和WaitGO，见表6-4。

表 6-4 常用组 I/O 信号控制指令

序号	组 I/O 信号控制指令	注释
1	SetGO	将一组数字输出信号设置为指定值
2	WaitGI	用于等待，直至将一组数字输入信号设置为指定值
3	WaitGO	用于等待，直至将一组数字输出信号设置为指定值

ABB机器人组I/O信号的使用包括以下几个步骤。

① IO硬件连接。

② 将I/O板添加到DeviceNet总线上。

③ 添加组I/O信号，并映射到相应的物理端口。

下面以本实训项目中所使用的组输入信号为例，介绍组I/O信号的相关配置。首先将立体仓库模块4个工位上的信号线分别连接至ABB机器人的输入端口，在完成硬件连接及I/O板添加的操作之后，根据实际任务需求，分配组信号的时序，最后创建组输入信号，并完成相应配置。

1. 组I/O信号时序分配

本实训项目中，判断立体仓库模块中物料有无情况及抓取物料的时序较为复杂，因此需要采用组I/O信号进行时序判断，由于立体仓库模块有4个工位，物料的摆放共有16种选择，需要借助组I/O信号的功能来进行抓取时序的分配，根据实际需求设置抓取任务。

立体仓库模块上每个工位均安装有检测开关，工位1～工位4分别连接至di1～di4，此处使用组输入信号用于判断各工位状态，见表6-5。

表 6-5　立体仓库各工位状态

序号	工位 4（di4）	工位 3	工位 2	工位 1（di1）	数值
1	×	×	×	×	0
2	×	×	×	√	1
3	×	×	√	×	2
4	×	×	√	√	3
5	×	√	×	×	4
6	×	√	×	√	5
7	×	√	√	×	6
8	×	√	√	√	7
9	√	×	×	×	8
10	√	×	×	√	9
11	√	×	√	×	10
12	√	×	√	√	11
13	√	√	×	×	12
14	√	√	×	√	13
15	√	√	√	×	14
16	√	√	√	√	15
备注："√"表示该工位有物料，"×"表示该工位无物料					

2. 数字组输入信号的配置

本实训项目中创建数字组输入信号Gi_liaocang，并映射到控制器上I/O板的物理端口1～4，具体操作步骤见表6-6。

表 6-6　数字组输入信号创建步骤

序号	图片示例	操作步骤
1	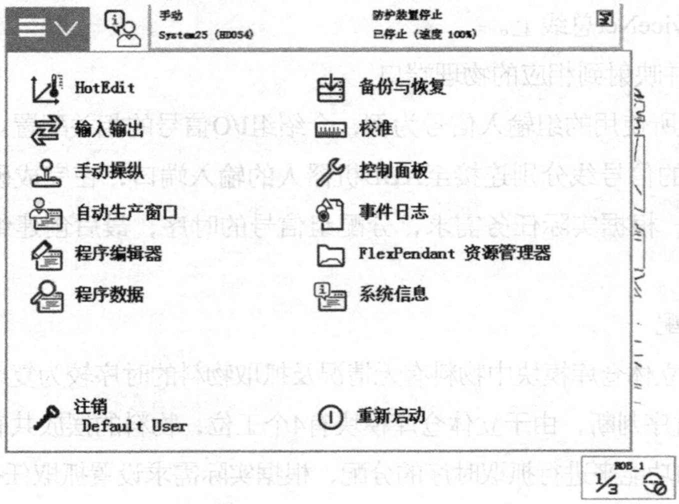手动 System25 (HD054) 防护装置停止 已停止 (速度 100%) HotEdit 备份与恢复 输入输出 校准 手动操纵 控制面板 自动生产窗口 事件日志 程序编辑器 FlexPendant 资源管理器 程序数据 系统信息 注销 Default User 重新启动 ROB_1 1/3	① 单击"主菜单"，进入主菜单界面。 ② 单击"控制面板"，进入控制面板界面

续表

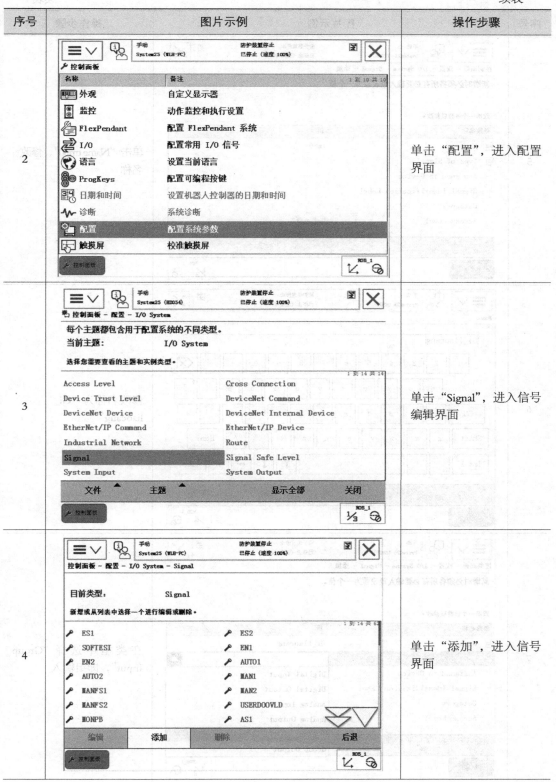

序号	图片示例	操作步骤
2	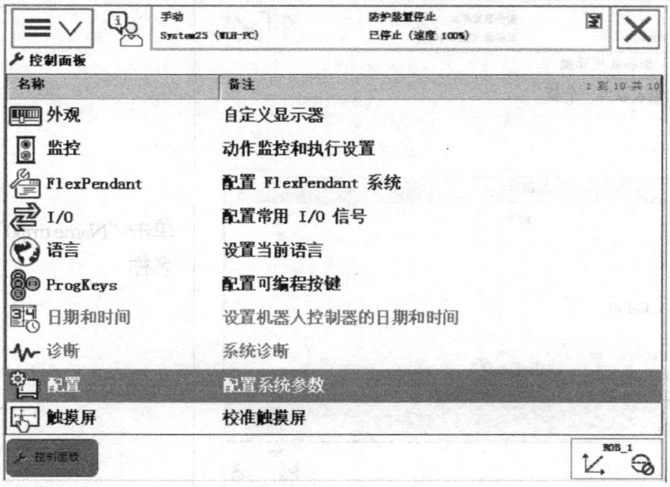手动 System25 (WLB-PC) 防护装置停止 已停止 (速度 100%) 控制面板 名称 备注 1 到 10 共 10 外观 自定义显示器 监控 动作监控和执行设置 FlexPendant 配置 FlexPendant 系统 I/O 配置常用 I/O 信号 语言 设置当前语言 ProgKeys 配置可编程按键 日期和时间 设置机器人控制器的日期和时间 诊断 系统诊断 配置 配置系统参数 触摸屏 校准触摸屏 ROB_1	单击“配置”，进入配置界面
3	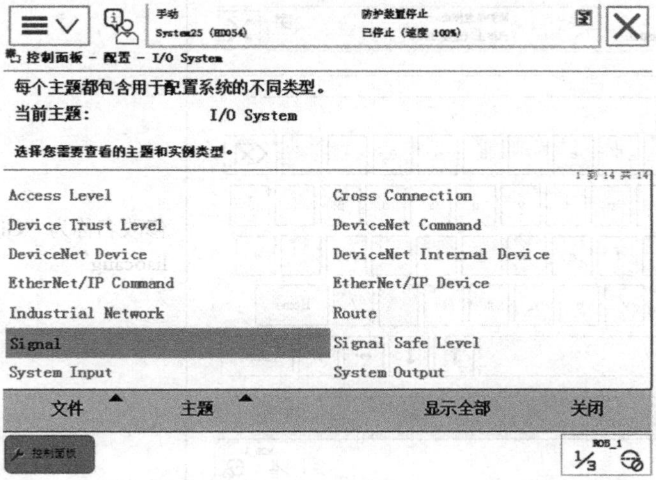手动 System25 (HD054) 防护装置停止 已停止 (速度 100%) 控制面板 - 配置 - I/O System 每个主题都包含用于配置系统的不同类型。 当前主题： I/O System 选择您需要查看的主题和实例类型。 1 到 14 共 14 Access Level Cross Connection Device Trust Level DeviceNet Command DeviceNet Device DeviceNet Internal Device EtherNet/IP Command EtherNet/IP Device Industrial Network Route Signal Signal Safe Level System Input System Output 文件 主题 显示全部 关闭 ROB_1	单击“Signal”，进入信号编辑界面
4	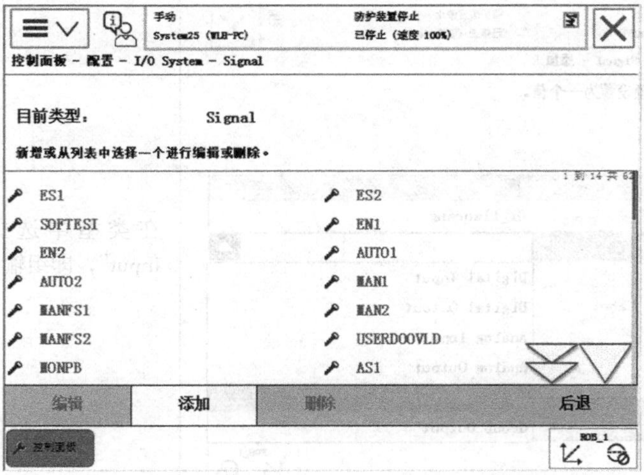手动 System25 (WLB-PC) 防护装置停止 已停止 (速度 100%) 控制面板 - 配置 - I/O System - Signal 目前类型： Signal 新增或从列表中选择一个进行编辑或删除。 ES1 ES2 SOFTESI EN1 EN2 AUTO1 AUTO2 MAN1 MANFS1 MAN2 MANFS2 USERDOOVLD MONPB AS1 编辑 添加 删除 后退 ROB_1	单击“添加”，进入信号界面

续表

<table>
<tr><th>序号</th><th>图片示例</th><th>操作步骤</th></tr>
<tr><td>5</td><td>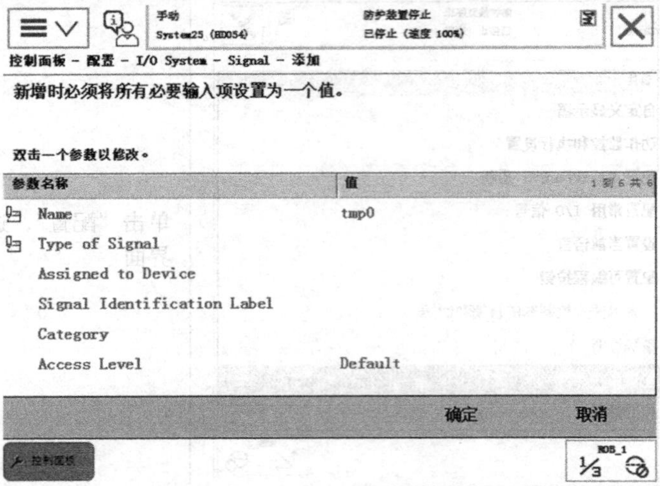
手动
System25 (HD054)
防护装置停止
已停止 (速度 100%)
控制面板 - 配置 - I/O System - Signal - 添加
新增时必须将所有必要输入项设置为一个值。
双击一个参数以修改。
参数名称
值
1 到 6 共 6
Name
tmp0
Type of Signal
Assigned to Device
Signal Identification Label
Category
Access Level
Default
确定
取消
控制面板
ROB_1
1/3</td><td>单击“Name tmp0”，修改名称</td></tr>
<tr><td>6</td><td>
手动
System25 (HD003)
防护装置停止
已停止 (速度 100%)
Name
Gi_liaocang
CAP
Shift
Home
Int'l
End
确定
取消
控制面板
ROB_1
1/3</td><td>修改名称为“Gi_liaocang”</td></tr>
<tr><td>7</td><td>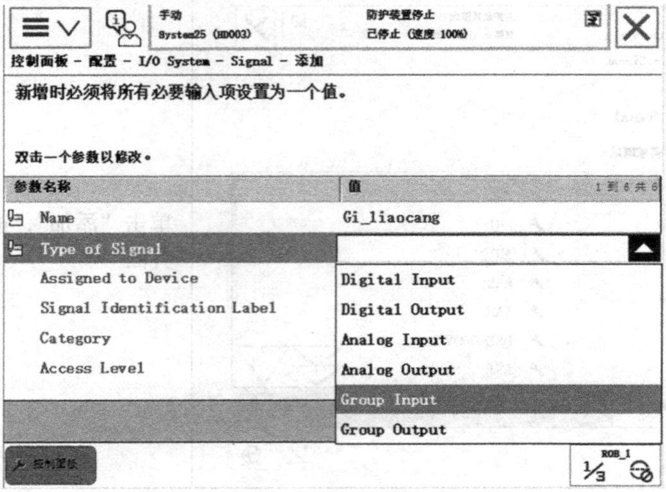
手动
System25 (HD003)
防护装置停止
已停止 (速度 100%)
控制面板 - 配置 - I/O System - Signal - 添加
新增时必须将所有必要输入项设置为一个值。
双击一个参数以修改。
参数名称
值
1 到 6 共 6
Name
Gi_liaocang
Type of Signal
Assigned to Device
Signal Identification Label
Category
Access Level
Digital Input
Digital Output
Analog Input
Analog Output
Group Input
Group Output
控制面板
ROB_1
1/3</td><td>在类型中选择“Group Input”，即组输入</td></tr>
</table>

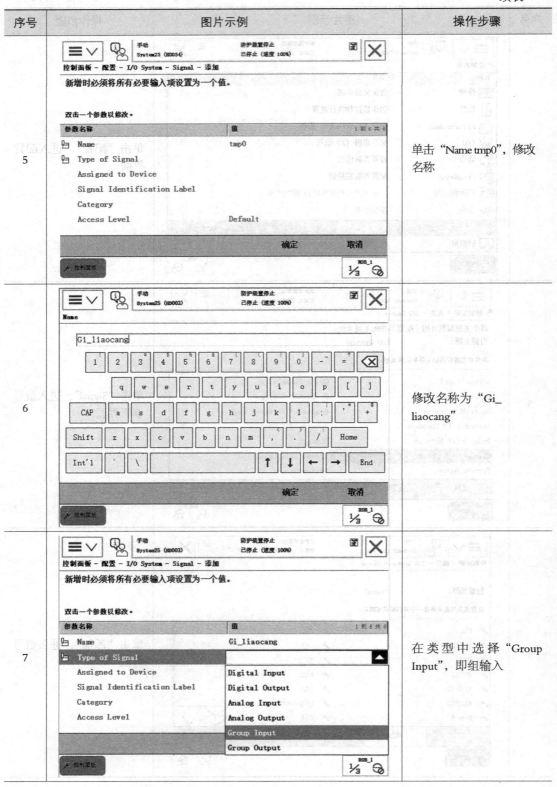

续表

序号	图片示例	操作步骤
8	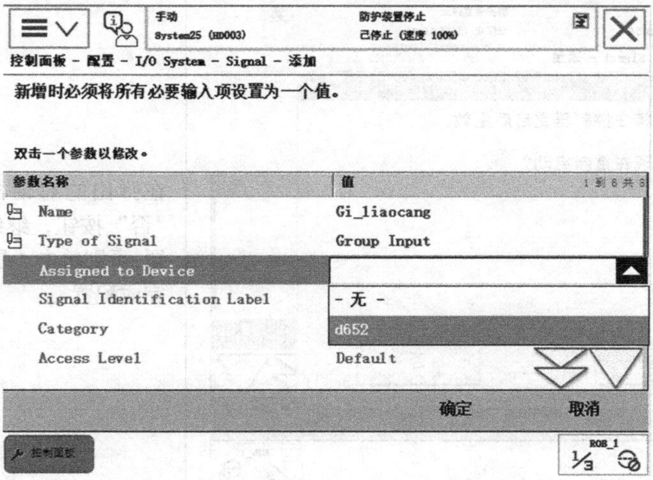手动 System25 (HD003) 防护装置停止 已停止 (速度 100%) 控制面板 - 配置 - I/O System - Signal - 添加 新增时必须将所有必要输入项设置为一个值。 双击一个参数以修改。 参数名称 值 1 到 6 共 6 Name Gi_liaocang Type of Signal Group Input Assigned to Device Signal Identification Label - 无 - Category d652 Access Level Default 确定 取消 ROB_1 1/3	在“Assigned to Device”中选择“d652”，即挂接在上节所添加的I/O板上
9	手动 System25 (HD003) 防护装置停止 已停止 (速度 100%) Device Mapping 1-4 CAP Shift Home Int'l End 确定 取消 ROB_1 1/3	在“Device Mapping”中更改引脚号为“1–4”
10	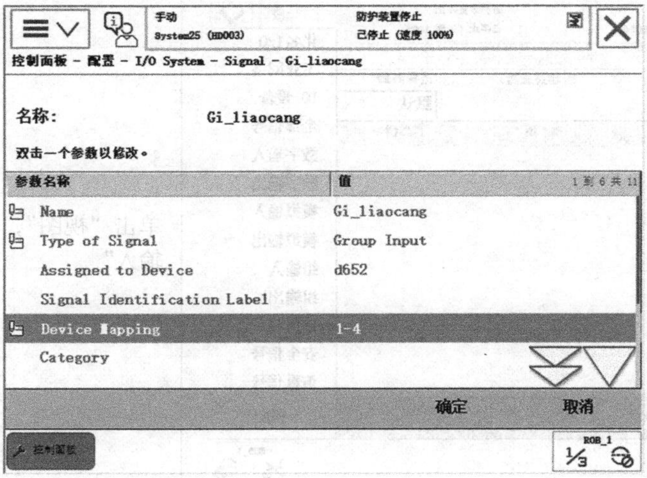手动 System25 (HD003) 防护装置停止 已停止 (速度 100%) 控制面板 - 配置 - I/O System - Signal - Gi_liaocang 名称: Gi_liaocang 双击一个参数以修改。 参数名称 值 1 到 6 共 11 Name Gi_liaocang Type of Signal Group Input Assigned to Device d652 Signal Identification Label Device Mapping 1-4 Category 确定 取消 ROB_1 1/3	单击“确定”按钮

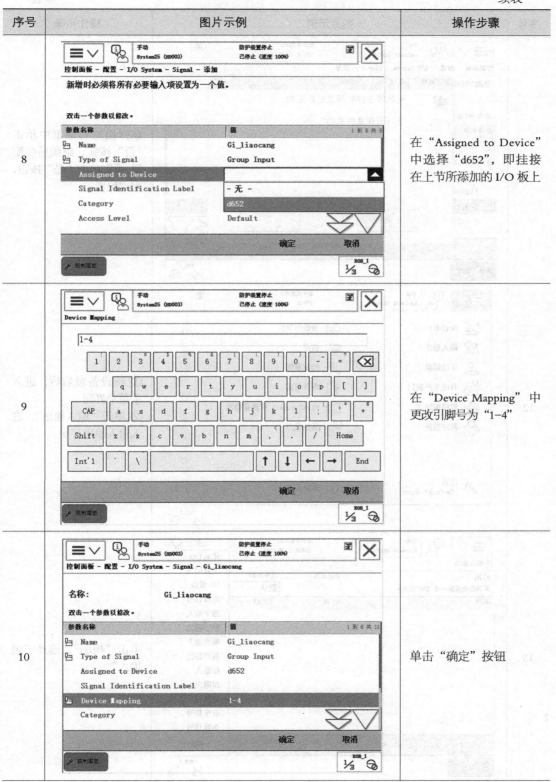

续表

序号	图片示例	操作步骤
11	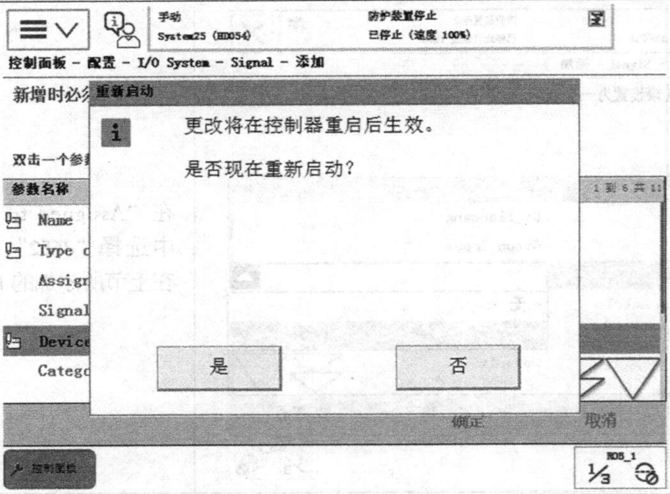手动 System25 (HD054) 防护装置停止 已停止 (速度 100%) 控制面板 - 配置 - I/O System - Signal - 添加 重新启动 更改将在控制器重启后生效。 是否现在重新启动? 是 否 Name Type Signal Categ 取消 ROB_1	在弹出的对话框中单击“否”按钮，继续后续配置,否则单击“是”按钮，完成配置
12	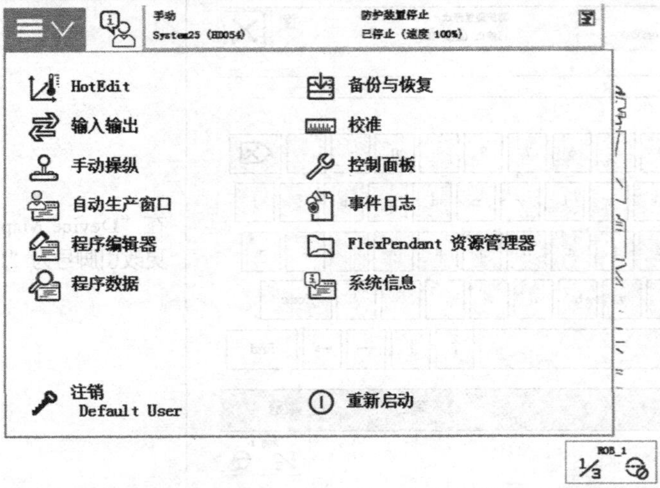手动 System25 (HD054) 防护装置停止 已停止 (速度 100%) HotEdit 输入输出 手动操纵 自动生产窗口 程序编辑器 程序数据 备份与恢复 校准 控制面板 事件日志 FlexPendant 资源管理器 系统信息 注销 Default User 重新启动 ROB_1	① 待设备重启后，进入主菜单界面。 ② 单击“输入输出”，进入输入输出界面
13	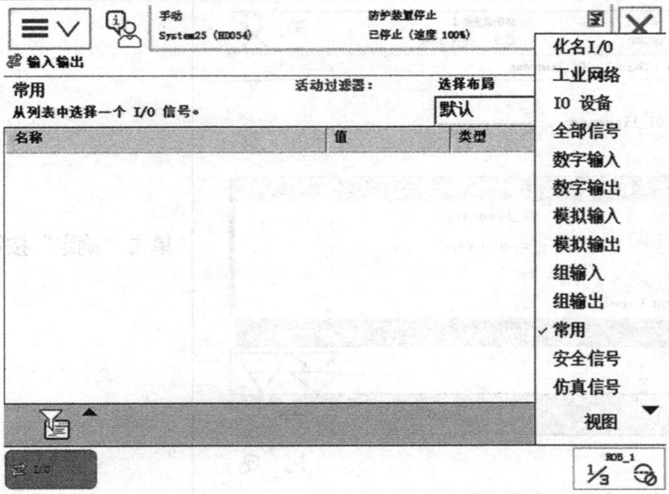手动 System25 (HD054) 防护装置停止 已停止 (速度 100%) 输入输出 常用 从列表中选择一个 I/O 信号。 活动过滤器： 选择布局 默认 名称 值 类型 化名I/O 工业网络 IO 设备 全部信号 数字输入 数字输出 模拟输入 模拟输出 组输入 组输出 常用 安全信号 仿真信号 视图 ROB_1	单击“视图”，选择“组输入”

续表

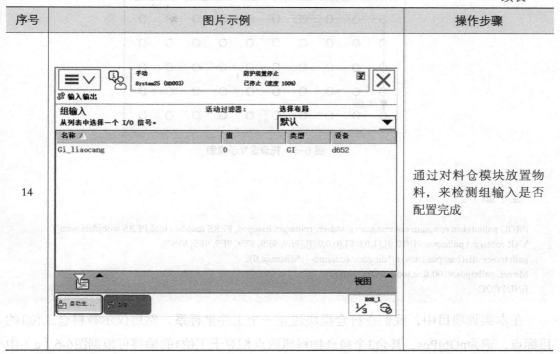

序号	图片示例	操作步骤
14	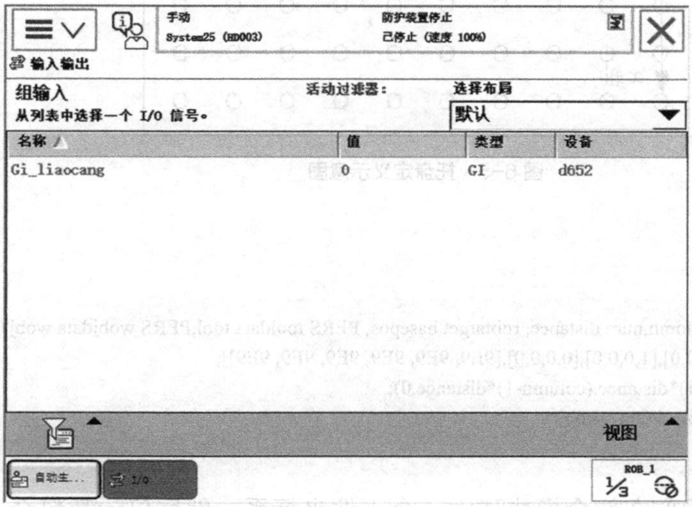手动 System25 (HD003) 防护装置停止 已停止（速度 100%） 输入输出 组输入 从列表中选择一个 I/O 信号。 活动过滤器： 选择布局 默认 名称 值 类型 设备 Gi_liaocang 0 GI d652 视图 自动生... I/O ROB_1 1/3	通过对料仓模块放置物料，来检测组输入是否配置完成

6.2.3 偏移

偏移是以选定的目标点为基准，沿着选定工件坐标系的x、y、z轴方向偏移一定的距离。ABB机器人使用Offs偏移指令来实现偏移功能。Offs（P1，x，y，z）代表一个离P1点x轴偏差量为x、y轴偏差量为y、z轴偏差量为z的点。

例如，MoveL Offs(p10, 100, 50, 0), v1000, z50, tool0 \WObj:=wobj1。

其中，p10为开始位置；100表示从开始位置沿wobj1的x轴方向偏移100mm；50表示从开始位置沿wobj1的y轴方向偏移50mm；0表示从开始位置沿wobj1的z轴方向偏移0mm。

该指令实现的功能：将ABB机器人TCP移动至以p10为基准点，沿着wobj1的x轴正方向偏移100mm、沿y轴正方向偏移50mm位置处。

当ABB机器人运动轨迹中目标点较多，且目标点之间的相互位置固定时，示教每一个目标点比较烦琐，采用偏移指令可简化操作，同时方便程序的移值和重复利用。

例如制定一个托盘的拾料零件程序。如图6-5所示，将该托盘定义为一个工件，将待拾取零件（行和列）以及零件之间的距离作为输入参数，在程序外实施行和列指数的增值。则仅需示教该托盘上的第一个工位目标点，便可通过偏移指令使ABB机器人到达托盘的任意一个工位位置。

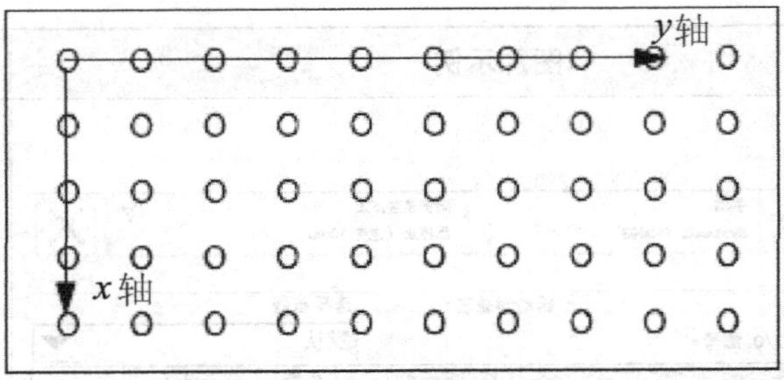
y轴
x轴

图 6-5　托盘定义示意图

程序如下。

```
PROC pallet(num row,num column,num distance, robtarget basepos, PERS tooldata tool,PERS wobjdata wobj)
VAR robtarget palletpos:=[[0,0,0],[1,0,0,0],[0,0,0,0],[9E9, 9E9, 9E9, 9E9, 9E9, 9E9]];
palletpos:=offs(basepos,(row-1)*distance,(column-1)*distance,0);
MoveL palletpos,v100,fine,tool\ WObj:=wobj;
ENDPROC
```

在本实训项目中，我们在料仓模块建立一个工件坐标系，然后仅示教料仓工位1的目标点，记为**pObjPos**，其余3个料仓物料抓取点相对于工位1的偏移可根据图6-6（a）中物料相对位置通过偏移指令来执行，如图6-6（b）所示。由于料仓物料搬运运动路径中的过渡点比较多，也可通过偏移指令来实现。需要注意的是，偏移指令中所用到的工件坐标系与基准点所在的工件坐标系保持一致。

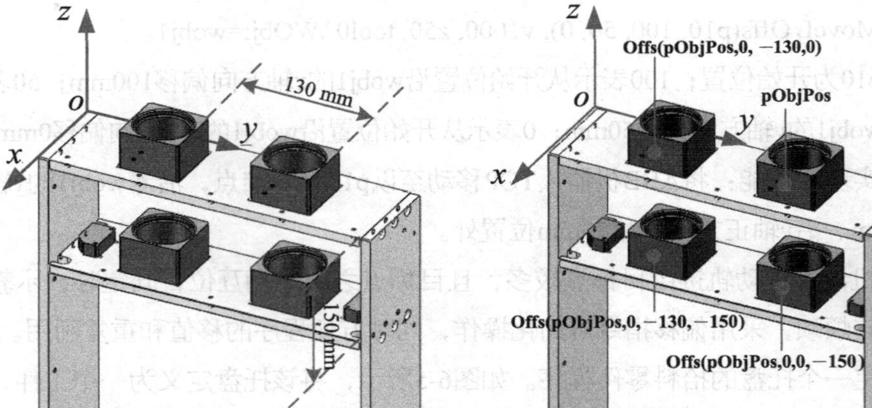
z
O
x
y
130 mm
150 mm
z
O
x
y
Offs(pObjPos,0, −130,0)
pObjPos
Offs(pObjPos,0,−130,−150)
Offs(pObjPos,0,0,−150)

（a）物料相对位置　　（b）抓取点位

图 6-6　抓取位置

6.3 系统组成及配置

6.3.1 系统组成

本节以HRG-HD1XKA型工业机器人技能考核实训台（专业版）为例，来学习IRB 120机器人编程与操作。实训设备由IRB 120机器人、控制器、示教器、实训台、PLC、电气板、扇形板、立体仓库模块、异步输送带模块、装配定位模块、末端执行器等组成，如图6-7所示。

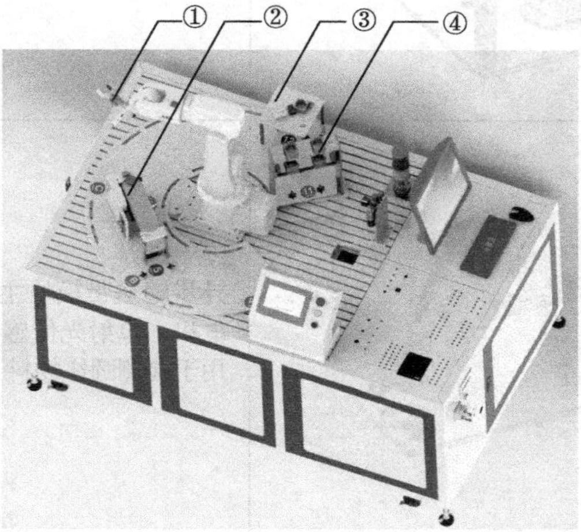
①
②
③
④

①－末端执行器，包括激光器、真空吸盘和气动夹爪三部分，用于抓取物料、标定工具坐标系等；②－异步输送带模块，用于检测圆饼物料；③－装配定位模块：用于对半成品物料进行定位；④－立体仓库模块：突显六轴工业机器人工件坐标系的特点

图 6-7　仓储应用实训环境

主要实训模块介绍见表6-7。

表 6-7　仓储应用模块组成

序号	图片示例	功能
1		立体仓库模块由货架、4个工位、两个微动开关和两个光电开关组成，如左图所示

续表

序号	图片示例	功能
2	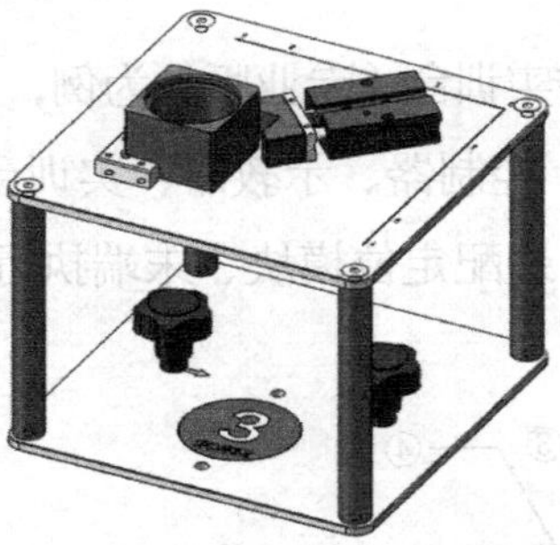	装配定位模块主要由通过气阀控制的定位装置组成，可以实现对工件进行装配定位的功能
3	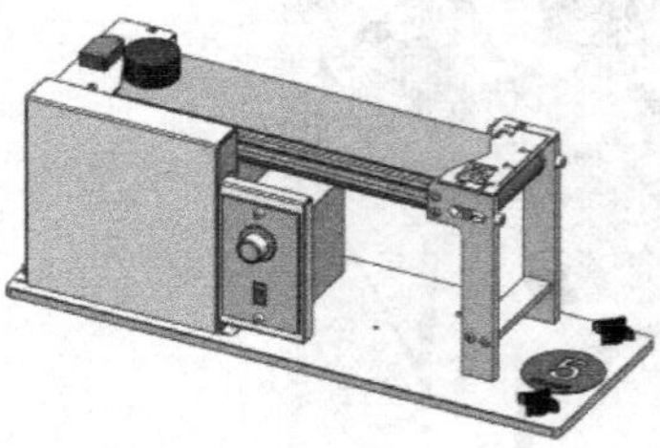	异步输送带模块主要由输送带本体、异步进电机、单射光传感器和异步电机调速器组成，用于检测圆饼物料
4		末端执行器由激光器、吸盘和气动夹爪 3 部分组成，通过调整工业机器人的末端姿态，可以实现工具的切换

本实训台的气路由3部分组成：真空吸盘气路、气动夹爪气路和气缸气路，如图6-8所示，各部分作用见表6-8。

真空吸盘工作原理：压缩空气进入二联件，由二联件对空气进行过滤和稳压，当电磁阀导通时，空气通过真空发生器由正压变为负压，从而产生吸力，通过真空吸盘吸取工件。

气动夹爪和气缸的工作原理类似，当电磁阀导通时，压缩空气推动气缸前进或后退，从而带动爪指的收紧与放开，实现夹取或直线运动的功能。

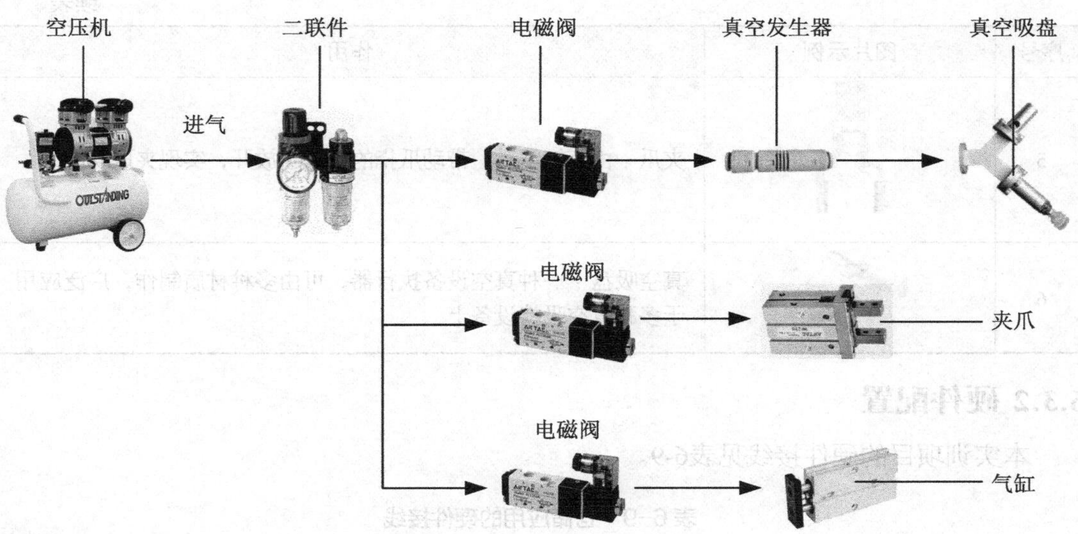
空压机
二联件
电磁阀
真空发生器
真空吸盘
进气
电磁阀
夹爪
电磁阀
气缸

图 6-8　气路组成

表 6-8　气路各部分作用

序号	图片示例	作用
1	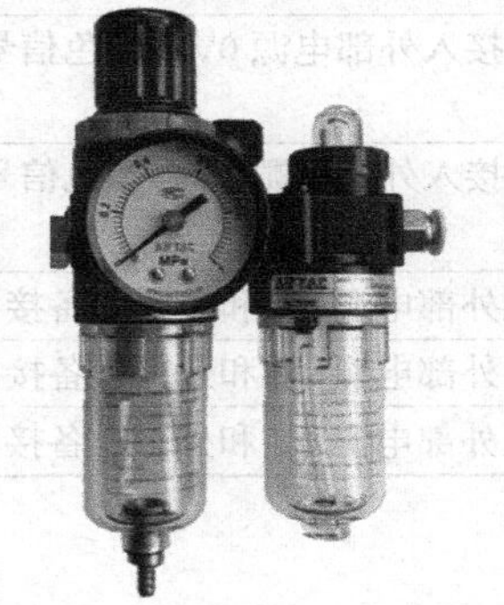	二联件：由空气过滤器、减压阀、油雾器组成，对空气进行过滤，同时调节系统气压
2	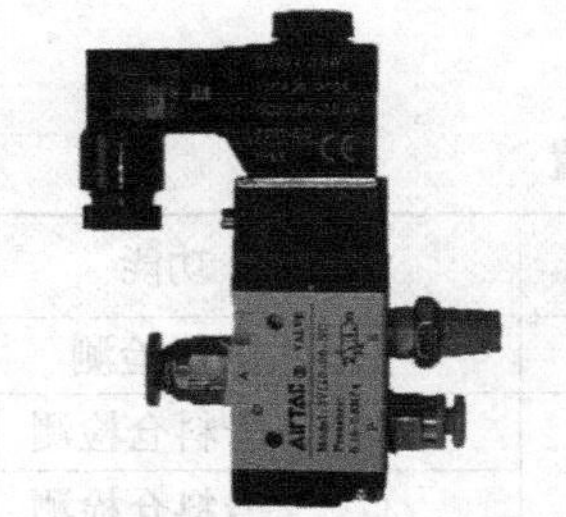	电磁阀：由设备的数字量输出信号控制空气的通断，当有信号输入时，电磁线圈产生的电磁力将关闭件从阀座上提起，阀门打开，反之阀门关闭
3		真空发生器：一种利用正压气源产生负压的新型、高效的小型真空元器件
4	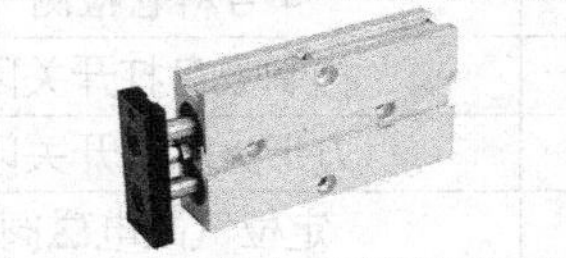	气缸：一种气动执行元件，通过压缩空气来执行伸出和返回的动作

续表

序号	图片示例	作用
5	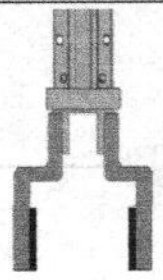	夹爪：由气缸驱动，带动爪指的收紧与放开，实现夹取功能
6		真空吸盘：一种真空设备执行器，可由多种材质制作，广泛应用于多种真空吸持设备上

6.3.2 硬件配置

本实训项目的硬件接线见表6-9。

表 6-9　仓储应用的硬件接线

外设	所述模块	接线
光电传感器	输送带模块	棕色线接入外部电源 24V，蓝色线接入外部电源 0V，黑色信号线接入外围设备接口的 DI0
微动开关（1 号仓）	立体仓库模块	信号线接入外围设备接口的 DI1
微动开关（2 号仓）	立体仓库模块	信号线接入外围设备接口的 DI2
光电开关（3 号仓）	立体仓库模块	棕色线接入外部电源 24V，蓝色线接入外部电源 0V，黑色信号线接入外围设备接口的 DI3
光电开关（4 号仓）	立体仓库模块	棕色线接入外部电源 24V，蓝色线接入外部电源 0V，黑色信号线接入外围设备接口的 DI4
电磁阀	真空吸盘	将电磁阀线圈的两根线分别连接至外部电源 0V 和外围设备接口 DO1
电磁阀	气动夹爪	将电磁阀线圈的两根线分别连接至外部电源 0V 和外围设备接口 DO2
电磁阀	定位机构	将电磁阀线圈的两根线分别连接至外部电源 0V 和外围设备接口 DO3

6.3.3 I/O信号配置

仓储应用实训项目需用到的I/O信号配置见表6-10。

表 6-10　仓储应用 I/O 信号配置

序号	名称	信号类型	物理地址	功能
1	Di_00_SsdJiance	数字输入信号	0	圆饼检测
2	Gi_liaocang	数字组输入信号	1～4	1 号料仓检测
				2 号料仓检测
				3 号料仓检测
				4 号料仓检测
3	Do_01_vacuum	数字输出信号	1	控制吸盘打开关闭
4	Do_02_jiazhua	数字输出信号	2	方形夹爪打开关闭
5	Do_03_Dingwei	数字输出信号	3	定位气缸电磁阀

6.4 编程与调试

微课视频

编程与调试
（仓储）

6.4.1 实施流程

工业机器人应用项目工序繁多，程序复杂，通常在项目开始之前，应先绘制工作流程图，并根据流程图进行工业机器人的相应操作及编写程序。工业机器人仓储应用项目的工作流程如图6-9所示。

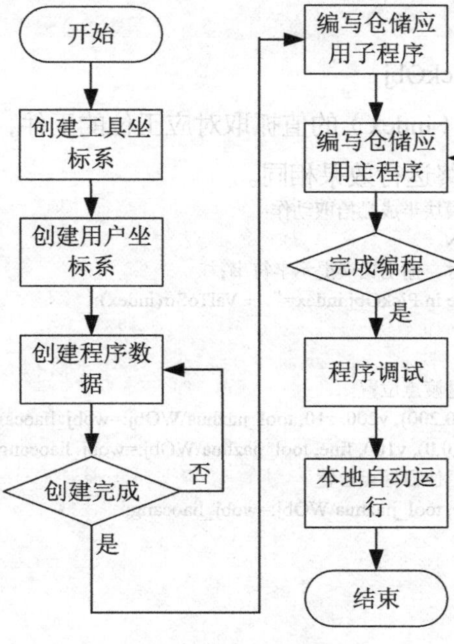
开始
创建工具坐标系
创建用户坐标系
创建程序数据
创建完成
否
是
编写仓储应用子程序
编写仓储应用主程序
完成编程
否
是
程序调试
本地自动运行
结束

图 6-9 项目工作流程

6.4.2 初始化程序

初始化程序用于设置工业机器人运行速度，并进行I/O信号的复位：关闭吸盘、闭合夹爪、闭合定位机构，工业机器人复位等操作。

```
PROC Initial_cangchu()
AccSet 100, 100;! 设置加速度为 100%，加速度变化率 100%
VelSet 100, 1000;! 设置速度为 100%，最大速度 1000mm/s
Reset Do_01_vacuum;! 关闭吸盘
Reset Do_03_Dingwei;! 定位机构复位
Reset Do_02_jiazhua;! 夹爪复位
MoveJ phome_cangchu, v500, z50, tool0;! 运动到安全点
ENDPROC
```

6.4.3 仓储运输程序

（1）工位计算子程序ComputePos

ComputePos例行程序是根据示教基准点pObjPos（即第一个工位点）的位置信息，该程序在整个程序运行过程中只调试运行一次即可。

```
PROC  ComputePos()
pWokPos{1} := pObjPos;! 第一个工位位置数据
pWokPos{2} := Offs(pObjPos,0,-130,0);! 获取第二个工位位置数据
pWokPos{3} := Offs(pObjPos,0,0,-150);! 获取第三个工位位置数据
pWokPos{4} := Offs(pObjPos,0,-130,-150);! 获取第四个工位位置数据
ENDPROC
```

（2）物料抓取子程序PickObj

该子程序用于根据索引（index）的值抓取对应工位的工件，其中对应上下两层，设置多个抓取过渡点以保证最终运行效果相同。

```
PROC PickObj(num index)! 仓储模块半成品拾取动作
IF (index < 1) OR (index > 4)THEN
! 当工件索引号小于 1 或大于 4 时，输出错误提示字符串；
TPWrite”Tool Index is OverRange in PickObj,index=” + ValToStr(index);
EXIT;
ELSE
! 将工业机器人移动到仓储模块过渡点位置
MoveJ Offs(pWokPos{index},200,0,200), v200, z10, tool_jiazhua\WObj:=wobj_liaocang;
MoveL Offs(pWokPos{index},200,0,0), v100, fine, tool_jiazhua\WObj:=wobj_liaocang;
! 将工业机器人移动到仓储模块工位目标点位置
MoveL pWokPos{index}, v20, fine, tool_jiazhua\WObj:=wobj_liaocang;
! 低速移动至抓取点
! 打开夹紧开关，抓取工件；
Set Do_02_jiazhua;
WaitTime 0.5;
! 将工业机器人移动到仓储模块过渡点位置
MoveL Offs(pWokPos{index},0,0,50), v20, fine, tool_jiazhua\WObj:=wobj_liaocang;
MoveL Offs(pWokPos{index},100,0,50), v100, z10, tool_jiazhua\WObj:=wobj_liaocang;
MoveL Offs(pWokPos{index},100,0,200), v100, z10, tool_jiazhua\WObj:=wobj_liaocang;
! 将工业机器人移动到定位机构目标点上方 200mm 的位置
MoveJ Offs(pDWPosF,0,0,200), v100, fine, tool_jiazhua;
! 弹开定位机构
Set Do_03_Dingwei;
! 低速运动到定位机构目标点位置
MoveL pDWPosF, v20, fine, tool_jiazhua;
! 关闭夹爪，送开方形物料
Reset Do_02_jiazhua;
WaitTime 0.5;
! 工业机器人运动至定位机构目标点上方 200mm 的位置
MoveL Offs(pDWPosF,0,0,200), v100, fine, tool_jiazhua;
! 闭合定位机构，夹紧方形物料
Reset Do_03_Dingwei;
ENDIF
ENDPROC
```

（3）工件装配子程序AssemObj

该子程序抓取输送带上的圆饼物料，然后与方形半成品完成装配。

```
PROC AssemObj()
! 将工业机器人移动到输送带上物料拾取点上方 200mm 的位置，并切换工具
MoveJ Offs(pSSDPick,0,0,200), v100, fine, tool_xipan;
! 将工业机器人移动到输送带上物料拾取点位置
MoveL pSSDPick, v20, fine, tool_xipan;
! 打开吸盘，抓取物料
Set Do_01_vacuum;
WaitTime 0.5;
MoveL Offs(pSSDPick,0,0,200), v50, fine, tool_xipan;
MoveJ Offs(pDWPosY,0,0,200), v100, fine, tool_xipan;
! 将工业机器人移动到定位机构目标点位置
MoveL pDWPosY, v20, fine, tool_xipan;
! 关闭吸盘，放下物料，完成装配
Reset Do_01_vacuum;
WaitTime 0.5;
MoveL Offs(pDWPosY,0,0,200), v100, fine, tool_xipan;
ENDPROC
```

（4）物料放置子程序

该子程序用于根据索引的值放置工件到对应工位，其中对应上下两层，设置多个抓取过渡点以保证最终运行效果相同。

```
PROC PlaceObj(num index)! 仓储模块成品放置动作
IF (index < 1) OR (index > 4)THEN
! 当工件索引号小于 1 或大于 4 时，输出错误提示字符串；
TPWrite" Tool Index is OverRange in PlaceObj,index=" + ValToStr(index);
EXIT;
ELSE
! 将工业机器人移动到定位机构目标点上方 200mm 的位置，并切换工具
MoveJ Offs(pDWPosF,0,0,200), v100, fine, tool_jiazhua;
! 将工业机器人移动到定位机构目标点位置；
MoveL pDWPosF, v20, fine, tool_jiazhua;
! 关闭夹紧开关，放置工件；
Set Do_02_jiazhua;
WaitTime 0.5;
! 弹开定位机构；
Set Do_03_Dingwei;
MoveL Offs(pDWPosF,0,0,200), v50, fine, tool_jiazhua;
! 将工业机器人移动到料仓模块过渡点位置，并切换工件坐标系
MoveJ Offs(pWokPos{index},100,0,200), v100, z10, tool_jiazhua\WObj:=wobj_liaocang;
MoveL Offs(pWokPos{index},100,0,50), v100, z10, tool_jiazhua\WObj:=wobj_liaocang;
MoveL Offs(pWokPos{index},0,0,50), v100, fine, tool_jiazhua\WObj:=wobj_liaocang;
! 将工业机器人移动到料仓模块工位目标点位置
MoveL pWokPos{index}, v20, fine, tool_jiazhua\WObj:=wobj_liaocang;
MoveL Offs(pWokPos{index},100,0,0), v50, fine, tool_jiazhua\WObj:=wobj_liaocang;
MoveL Offs(pWokPos{index},100,0,200), v100, z10, tool_jiazhua\WObj:=wobj_liaocang;
! 将工业机器人移动到安全点位置
```

```
MoveJ phome_cangchu, v100, fine, tool0;
ENDIF
ENDPROC
```

（5）抓取主程序GetObj

该子程序根据Gi_liaocang信号决定抓取对应工位的工件，当多个工位均有工件时，设置抓取优先级为工位1>工位2>工位3>工位4。

```
PROC GetObj()  ! 仓储模块：工位判断 - 从哪个工位抓取半成品
! 检测组输入信号值；
TEST(Gi_liaocang)
CASE 1,3,5,7,9,11,13,15:! 当工位 1 的位置有工件时，抓取工件 1；
PickObj 1;
CASE 2,6,10,14:! 当工位 2 的位置有工件时，抓取工件 2；
PickObj 2;
CASE 4,12:! 当工位 3 的位置有工件时，抓取工件 3；
PickObj 3;
CASE 8:! 当工位 4 的位置有工件时，抓取工件 4；
PickObj 4;
DEFAULT:! 当 4 个工位均没有工件时，输出提示字符串。
TPWrite" Bunker is empty,digroup=" + ValTostr(Gi_liaocang);
EXIT;
ENDTEST
ENDPROC
```

（6）放置工件主程序PutObj

该子程序根据Gi_liaocang信号决定放置工件至对应工位，当多个工位均没有工件时，设置放置优先级为工位1>工位2>工位3>工位4。

```
PROC PutObj()
! 检测组输入信号值；
TEST(Gi_liaocang)
CASE 0,2,4,6,8,10,12,14:! 当工位 1 没有工件时，将工件放置在工位 1；
PlaceObj 1;
CASE 1,5,9,13:! 当工位 2 没有工件时，将工件放置在工位 2；
PlaceObj 2;
CASE 3,11:! 当工位 3 没有工件时，将工件放置在工位 3；
PlaceObj 3;
CASE 7:! 当工位 4 没有工件时，将工件放置在工位 4；
PlaceObj 4;
DEFAULT:! 当 4 个工位均有工件时，输出提示字符串。
TPWrite" Bunker is full,digroup=" + ValTostr(Gi_liaocang);
EXIT;
ENDTEST
ENDPROC
```

6.4.4 程序框架

Rcangchu程序是仓储应用的主程序，可在该程序中调用若干子程序。主程序结构流程如图6-10（a）所示，主程序如图6-10（b）所示。

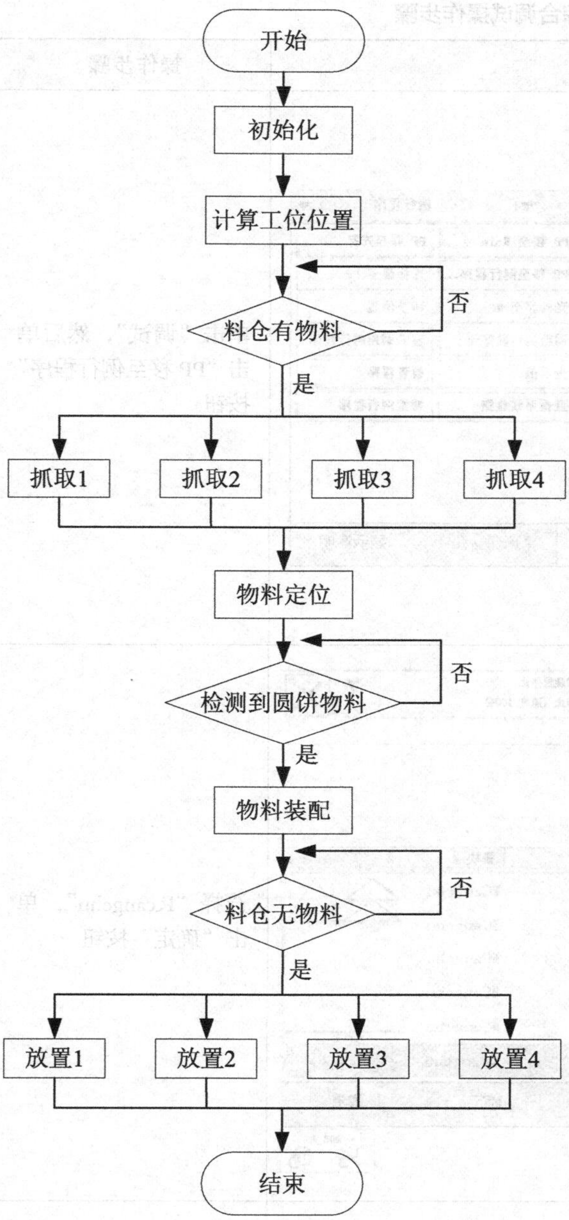
开始
初始化
计算工位位置
料仓有物料
否
是
抓取1
抓取2
抓取3
抓取4
物料定位
检测到圆饼物料
否
是
物料装配
料仓无物料
否
是
放置1
放置2
放置3
放置4
结束

（a）流程图

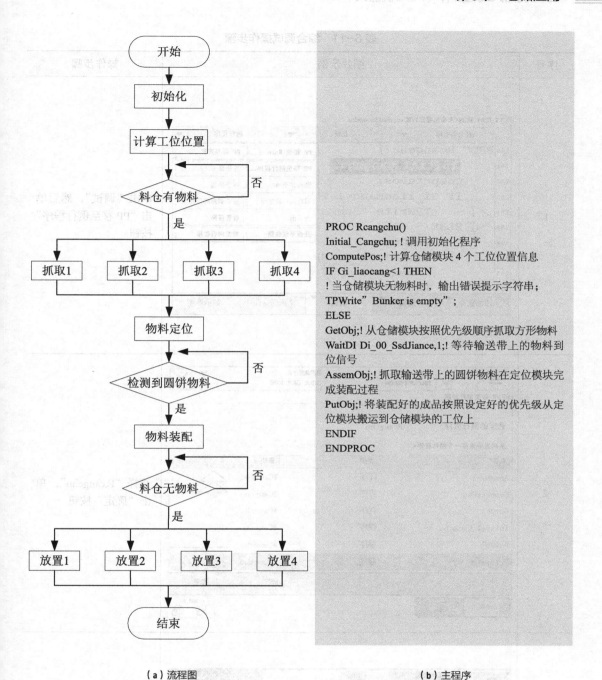

```
PROC Rcangchu()
Initial_Cangchu; ! 调用初始化程序
ComputePos;! 计算仓储模块 4 个工位位置信息
IF Gi_liaocang<1 THEN
! 当仓储模块无物料时，输出错误提示字符串；
TPWrite" Bunker is empty"；
ELSE
GetObj;! 从仓储模块按照优先级顺序抓取方形物料
WaitDI Di_00_SsdJiance,1;! 等待输送带上的物料到位信号
AssemObj;! 抓取输送带上的圆饼物料在定位模块完成装配过程
PutObj;! 将装配好的成品按照设定好的优先级从定位模块搬运到仓储模块的工位上
ENDIF
ENDPROC
```

（b）主程序

图6-10 程序框架

6.4.5 综合调试

所有程序编写完成后，需要进行调试，综合调试操作步骤见表6-11。

表 6-11　综合调试操作步骤

<table>
<tr><th>序号</th><th>图片示例</th><th>操作步骤</th></tr>
<tr><td>1</td><td>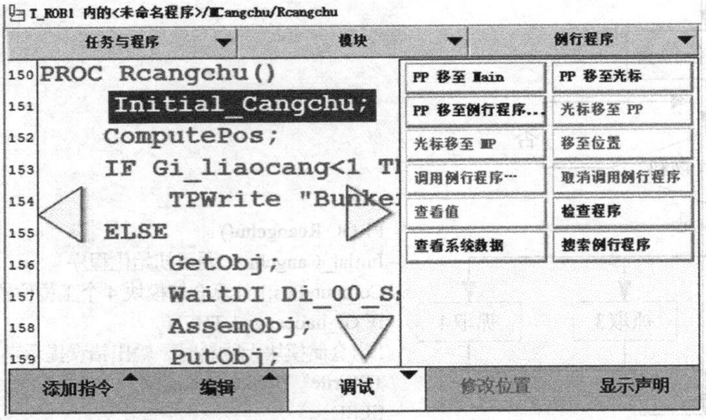
T_ROB1 内的<未命名程序>/MCangchu/Rcangchu
任务与程序
模块
例行程序
PROC Rcangchu()
Initial_Cangchu;
ComputePos;
IF Gi_liaocang<1 T
TPWrite "Bunke
ELSE
GetObj;
WaitDI Di_00_S
AssemObj;
PutObj;
PP 移至 Main
PP 移至光标
PP 移至例行程序...
光标移至 PP
光标移至 MP
移至位置
调用例行程序…
取消调用例行程序
查看值
检查程序
查看系统数据
搜索例行程序
添加指令
编辑
调试
修改位置
显示声明</td><td>单击“调试”，然后单击“PP 移至例行程序”按钮</td></tr>
<tr><td>2</td><td>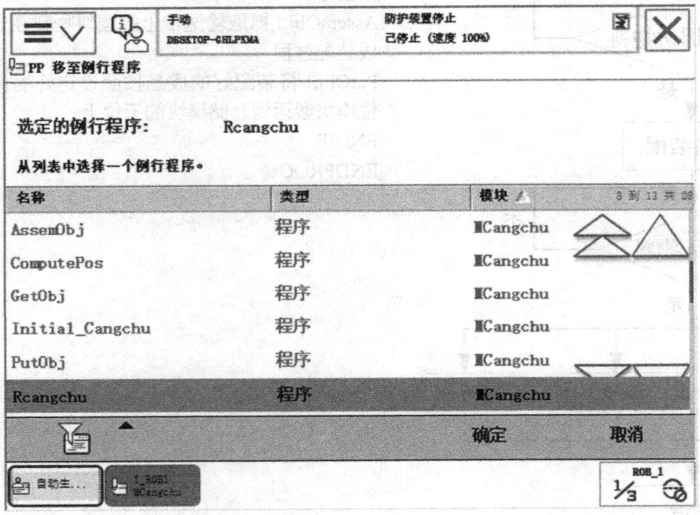
手动
DESKTOP-6HLPKMA
防护装置停止
已停止（速度 100%）
PP 移至例行程序
选定的例行程序：　Rcangchu
从列表中选择一个例行程序。
名称　类型　模块
AssemObj　程序　MCangchu
ComputePos　程序　MCangchu
GetObj　程序　MCangchu
Initial_Cangchu　程序　MCangchu
PutObj　程序　MCangchu
Rcangchu　程序　MCangchu
确定
取消
ROB_1</td><td>选择“Rcangchu”，单击“确定”按钮</td></tr>
<tr><td>3</td><td>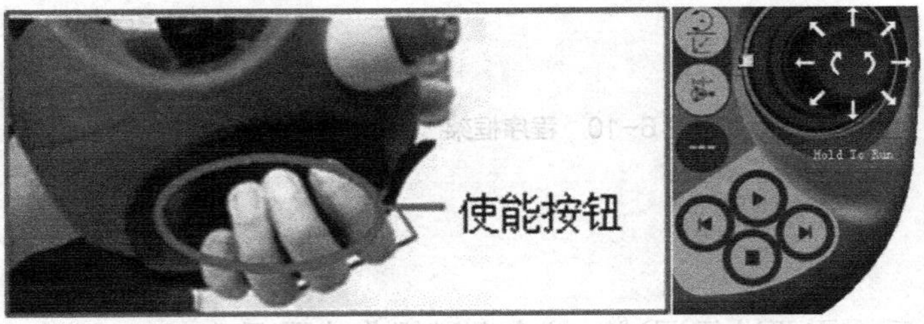
使能按钮
Hold To Run</td><td>按使能按钮，同时按住步进按键。机器人将进行单步动作</td></tr>
</table>

第7章 伺服定位控制应用

【学习目标】

（1）了解伺服系统定位控制项目的行业背景及实训目的。

（2）熟悉伺服分工位模块的结构组成及运行流程。

（3）熟悉伺服系统的参数设置及调试。

（4）掌握PLC运动控制程序的编写。

（5）了解伺服系统定位控制项目的系统配线方式。

（6）掌握工业机器人与PLC程序的交互。

随着近代控制技术的发展，伺服电机及其伺服控制系统广泛应用于各个领域。无论是数控（NC）机床、工业机器人，还是工厂自动化（FA）、办公自动化（OA）、家庭自动化（HA）等领域，都离不开伺服电机及其伺服控制系统。由于微电机技术、电力电子技术以及自动控制技术的发展，伺服电机及其伺服控制技术也得到了进一步发展和完善，正向着机电一体化、轻（量）、小（型）、高（高效、高可靠、高性能）、精（高精度、多功能、智能化）等方向发展，各种新型伺服电机不断问世。

本实训项目实训台如图7-1所示。通过伺服系统定位控制的训练，读者可了解伺服系统的参数配置及系统调试，熟悉PLC的编程及运动控制，掌握IRB 120机器人与外部设备的交互。

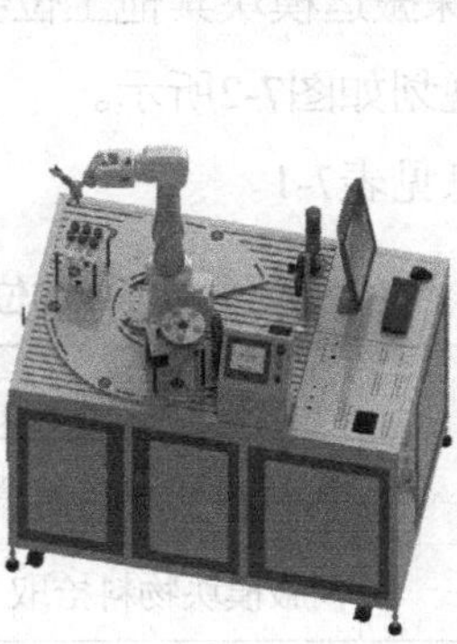

图 7-1　伺服分工位应用实训台

7.1 任务分析

微课视频

任务分析（伺服定位控制）、知识要点和系统组成及配置

7.1.1 任务描述

本实训项目初始状态下，伺服分工位模块无物料，码垛搬运模块满物料。工作过程为：伺服转盘每转动一个位置，IRB 120机器人将一个工位上的物料搬运到码垛搬运模块上，直到所有物料搬运完毕。然后伺服转盘反向转动，每转动一个位置，IRB 120机器人将码垛搬运模块上一个工位的物料搬运到伺服转盘模块上，直到所有物料搬运完毕，程序停止。

7.1.2 路径规划

1. 路径规划

① 码垛搬运模块的工位1～工位5分别放置有圆饼物料，伺服分工位模块的所有工位无物料，IRB 120机器人运动至安全点。

② 拾取码垛搬运模块1上的物料，给PLC发送伺服旋转信号，IRB 120机器人运动至伺服分工位模块物料拾取点上方50 mm处停止，等待伺服旋转到位信号。

③ IRB 120机器人接收到伺服分度盘旋转到位信号后，复位伺服旋转信号。接着进行物料放置动作，将物料放置到伺服分工位模块工位1处。

④ 并按照该动作流程，完成伺服分工位模块其他工位物料的搬运，然后IRB 120机器人运动至安全点，正向动作完成。

⑤ 拾取伺服分工位模块工位5上的物料，并使IRB 120机器人运动到码垛搬运模块工位5物料拾取点上方50 mm处。

⑥ 进行物料放置动作，将物料放置到码垛搬运模块的工位5上。

⑦ 给PLC发送伺服旋转信号，使伺服分工位模块反向转动，等待伺服旋转到位信号。

⑧ IRB 120机器人接收到伺服分度盘旋转到位信号后，复位伺服旋转信号。

⑨ 按照该动作流程，完成码垛搬运模块其他工位物料的搬运，最后返回安全点，反向动作完成。伺服定位控制路径规划如图7-2所示。

路径规划中特征点的位置信息见表7-1。

表 7-1 路径规划中特征点的位置信息

序号	点数据	注释
1	phome_Sifu	IRB120 机器人安全点
2	pSFPick	伺服模块物料拾取 / 放置点

续表

序号	点数据	注释
3	pBY10	码垛搬运模块物料拾取 / 放置基准点

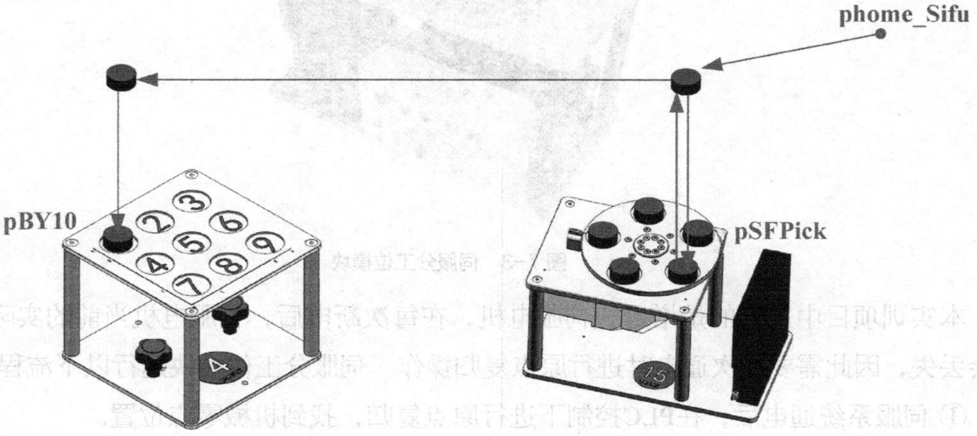
phome_Sifu
pBY10
pSFPick

图 7-2　伺服定位控制路径规划

2. 要点解析

① 码垛搬运模块工位数据可使用第5章码垛应用中创建的二维数组pHandPos存储的数据信息。

② 动作采用吸盘工具，需定义吸盘工具坐标系tool_Vacuum。

③ 动作流程中有伺服转盘转动，需进行伺服接线及参数配置。

④ 开机后应进行伺服原点复归。

⑤ PLC与IRB120机器人通过伺服转盘旋转信号及旋转到位信号进行信息交互。

⑥本项目有正向搬运和逆向搬运，伺服电机需要正方向转动和反方向转动。

⑦为简化编程，增加程序的通用性，分别编写带参数的物料拾取和物料放置子程序。

7.2 知识要点

7.2.1 伺服应用

本实训项目中使用伺服分工位模块进行位置控制。伺服分工位模块由伺服驱动器、伺服电机、减速机、转盘等构成，可完成工件的旋转作业，如图7-3所示。伺服电机及驱动器采用富士200W系列，配上减速机满足工艺的要求。其中200W富士伺服驱动器位于模块边上，方便进行参数设定。

图 7-3　伺服分工位模块

本实训项目中采用的是增量式伺服电机，在每次断电后，伺服电机当前的实际位置将会丢失，因此需要再次通电时进行原点复归操作。伺服分工位模块运行以下流程。

① 伺服系统通电后，在PLC控制下进行原点复归，找到机械零点位置。

② 伺服系统在PLC控制下旋转至指定角度。

③ PLC与IRB 120机器人交互，在IRB 120机器人控制下驱动伺服旋转，并且反馈给IRB 120机器人旋转到位状态。

伺服系统的应用包括系统连接、参数设置、参数下载及调试3个步骤。下面主要讲述系统连接和参数设置。

1. **系统连接**

伺服系统的连接主要包括伺服电机与伺服驱动器之间的连接、伺服驱动器与PLC之间的连接。

伺服电机与伺服驱动器通过电机动力线与电机编码线连接。伺服驱动器与PLC之间的连线通过伺服模块接线面板连接。

伺服模块信号接口板如图7-4所示。

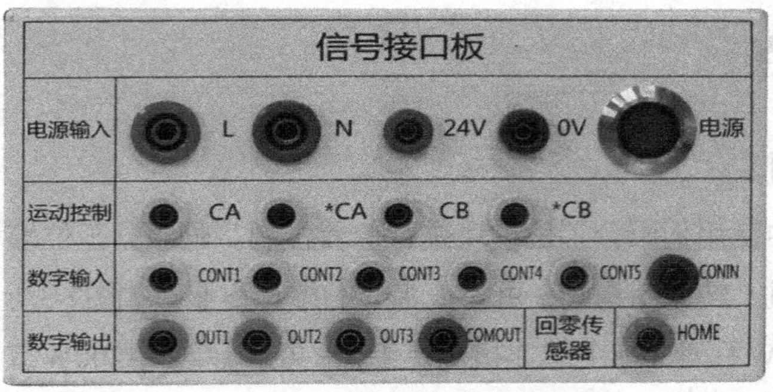
信号接口板
电源输入
L
N
24V
0V
电源
运动控制
CA
*CA
CB
*CB
数字输入
CONT1
CONT2
CONT3
CONT4
CONT5
CONIN
数字输出
OUT1
OUT2
OUT3
COMOUT
回零传感器
HOME

图 7-4　伺服模块信号接口板

伺服模块、信号接口板主要由电源输入区、运动控制区、数字输入区、数字输出区4部分组成。

（1）电源输入区

L接口和N接口主要供给伺服驱动器220 V电源，当通过主面板接入220 V电源后，220 V电源指示灯亮。24 V接口和0 V接口主要供给伺服模块所需的24 V电源，如伺服驱动器的输入输出端口、光电传感器等。

（2）运动控制区

用于接收PLC脉冲及方向控制信号，控制伺服电机运动。其中CA用于接收PLC的运动脉冲，CB用于接收PLC的控制方向。

（3）数字输入区

伺服模块输入信号端口，用于接收外部控制信号，共有5个输入端口，分别为CONT1～CONT5，通过参数PA3-01～PA3-05可以设定其功能，接收外部信号，例如PLC发送伺服回零信号。

（4）数字输出区

伺服模块输出信号接入端口，用于输出伺服驱动器运行状态，共有3个输出端口，分别为OUT1～OUT3，通过参数PA3-51～PA3-53可以设定其功能，输出伺服相关信号，例如将伺服回零完成信号输出给PLC。

2．参数设置

在富士ALPHA5 Smart伺服驱动器中，按照功能类别对参数进行设定，伺服参数的分类见表7-2。

表7-2　伺服参数分类

序号	设定项目	功能
1	基本设定参数 (No.PA1_01 ～ No.PA1_50)	在运行时必须确认、设定参数
2	控制增益、滤波器设定参数 (No.PA1_51 ～ No.PA1_99)	在手动调整增益时使用
3	自动运行设定参数 (No.PA2_01 ～ No.PA2_50)	在对定位运行速度以及原点复归功能进行设定、变更时使用
4	扩展功能设定参数 (No.PA2_51 ～ No.PA2_99)	在对转矩限制等扩展功能进行设定、变更时使用
5	输入端子功能设定参数 (No.PA3_01 ～ No.PA3_50)	在对伺服驱动器的输入信号进行设定、变更时使用
6	输出端子功能设定参数 (No.PA3_51 ～ No.PA3_99)	在对伺服驱动器的输出信号进行设定、变更时使用

伺服参数设置的具体操作步骤见表7-3。

表 7-3　伺服参数设置步骤

序号	图片示例	操作步骤
1	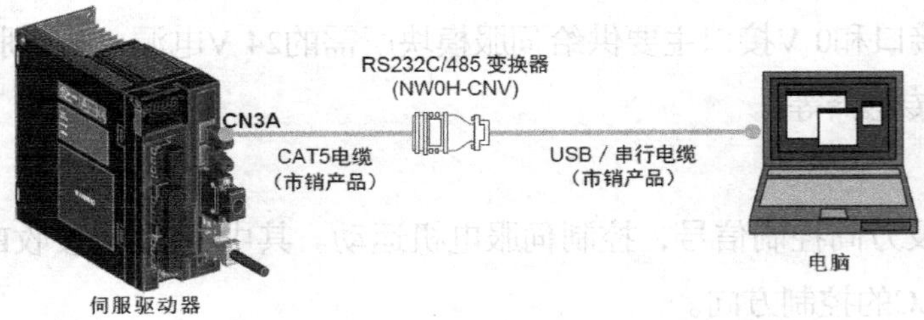RS232C/485 变换器 (NW0H-CNV) CN3A CAT5电缆 （市销产品） USB / 串行电缆 （市销产品） 电脑 伺服驱动器	通过变换器和专用线缆，将伺服驱动器和电脑相连
2	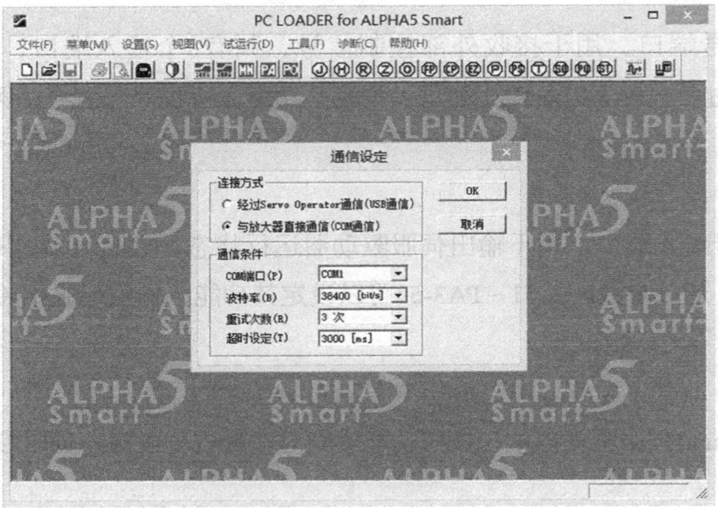PC LOADER for ALPHA5 Smart 通信设定 连接方式 经过Servo Operator通信（USB通信） 与放大器直接通信（COM通信） OK 取消 通信条件 COM端口(P) COM1 波特率(B) 38400 [bit/s] 重试次数(R) 3 次 超时设定(T) 3000 [ms]	① 打开 ALPHA5 Smart 软件，在菜单栏单击“设置”→“通信设定”，弹出如左图所示界面。 ② 将 COM 端口选择为计算机识别到的伺服通信端口，单击“OK”按钮
3	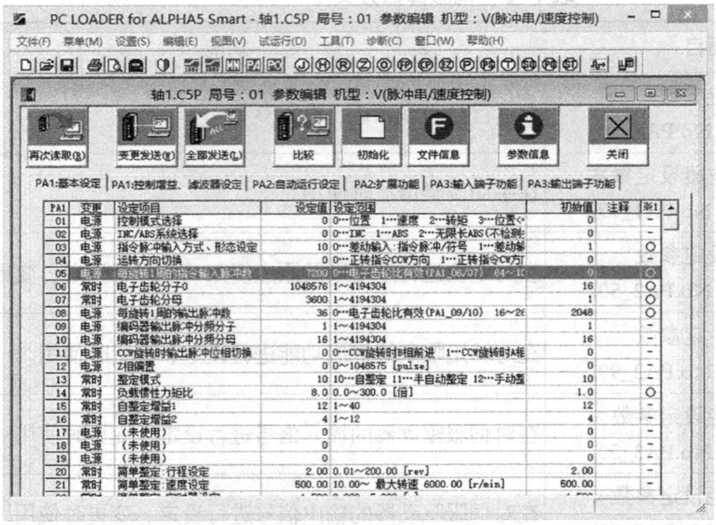PC LOADER for ALPHA5 Smart - 轴1.C5P 局号：01 参数编辑 机型：V(脉冲串/速度控制) 再次读取(R) 变更发送(W) 全部发送(L) 比较 初始化 文件信息 参数信息 关闭 PA1:基本设定	读取伺服参数，显示伺服参数设定窗口

续表

<table>
<tr><th>序号</th><th>图片示例</th><th>操作步骤</th></tr>
<tr><td>4</td><td>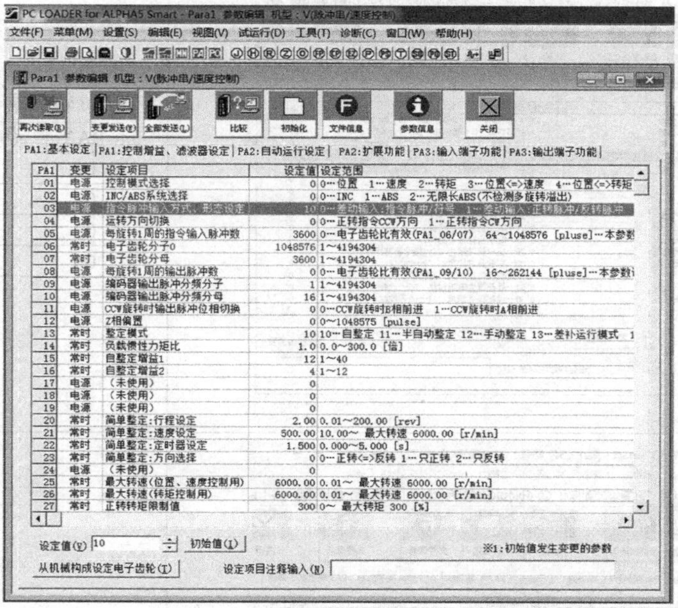
PC LOADER for ALPHA5 Smart - Para1 参数编辑 机型：V(脉冲串/速度控制)
文件(F) 菜单(M) 设置(S) 编辑(E) 视图(V) 试运行(D) 工具(T) 诊断(C) 窗口(W) 帮助(H)
Para1 参数编辑 机型：V(脉冲串/速度控制)
再次读取(R)
变更发送(V)
全部发送(L)
比较
初始化
文件信息
参数信息
关闭
PA1:基本设定 | PA1:控制增益、滤波器设定 | PA2:自动运行设定 | PA2:扩展功能 | PA3:输入端子功能 | PA3:输出端子功能
设定值(V) 10
初始值(I)
※1:初始值发生变更的参数
从机械构成设定电子齿轮(T)
设定项目注释输入(N)</td><td>

PA1: 基本设定

PA1	设定值
01	0
02	0
03	10
04	0
05	3 600
06	1 048 576
07	3 600
08	0
14	1.0

</td></tr>
<tr><td>5</td><td>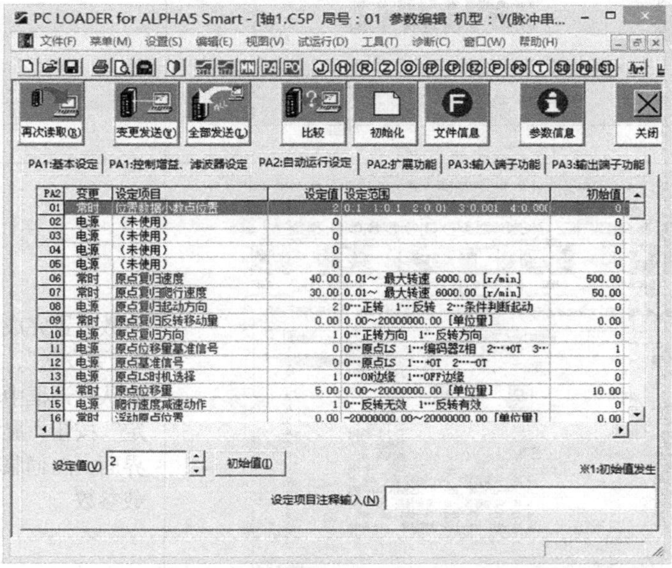
PC LOADER for ALPHA5 Smart - [轴1.C5P 局号：01 参数编辑 机型：V(脉冲串...
文件(F) 菜单(M) 设置(S) 编辑(E) 视图(V) 试运行(D) 工具(T) 诊断(C) 窗口(W) 帮助(H)
再次读取(R)
变更发送(V)
全部发送(L)
比较
初始化
文件信息
参数信息
关闭
PA1:基本设定 | PA1:控制增益、滤波器设定 | PA2:自动运行设定 | PA2:扩展功能 | PA3:输入端子功能 | PA3:输出端子功能
设定值(V) 2
初始值(I)
※1:初始值发生
设定项目注释输入(N)</td><td>

PA2: 自动运行设定

PA2	设定值
01	2
06	40.00
07	30.00
08	2
09	0.00
10	1
11	0
12	0
13	1
14	5.00
15	1
16	0.00
17	0.0
18	100.0
22	0
23	0
24	0

</td></tr>
</table>

续表

<table>
<tr><th>序号</th><th>图片示例</th><th>操作步骤</th></tr>
<tr><td>6</td><td>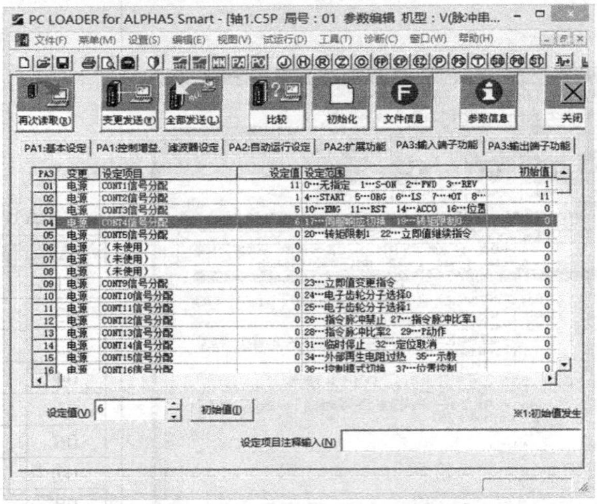
PC LOADER for ALPHA5 Smart - [轴1.C5P 局号：01 参数编辑 机型：V(脉冲串...
再次读取(R)
变更发送(Y)
全部发送(L)
比较
初始化
文件信息
参数信息
关闭
PA1:基本设定
PA1:控制增益、滤波器设定
PA2:自动运行设定
PA2:扩展功能
PA3:输入端子功能
PA3:输出端子功能
设定值(V)
初始值(I)
设定项目注释输入(N)</td><td>PA3: 输入端子功能
<table><tr><th>PA3</th><th>设定值</th></tr><tr><td>01</td><td>11</td></tr><tr><td>02</td><td>1</td></tr><tr><td>03</td><td>5</td></tr><tr><td>04</td><td>6</td></tr></table></td></tr>
<tr><td>7</td><td>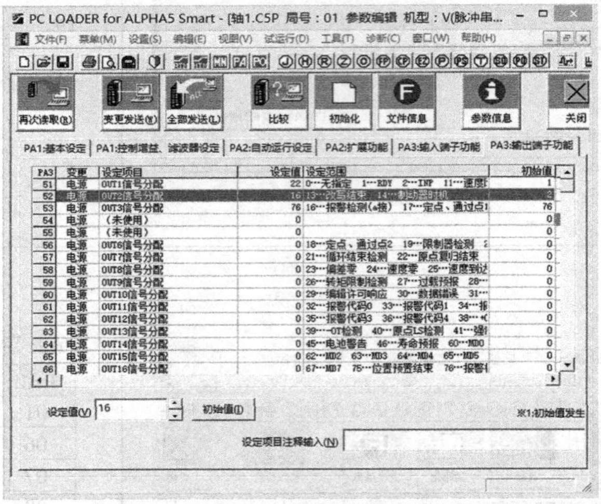
PC LOADER for ALPHA5 Smart - [轴1.C5P 局号：01 参数编辑 机型：V(脉冲串...
再次读取(R)
变更发送(Y)
全部发送(L)
比较
初始化
文件信息
参数信息
关闭
PA1:基本设定
PA1:控制增益、滤波器设定
PA2:自动运行设定
PA2:扩展功能
PA3:输入端子功能
PA3:输出端子功能
设定值(V)
初始值(I)
设定项目注释输入(N)</td><td>PA3: 输出端子功能
<table><tr><th>PA3</th><th>设定值</th></tr><tr><td>51</td><td>22</td></tr><tr><td>52</td><td>16</td></tr></table></td></tr>
<tr><td>8</td><td>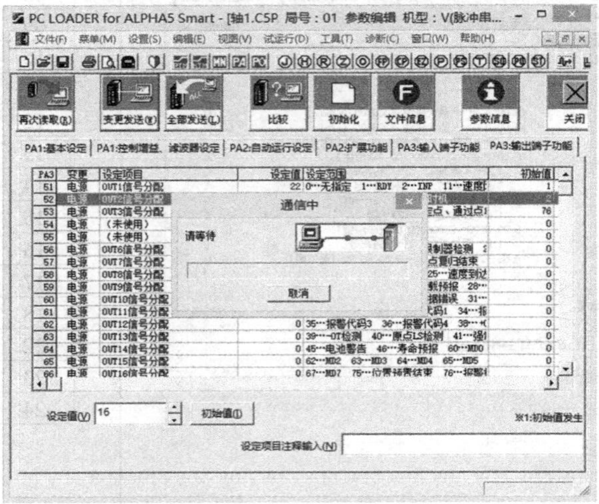
PC LOADER for ALPHA5 Smart - [轴1.C5P 局号：01 参数编辑 机型：V(脉冲串...
通信中
请等待
取消
设定值(V)
初始值(I)
设定项目注释输入(N)</td><td>参数设置完成后，单击“变更发送”，在弹出的确认对话框中单击“确定”按钮，显示如左图界面，向伺服驱动器下载参数</td></tr>
</table>

7.2.2 PLC应用

1. 参数设置

PLC参数设置见表7-4。

表7-4　参数设置

序号	图片示例	操作步骤
1	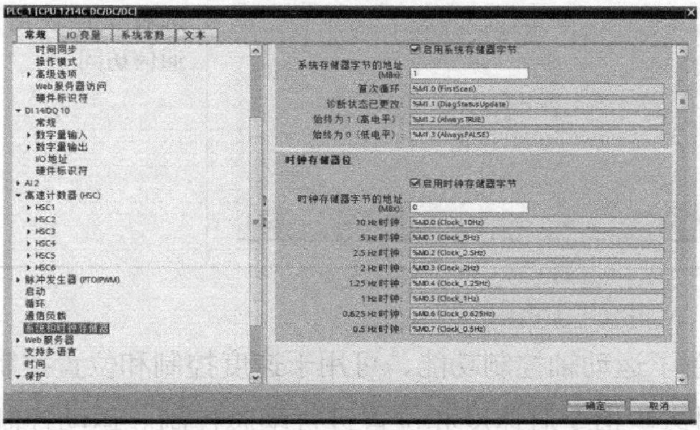PLC_1 [CPU 1214C DC/DC/DC] 常规 IO 变量 系统常数 文本 启用系统存储器字节 时钟存储器位 启用时钟存储器字节 确定 取消	在PLC属性中，设置系统和时钟存储器
2	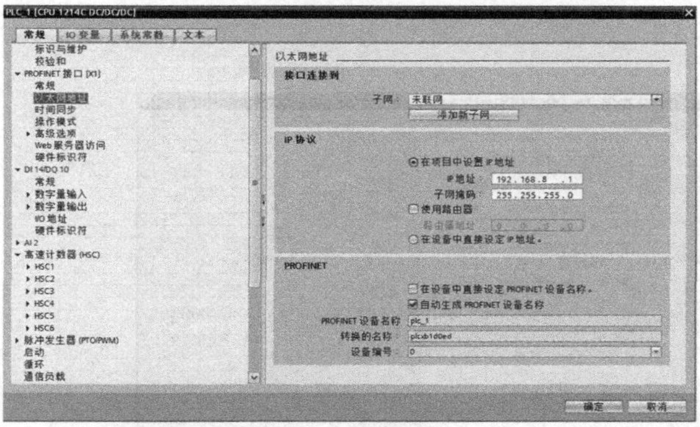PLC_1 [CPU 1214C DC/DC/DC] 以太网地址 接口连接到 添加新子网 IP 协议 PROFINET 确定 取消	在以太网地址中设置PLC的IP地址
3	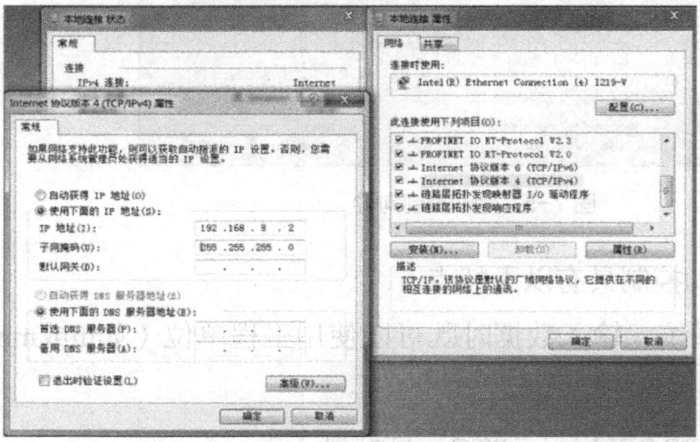Internet 协议版本 4 (TCP/IPv4) 属性 常规 自动获得 IP 地址(O) 使用下面的 IP 地址(S): IP 地址(I): 192 . 168 . 8 . 2 子网掩码(U): 255 . 255 . 255 . 0 默认网关(D): 确定 取消	电脑的本地连接中，在Internet协议版本4中将IP地址设置成和PLC网段一致

续表

序号	图片示例	操作步骤
4	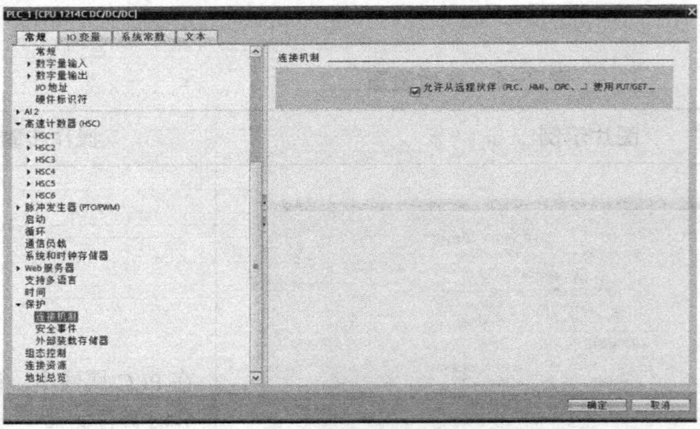连接机制 确定 取消	在连接机制中勾选允许从远程伙伴使用PUT/GET通信访问

2. **运动控制向导设置**

西门子PLC ST-1200内置了运动轴控制功能，可用于速度控制和位置控制。该向导可以生成位控指令，可以用这些指令对速度和位置进行动态控制。运动控制向导最多提供4 轴脉冲输出的设置，脉冲输出速度从20Hz ～100kHz 可调，运动控制向导如图7-5所示。

新增对象
名称：
Axis 1
运动控制
PID
名称
版本
Motion Control
V6.0
---- 轴 ----
TO_PositioningAxis
---- 轴控制 ----
TO_CommandTable
类型：
TO_PositioningAxis
编号：
手动
自动
描述：
其它信息
新增并打开(O)
确定
取消

图 7-5　运动控制向导

西门子PLC ST-1200 运动控制具有以下特点。

① 提供可组态的测量系统，输入数据时既可以使用工程单位（如in或mm），也可以使用脉冲数。

② 提供三种控制方式：PROFIdrive、PTO、模拟量。

③ 支持绝对、相对和点动位置控制指令。

④ 通过博图软件的轴控制面板可对轴工艺对象进行调试，并控制轴运动。

⑤ 使用组态命令表，最多可以添加32条命令条目。

配置步骤见表7-5。

表 7-5　运动控制向导设置过程

序号	图片示例	操作步骤
1	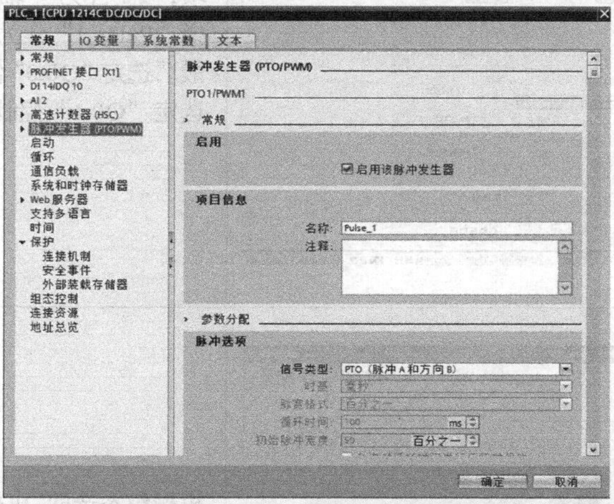	定义脉冲发生器选中 PLC_1 “属性”，再选中“脉冲发生器”，再勾选“启动该脉冲发生器”，最后将信号类型选为“PTO”运动控制形式
2		添加工艺对象双击工艺对象中的“新增对象”，在弹出的“新增对象”界面，选择“运动控制”图标，再定义轴的名称为“轴_1”，最后单击“确定”按钮
3	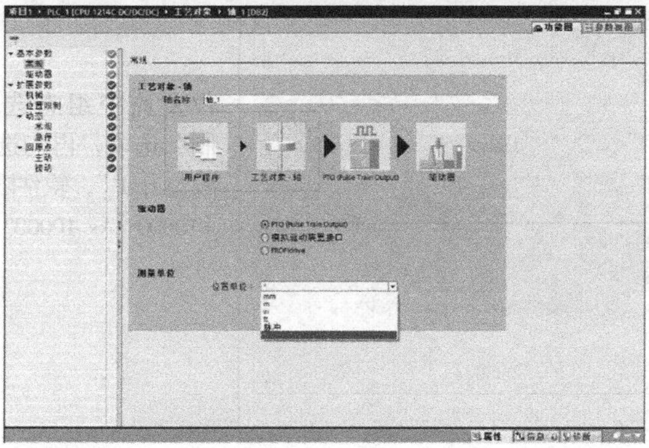	驱动器测量机构选择。 选择驱动器为“PTO”，测量单位根据需要选择为“ 。”

续表

序号	图片示例	操作步骤
4	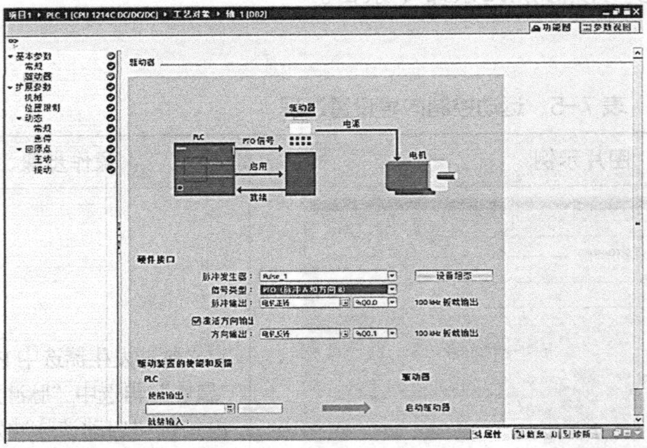	硬件接口组态选取“常规”选项，轴名为“轴_1”，再选择“Pulse_1”作为PTO输出。最后选定“Q0.0”位脉冲输出，选定“Q0.1”控制方向
5	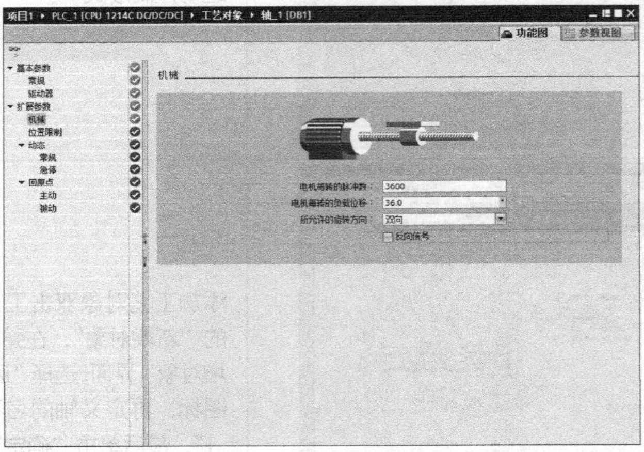	机械组态选取“机械”选项，“电机每转的脉冲数”为3600，再选择“电机每转的负载位移”为36.0，“所允许的旋转方向”根据需要可以选择为双向
6	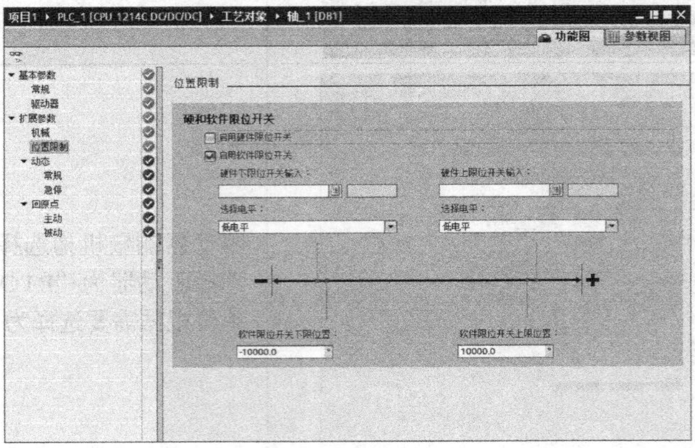	位置监控组态选取“位置限制”选项，再勾选“启动软件限位开关”，软件限位的范围是−10000°～10000°

续表

序号	图片示例	操作步骤
7	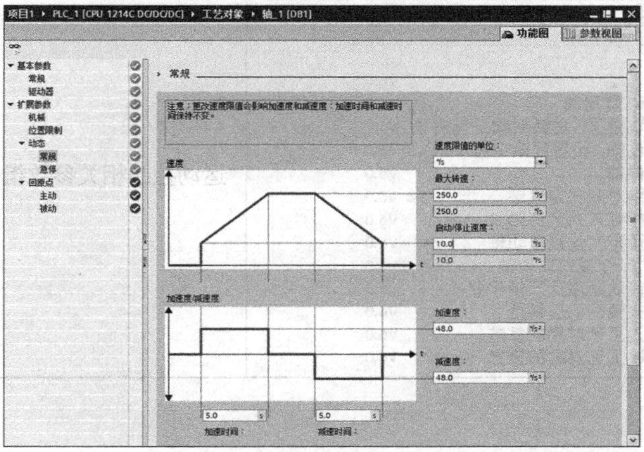项目1 ▸ PLC_1 [CPU 1214C DC/DC/DC] ▸ 工艺对象 ▸ 轴_1 [DB1] 功能图 参数视图 基本参数 常规 驱动器 扩展参数 机械 位置限制 动态 常规 急停 回原点 主动 被动 常规 速度 速度限值的单位： 最大转速： 250.0 启动/停止速度： 10.0 加速度/减速度 加速度： 48.0 减速度： 48.0 加速时间： 减速时间：	动态参数组态展开“动态”选项，再选取“常规”选项，速度单位设为° /s，设定“最大速度”为 250° /s，再设定“启动 / 停止速度”为 10° /s，最后设定“加速度”和“减速度”为 48° /s^2
8	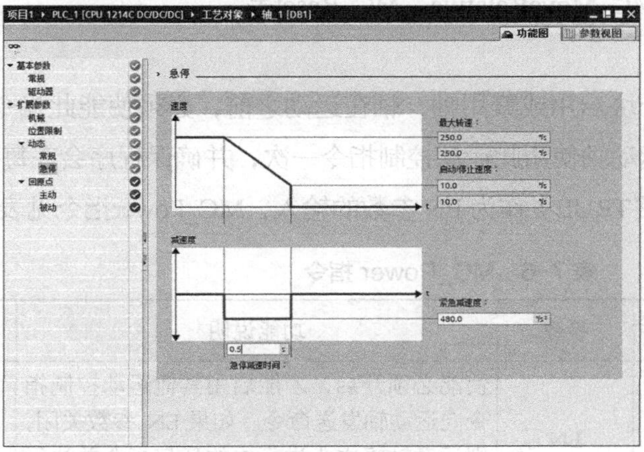项目1 ▸ PLC_1 [CPU 1214C DC/DC/DC] ▸ 工艺对象 ▸ 轴_1 [DB1] 功能图 参数视图 急停 速度 最大转速： 250.0 启动/停止速度： 10.0 减速度 紧急减速度： 480.0 0.5 急停减速时间：	动态参数组态选取“急停”选项，设定“急停减速时间”为 0.5s
9	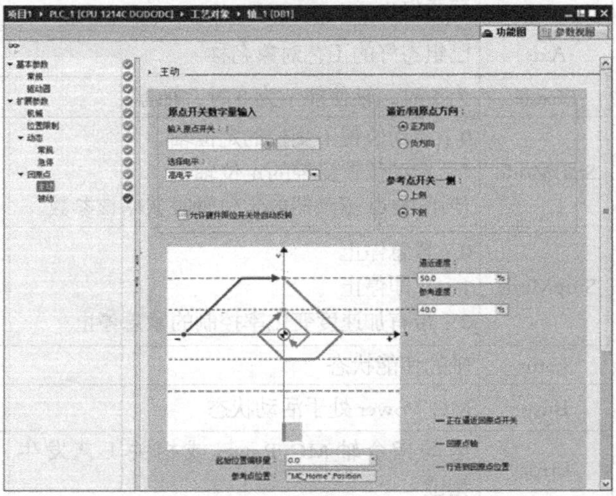项目1 ▸ PLC_1 [CPU 1214C DC/DC/DC] ▸ 工艺对象 ▸ 轴_1 [DB1] 功能图 参数视图 主动 原点开关数字量输入 输入原点开关： 选择电平： 高电平 逼近/回原点方向： 正方向 负方向 参考点开关一侧： 上侧 下侧 逼近速度： 50.0 参考速度： 40.0 起始位置偏移量： 0.0 参考点位置： "MC_Home".Position	回参考点参数组态选择“逼近速度”为 50° /s，选择“参考速度”为 40° /s

续表

序号	图片示例	操作步骤
10	工艺 名称 描述 版本 计数 V1.1 PID 控制 Motion Control V6.0 MC_Power 启动/禁用轴 V6.0 MC_Reset 确认错误，重新启动工艺对象 V6.0 MC_Home 归位轴，设置起始位置 V6.0 MC_Halt 暂停轴 V6.0 MC_MoveAbsolute 以绝对方式定位轴 V6.0 MC_MoveRelative 以相对方式定位轴 V6.0 MC_MoveVelocity 以预定义速度移动轴 V6.0 MC_MoveJog 以"点动"模式移动轴 V6.0 MC_CommandTable 按移动顺序运行轴作业 V6.0 MC_ChangeDynamic 更改轴的动态设置 V6.0 MC_WriteParam 写入工艺对象的参数 V6.0 MC_ReadParam 读取工艺对象的参数 V6.0	运动控制相关参数指令块

3. **运动控制指令**

运动控制向导设置完成后将生成若干指令供程序调用，其中常用的为MC_Power、MC_Home、MC_Movejog、MC_MoveRelative、MC_Reset等。

（1）MC_Power指令

MC_Power 系统使能指令块启用或禁用轴，轴在运动之前，必须使能此指令块。

在实训项目中只对每条运动轴使用此运动控制指令一次，并确保程序会在每次扫描时调用此指令。使用 M1.2（始终TRUE）作为 EN 参数的输入，MC_Power指令见表7-6。

表 7-6 MC_Power 指令

例程	参数	功能说明	数据类型
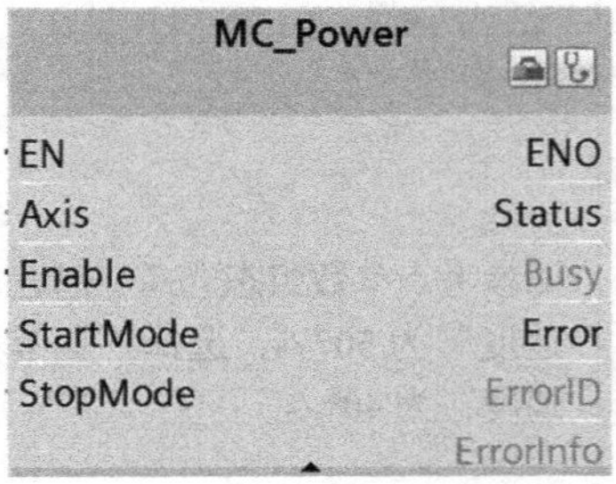MC_Power EN ENO Axis Status Enable Busy StartMode Error StopMode ErrorID ErrorInfo	EN	使能必须开启，才能启用其他运动控制指令向运动轴发送命令。如果 EN 参数关闭，则运动轴将中止进行中的任何指令并执行减速停止	BOOL
	Axis	已组态好的工艺对象名称	TO_Axis
	Enable	为 1 时，轴使能；为 0 时，轴停止	BOOL
	StartMode	0：启动位置不受控的定位轴 1：启动位置受控的定位轴 使用 PTO 驱动器的定位轴时忽略该参数	INT
	StopMode	0：紧急停止 1：立即停止 2：带有加速度变化率控制的紧急停止	INT
	Status	轴的使能状态	BOOL
	Busy	MC_Power 处于活动状态	BOOL
	Error	运动指令轴 MC_Power 或相关工艺发生错位	BOOL

（2）MC_Home 指令

MC_Home回参考点指令块的参考点在系统中有时作为坐标原点，对于运动控制系统是非常重要的，见表7-7。

表 7-7 MC_Home 指令回参考点

例程	参数	功能说明	数据类型
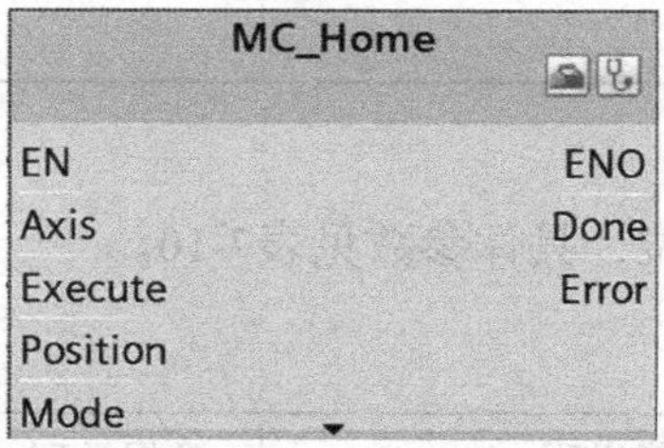MC_Home EN ENO Axis Done Execute Error Position Mode	Axis	已组态好的工艺对象名称	TO_Axis
	Execute	上升沿启动命令	BOOL
	Position	Mode=0、2 和 3：完成回远点操作之后，轴的绝对位置 Mode=1：对当前轴位置的修正值	REAL
	Mode	0：绝对式直接归位 1：相对式直接归位 2：被动回原点 3：主动回原点 6：绝对编码器调节（相对） 7：绝对编码器调节（绝对）	INT

（3）MC_Movejog指令

MC_Movejog 点动模式以指定的速度连续运动。这允许电机按不同的速度运行，或沿正向或负向慢进，MC_Movejog 指令见表7-8。

表 7-8 MC_Movejog 指令

例程	参数	功能说明	数据类型
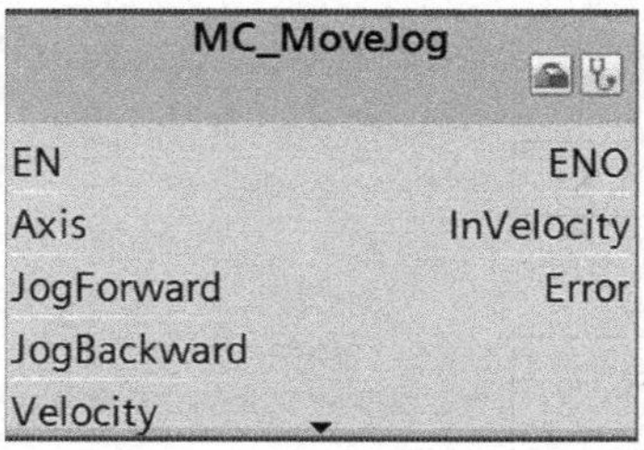MC_MoveJog EN ENO Axis InVelocity JogForward Error JogBackward Velocity	Axis	已组态好的工艺对象名称	TO_Speed Axis
	JogForward	如果参数值为 TRUE，则轴将按照参数“Velocity”中所指定的速度正向移动	BOOL
	JogBackward	如果参数值为 TRUE，则轴将按照参数“Velocity”中所指定的速度反向移动	BOOL
	Velocity	点动模式轴的预设运行速度	REAL

（4）MC_MoveRelative指令

MC_MoveRelative启动相对于起始位置的定位运动，见表7-9。

表 7-9　MC_MoveRelative 指令

例程	参数	功能说明	数据类型
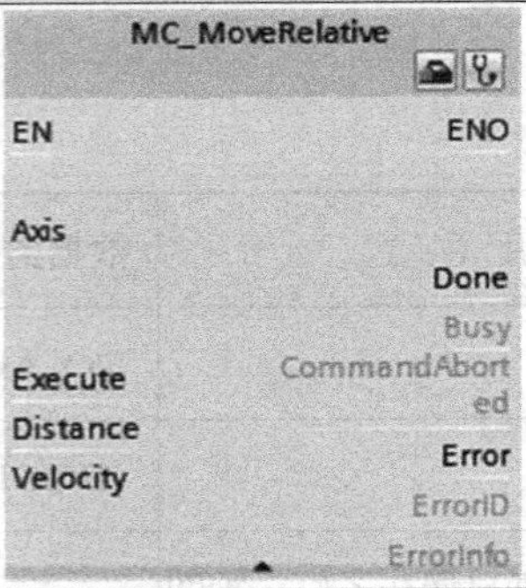MC_MoveRelative EN ENO Axis Done Busy Execute CommandAborted Distance Error Velocity ErrorID ErrorInfo	Axis	已组态好的工艺对象名称	TO_Positioning Axis
	Execute	上升沿启动命令	BOOL
	Distance	定位操作的移动距离	REAL
	Velocity	轴的速度，由于所组态的加速度和减速度以及要途经的距离等，不会始终保持这一速度	REAL

（5）MC_Reset指令

MC_Reset错位确定指令块对轴出现的错误故障进行复位，具体参数见表7-10。

表 7-10　MC_Reset 指令

例程	参数	功能说明	数据类型
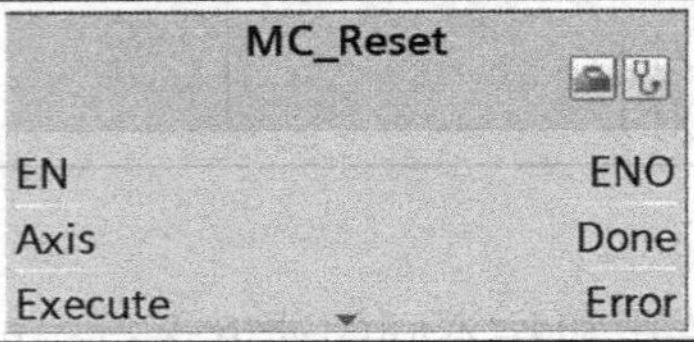MC_Reset EN ENO Axis Done Execute Error	Axis	已组态好的工艺对象名称	TO_Axis
	Execute	上升沿启动命令	BOOL

4. PLC程序

（1）伺服原点复归程序

伺服原点复归程序用于确定伺服转盘机械位置，在每次设备启动时执行，可以通过伺服本身的回零指令ORG，或者PLC的回零指令MC_Home来确定伺服转盘机械位置。下面以伺服本身的回零指令ORG对伺服回零程序进行编写。程序流程如图7-6所示，程序编写见表7-11。

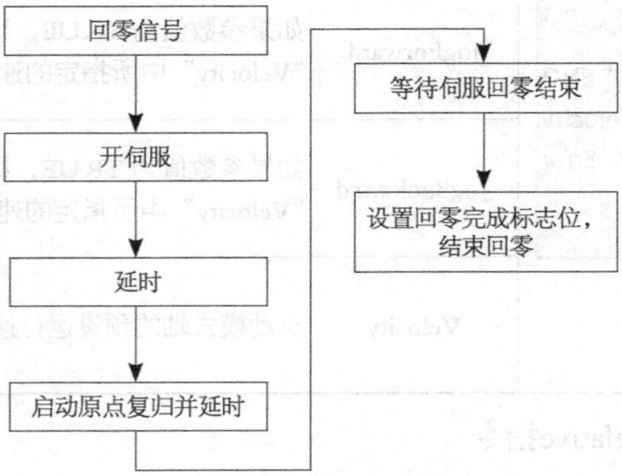
回零信号
开伺服
延时
启动原点复归并延时
等待伺服回零结束
设置回零完成标志位，结束回零

图 7-6　伺服原点复归程序流程

表 7-11　PLC 程序编写

序号	图片示例	说明
1	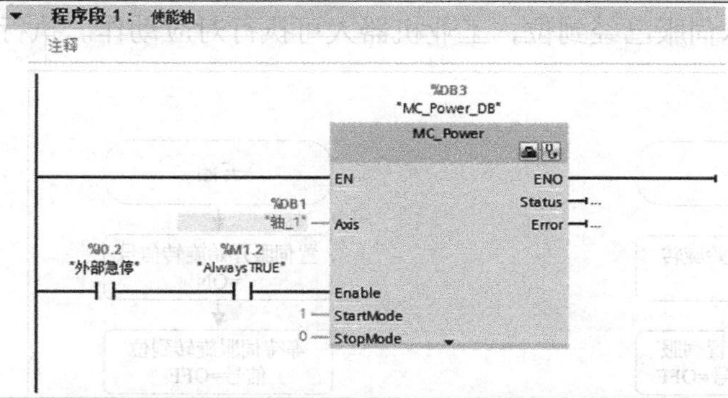程序段 1： 使能轴 注释 %DB3 "MC_Power_DB" MC_Power EN ENO Status Error %DB1 "轴_1" Axis %I0.2 "外部急停" %M1.2 "AlwaysTRUE" Enable 1 StartMode 0 StopMode	启动组态的轴
2	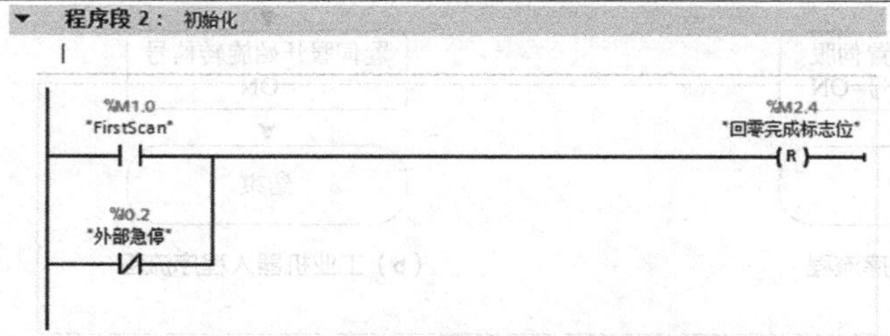程序段 2： 初始化 %M1.0 "FirstScan" %M2.4 "回零完成标志位" R %I0.2 "外部急停"	初始化回零标志位
3	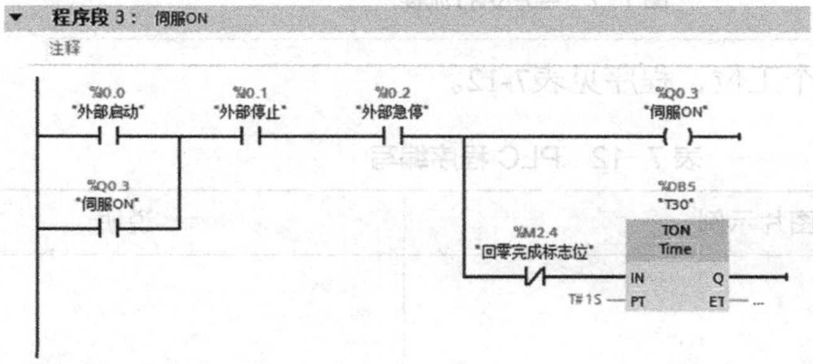程序段 3： 伺服ON 注释 %I0.0 "外部启动" %I0.1 "外部停止" %I0.2 "外部急停" %Q0.3 "伺服ON" %Q0.3 "伺服ON" %DB5 "T30" TON Time %M2.4 "回零完成标志位" IN Q T#1S PT ET	伺服 ON 后并延迟 1s
4	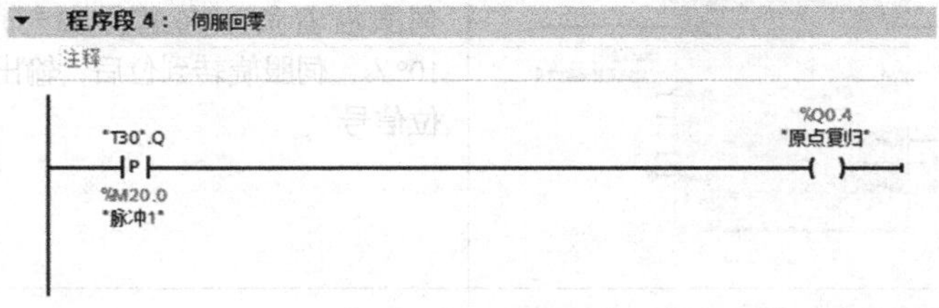程序段 4： 伺服回零 注释 "T30".Q P %M20.0 "脉冲1" %Q0.4 "原点复归"	延时结束后输出原点复归信号
5	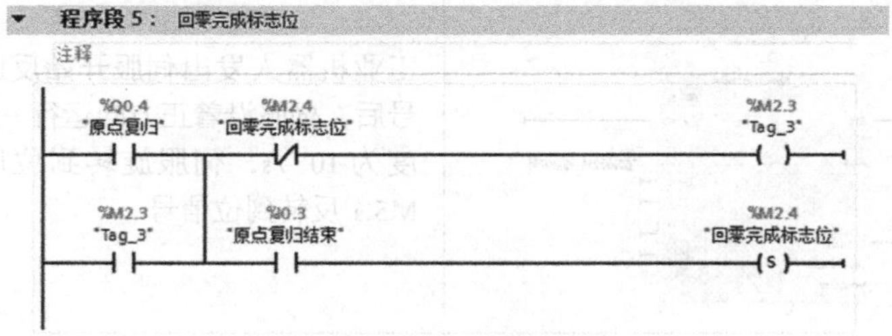程序段 5： 回零完成标志位 注释 %Q0.4 "原点复归" %M2.4 "回零完成标志位" %M2.3 "Tag_3" %M2.3 "Tag_3" %I0.3 "原点复归结束" %M2.4 "回零完成标志位" S	原点复归完成后，输出回零完成标记 M2.4

（2）PLC与工业机器人交互程序

工业机器人和PLC之间通过伺服开始旋转和伺服旋转到位信号进行交互，当伺服旋转到位信号为ON时，表示伺服已经到位，工业机器人可执行对应动作。执行流程如图7-7所示。

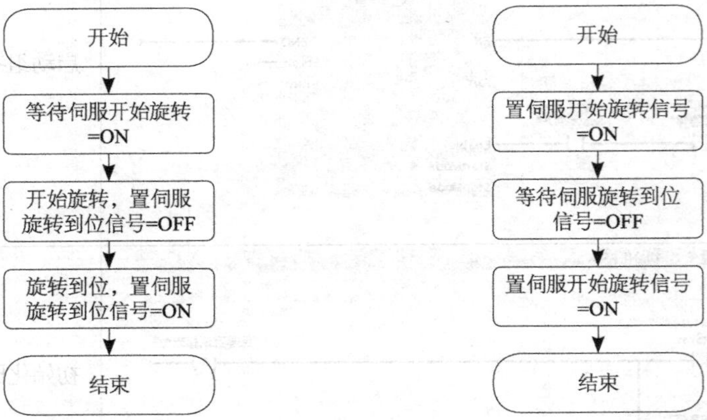
开始
等待伺服开始旋转=ON
开始旋转，置伺服旋转到位信号=OFF
旋转到位，置伺服旋转到位信号=ON
结束
开始
置伺服开始旋转信号=ON
等待伺服旋转到位信号=OFF
置伺服开始旋转信号=ON
结束

（a）PLC程序流程　　（b）工业机器人程序流程

图7-7　程序执行流程

PLC每次旋转72°为1个工位，程序见表7-12。

表7-12　PLC程序编写

序号	图片示例	说明
1	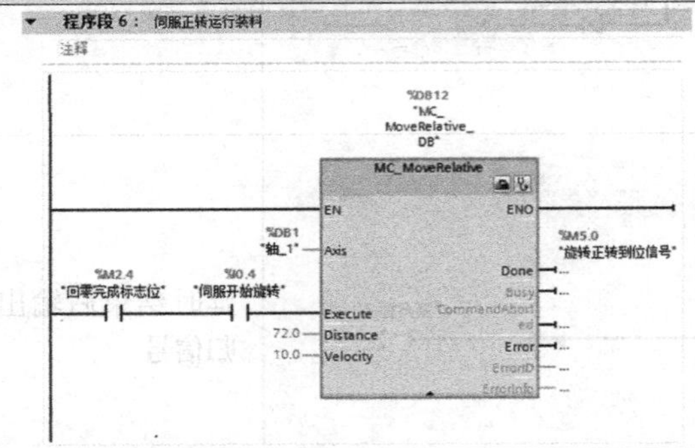程序段6：伺服正转运行装料 注释 %DB12 "MC_MoveRelative_DB" MC_MoveRelative EN ENO %DB1 "轴_1" Axis %M5.0 "旋转正转到位信号" Done %M2.4 "回零完成标志位" %I0.4 "伺服开始旋转" Busy Execute CommandAborted 72.0 Distance 10.0 Velocity Error ErrorID ErrorInfo	工业机器人发出伺服开始旋转信号后，伺服沿着负方向运行72°，速度为10°/s，伺服旋转到位后，输出M5.0到位信号
2	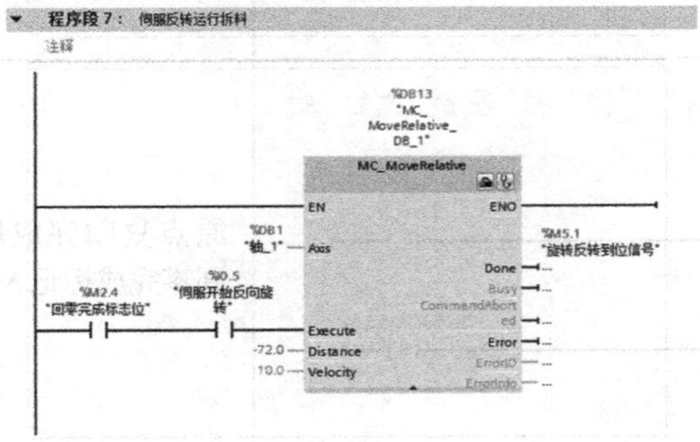程序段7：伺服反转运行拆料 注释 %DB13 "MC_MoveRelative_DB_1" MC_MoveRelative EN ENO %DB1 "轴_1" Axis %M5.1 "旋转反转到位信号" Done %M2.4 "回零完成标志位" %I0.5 "伺服开始反向旋转" Busy CommandAborted Execute -72.0 Distance 10.0 Velocity Error ErrorID ErrorInfo	工业机器人发出伺服开始反向旋转信号后，伺服沿着正方向运行−72°，速度为10°/s，伺服旋转到位后，输出M5.1反转到位信号

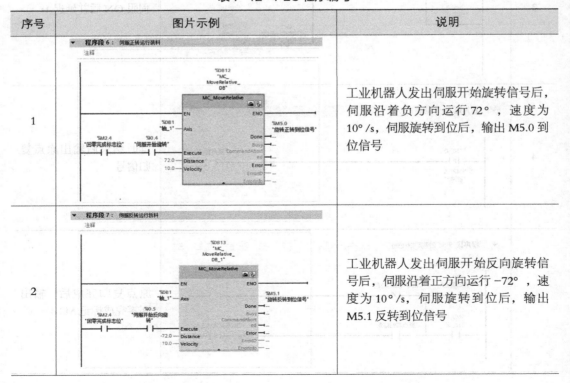

续表

序号	图片示例	说明
3	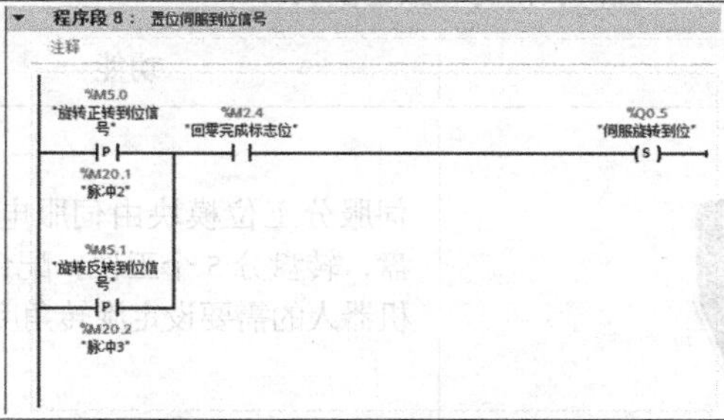程序段 8： 置位伺服到位信号 注释 %M5.0 "旋转正转到位信号" %M2.4 "回零完成标志位" %Q0.5 "伺服旋转到位" %M20.1 "脉冲2" %M5.1 "旋转反转到位信号" %M20.2 "脉冲3"	利用旋转到位信号 M5.0 和 M5.1 的上升沿来置位伺服旋转到位信号 Q0.5
4	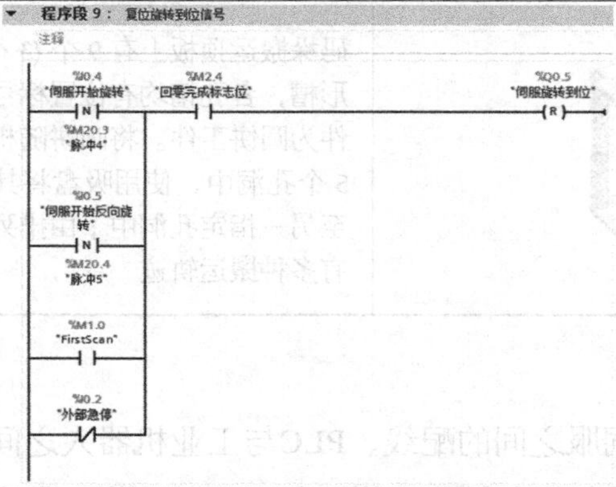程序段 9： 复位旋转到位信号 注释 %I0.4 "伺服开始旋转" %M2.4 "回零完成标志位" %Q0.5 "伺服旋转到位" %M20.3 "脉冲4" %I0.5 "伺服开始反向旋转" %M20.4 "脉冲5" %M1.0 "FirstScan" %I0.2 "外部急停"	复位伺服旋转信号 Q0.5

7.3 系统组成及配置

7.3.1 系统组成

本节以HRG-HD1XKA型工业机器人技能考核实训台（专业版）为例，来学习 IRB 120机器人编程与操作。实训设备由IRB 120机器人、控制器、示教器、实训台、PLC、电气板、扇形板、码垛搬运模块、伺服分工位模块、末端执行器等组成。其中真空吸盘、码垛搬运模块和伺服务工位模块图7-8所示。

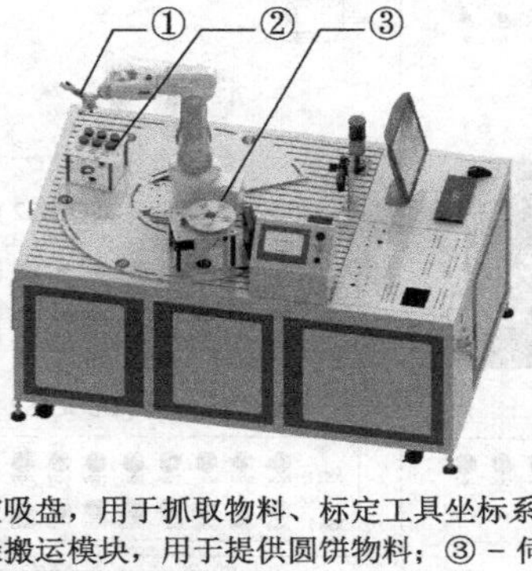
①
②
③

①－真空吸盘，用于抓取物料、标定工具坐标系等；
②－码垛搬运模块，用于提供圆饼物料；③－伺服分工位模块，用于伺服定位控制

图 7-8 伺服定位控制实训设备

伺服分工位模块和码垛搬运模块组成见表7-13。

表 7-13　伺服务工位模块和码垛搬运模块

序号	图片示例	功能
1		伺服分工位模块由伺服电机驱动转盘，转盘分 5 个工位，配合 IRB 120 机器人的需要设定旋转角度
2		码垛搬运顶板上有 9 个 (3 行 3 列) 圆形槽，各孔槽均有位置标号，演示工件为圆饼工件。将圆饼随机置于顶板 5 个孔洞中，使用吸盘将其吸起搬运至另一指定孔洞中；由排列组合可知有多种搬运轨迹

7.3.2 硬件配置

本实训项目系统配线包括PLC与伺服之间的配线、PLC与工业机器人之间的配线、PLC与总控信号的配线、回零传感器与伺服之间的配线、伺服电源配线、集成信号源与工业机器人之间的配线共6部分，为方便硬件接线、I/O信号配置等操作，将实训设备的接线端统一设置在接口面板上，如图7-9所示。

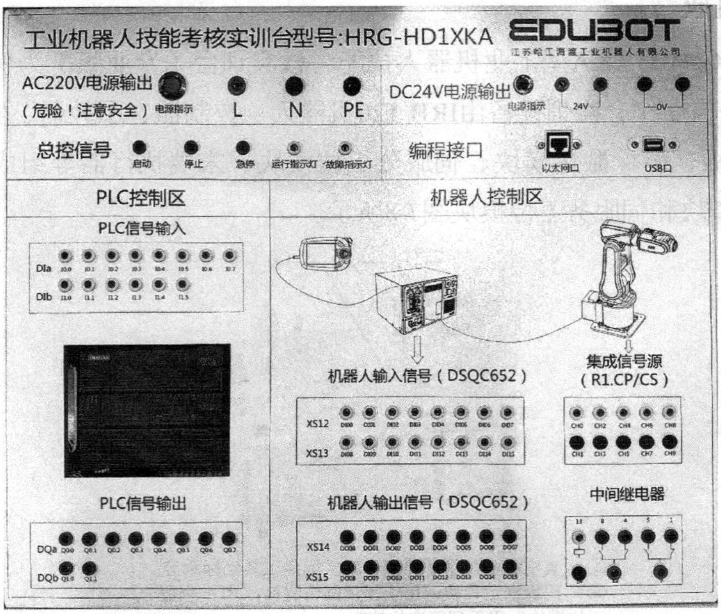
工业机器人技能考核实训台型号:HRG-HD1XKA
EDUBOT
AC220V电源输出
(危险！注意安全)
L
N
PE
DC24V电源输出
24V
0V
总控信号
启动
停止
急停
运行指示灯
故障指示灯
编程接口
以太网口
USB口
PLC控制区
机器人控制区
PLC信号输入
DIa
DIb
机器人输入信号（DSQC652）
集成信号源
（R1.CP/CS）
XS12
XS13
PLC信号输出
DQa
DQb
机器人输出信号（DSQC652）
中间继电器
XS14
XS15
图 7-9　实训台接口面板

（1）PLC与伺服之间的配线

PLC与伺服之间的配线主要用于实现伺服电机的位置、转动方向、电机使能、原点复归、报警灯功能，其连接见表7-14。

表 7-14 PLC 与伺服配线

PLC 控制区		伺服信号接口面板	
代号	功能	代号	功能
Q0.0	伺服脉冲序列	CA	脉冲序列
Q0.1	伺服方向	CB	脉冲方向
Q0.2	报警复位 [RST]	CONT1	报警复位 [RST]
Q0.3	伺服 ON[S-ON]	CONT2	伺服 ON[S-ON]
Q0.4	原点复归 [ORG]	CONT3	原点复归 [ORG]
I0.3	原点复归结束	OUT1	原点复归结束

注：CA、CB 接 24V 开关电源的 0V 接口。

（2）PLC与工业机器人之间配线

PLC与工业机器人之间的配线主要用于实现工业机器人的外部控制，如启动、停止、电机通电、报警复位等，同时检测工业机器人的运行或工作状态，其连接见表7-15。

表 7-15 PLC 与工业机器人之间的配线

PLC 控制区		机器人输入 / 输出信号	
代号	功能	代号	功能
I0.4	伺服开始旋转	DO04	伺服开始旋转
I0.5	伺服开始反向旋转	DO05	伺服开始反向旋转
Q0.5	伺服旋转到位	DI05	伺服旋转到位

（3）回零传感器与伺服之间的配线

回零传感器与伺服之间的配线用于实现伺服回零的功能，其配线见表7-16。

表 7-16 回零传感器与伺服之间的配线

外部原点信号		伺服分度盘输入	
代号	说明	代号	说明
HOME	原点感应信号	CONT4	原点感应输入信号

（4）伺服电源配线

伺服电源配线是用来给伺服系统供电，包括AC220V电源和DC24V电源两部分，其连接见表7-17。

表 7-17 伺服电源配线

面板 DC24V 电源		伺服电源输入	
代号	说明	代号	说明
24V	面板区 24V 电源接口	24V	伺服区 24V 电源接口
0V	面板区 0V 电源接口	0V	伺服区 0V 电源接口
面板 AC220V 电源		伺服电源输入	
代号	说明	代号	说明
L	面板区 220V 火线	L	伺服区 220V 火线
N	面板区 220V 零线	N	伺服区 220V 零线

（5）集成信号源与工业机器人之间的配线

集成信号源与工业机器人之间的配线是为了通过工业机器人的输入/输出端口来获取外部设备的状态或控制外部设备的动作，其配线见表7-18。

表 7-18 集成信号源与工业机器人之间的配线

机器人		集成信号源区	
代号	说明	代号	说明
DO01	电磁阀（吸盘）	CH8	吸盘信号口
		CH9	面板 24V 电源接口（电磁阀）

（6）PLC与总控信号的配线

系统通过外部按钮与PLC之间的连接实现启动、停止、急停及状态指示的功能，其配线见表7-19。

表 7-19 PLC 与总控信号的配线

PLC 控制区		总控信号	
代号	功能	代号	功能
I0.0	外部启动	启动	启动按钮
I0.1	外部停止	停止	停止按钮
I0.2	外部急停	急停	急停按钮

7.3.3 I/O信号配置

本实训项目需用到I/O信号配置见表7-20。

表 7-20　I/O 信号配置列表

序号	名称	信号类型	物理地址	功能
1	Di_05_sfOK	输入信号	5	伺服旋转到位
2	Do_01_vacuum	输出信号	1	控制吸盘的开启和关闭
3	Do_04_sfZhuan	输出信号	4	伺服开始旋转
4	Do_05_sfnZhuan	输出信号	5	伺服开始反向旋转

7.4 编程与调试

7.4.1 实施流程

微课视频

编程与调试（伺服定位控制）

工业机器人应用项目工序繁多，程序复杂，通常在项目开始之前，应先绘制工作流程图，并根据流程图进行工业机器人的相应操作及编写程序。工业机器人伺服定位控制应用项目的工作流程如图7-10所示。

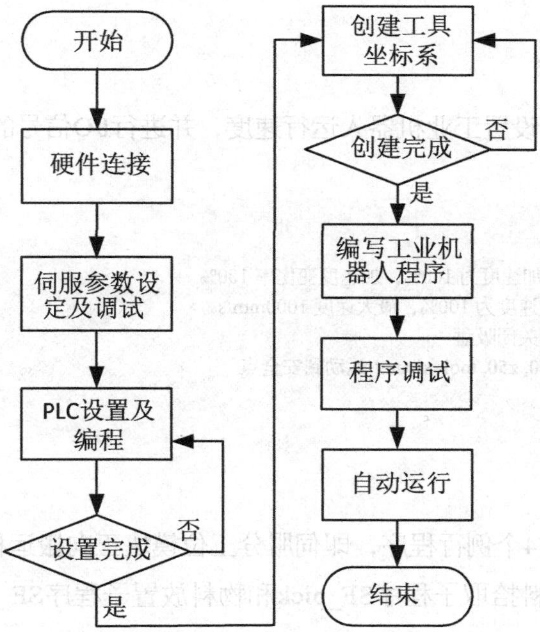
开始
硬件连接
伺服参数设定及调试
PLC设置及编程
设置完成
否
是
创建工具坐标系
创建完成
否
是
编写工业机器人程序
程序调试
自动运行
结束

图 7-10　项目工作流程

① 系统安装配置完成后，首先进行伺服参数的设定及调试，确保伺服电机能够正常运行。

② 本项目使用PLC控制伺服电机的转动，因此需要通过软件设置运动控制的相关参数，并编写相应的PLC程序。

③ 各项配置完成后，对工业机器人创建一个新的模块MSifu。

④ 本实训项目用到吸盘，因此需要创建吸盘工具坐标系。

⑤ 工具创建完成之后，将程序中所需要用到的目标点（安全点、第一个搬运工件的吸取点）进行手动示教，记录该程序数据。

⑥ 进入程序编辑页面，建立初始化函数，编写初始化程序，使工业机器人回到安全点，并设定回安全点的速度、加速度，关闭吸盘等。

⑦ 在同一个模块中建立主程序，并在该程序中调用初始化程序、物料搬运子程序、物料拾取子程序等。

⑧ 编写伺服分工位应用子程序，根据任务描述建立对应的动作程序。

⑨ 最后自动运行整个程序文件。总程序可以设置成“反复循环类型”，即启动之后反复循环，直到接收到“停止指令”，也可以设置为仅运行一次。

说明：本实训项目实施过程中采用手动示教目标点与编辑程序分别独立进行的操作方式，实际应用过程中可根据用户的编程习惯进行调整，即可采用边示教边编写程序结合的方式完成项目。

7.4.2 初始化程序

初始化程序用于设置工业机器人运行速度，并进行I/O信号的复位，关闭吸盘，机器人复位等操作。

```
PROC Initial_Sifu()
AccSet 100, 100;! 设置加速度为 100%，加速度变化率 100%
VelSet 100, 1000;! 设置速度为 100%，最大速度 1000mm/s
Reset Do_01_vacuum;! 关闭吸盘
MoveJ phome_sifu, v500, z50, tool_xipan;! 运动到安全点
ENDPROC
```

7.4.3 动作程序

本实训项目创建4个例行程序，即伺服分工位模块正向搬运程序RSifuBY、反向搬运程序RSifuNBY、物料拾取子程序SF_pick和物料放置子程序SF_Place，然后在主程序中调用子程序，运行整个任务。

（1）正向搬运程序RSifuBY

正向搬运程序RSifuBY主要实现将码垛搬运模块5个工位上的物料依次搬运到伺服分工位模块的对应工位上。

```
PROC RSifuZBY()
FOR i FROM 1 TO 5 DO! 依次搬运搬运模块 1-5 工位的物料
SF_pick  phandPos{(i - 1) DIV 3 + 1,(i - 1) MOD 3 + 1};
! 计算码垛搬运模块工位位置，并抓取该工位的物料
Set Do_04_sfZhuan;! 设置伺服正向旋转信号
MoveJ Offs(pSFPick,0,0,50), v200, fine, tool_xipan\WObj: =wobj_banyun;
! 工业机器人运动到伺服分工位模块物料放置点上方 50 mm 处
WaitDI Di_05_sfOK,1;! 等待伺服旋转到位信号
Reset Do_04_sfZhuan；！ 复位伺服正向旋转信号
SF_Place pSFPick;! 将圆饼物料放置到伺服分工位模块的对应工位上
ENDFOR
ENDPROC
```

（2）反向搬运程序RSifuNBY

反向搬运程序RSifuNBY主要实现将伺服分工位模块5个工位上的物料依次搬运到码垛搬运模块的对应工位上。

```
PROC RSifuNBY()
FOR i FROM 5 TO 1 step -1 DO
! 依次搬运伺服分工位模块 1-5 工位的物料
MoveJ Offs(pSFPick,0,0,50), v200, fine, tool_xipan\WObj:=wobj_banyun;
! 工业机器人运动到伺服分工位模块物料放置点上方 50mm 处
SF_pick pSFPick;! 抓取伺服模块工位上的物料
SF_Place  phandPos{(i - 1) DIV 3 + 1,(i - 1) MOD 3 + 1};
! 计算码垛搬运模块工位位置，并将物料放置在该工位上
Set Do_05_sfnZhuan;! 设置伺服反向旋转信号
WaitDI Di_05_sfOK,1;! 等待伺服反向旋转到位信号
Reset Do_05_sfnZhuan；！ 设置伺服反向旋转信号
ENDFOR
ENDPROC
```

（3）物料拾取子程序SF_Pick

物料拾取子程序SF_Pick主要用于实现从一个模块的指定工位上抓取一个圆饼物料。

```
PROC SF_pick(robtarget targetPos)
MoveJ Offs(targetPos,0,0,50), v200, z50, tool_xipan\WObj=wobj_banyun;
! 工业机器人首先运动到目标点上方 50 mm 处
MoveL targetPos, v200, fine, tool_xipan\WObj=wobj_banyun;! 工业机器人运动到目标点
Set Do_01_vacuum;! 打开吸盘，吸附物料
WaitTime 0.5;
MoveL Offs(targetPos,0,0,50), v200, fine, tool_xipan\WObj=wobj_banyun;
! 工业机器人返回到目标点上方 50mm 处
ENDPROC
```

（4）物料放置子程序SF_Place

物料放置子程序SF_Place主要用于实现将一个物料放置到模块上的指定工位上。

```
PROC SF_Place(robtarget targetPos)
MoveJ Offs(targetPos,0,0,50), v200, z50, tool_xipan\WObj=wobj_banyun;
! 工业机器人运动到目标点上方 50 mm 处
MoveL targetPos, v200, fine, tool_xipan\WObj=wobj_banyun;! 工业机器人运动到目标点
Reset Do_01_vacuum;! 关闭吸盘，放置物料
WaitTime 0.5;
MoveL Offs(targetPos,0,0,50), v200, fine, tool_xipan\WObj=wobj_banyun;
! 工业机器人返回到目标点上方 50 mm 处
ENDPROC
```

7.4.4 程序框架

RSifuBY程序是伺服定位应用的主程序，可在该程序中调用若干子程序。

```
PROC RSifuBY()
Initial_sifu;
MoveJ phome_sifu, v200, fine, tool_xipan;! 运动到安全点，将工具切换为吸盘
RSifuZBY;! 执行伺服正向搬运的动作，即将圆饼从码垛搬运模块的工位 1-5 搬运到伺服分工位模块的 5 个工
位上
MoveJ phome_sifu, v200, fine, tool_xipan;
RSifuNBY;! 执行伺服反向搬运的动作，即将圆饼从伺服分工位模块的 5 个工位上搬运到码垛搬运模块的工位
1-5
MoveJ phome_sifu, v200, fine, tool_xipan;
ENDPROC
```

7.4.5 综合调试

所有程序编写完成后，需要进行调试，综合调试操作步骤见表7-21。

表 7-21　综合调试操作步骤

序号	图片示例	操作步骤
1	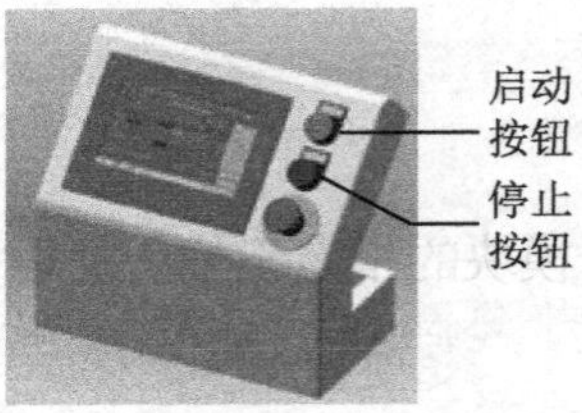启动按钮 停止按钮 	单击“启动”按钮，启动伺服电机
2	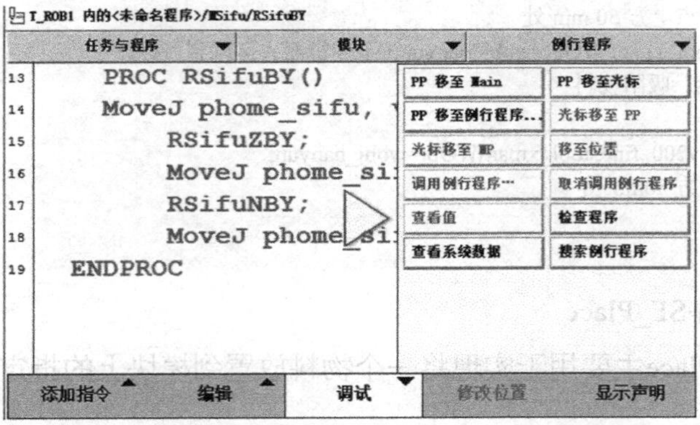T_ROB1 内的<未命名程序>/MSifu/RSifuBY 任务与程序 模块 例行程序 PROC RSifuBY() MoveJ phome_sifu, RSifuZBY; MoveJ phome_si RSifuNBY; MoveJ phome_si ENDPROC PP 移至 Main PP 移至光标 PP 移至例行程序… 光标移至 PP 光标移至 MP 移至位置 调用例行程序… 取消调用例行程序 查看值 检查程序 查看系统数据 搜索例行程序 添加指令 编辑 调试 修改位置 显示声明	单击“调试”，然后单击“PP 移至例行程序”

续表

序号	图片示例	操作步骤
3	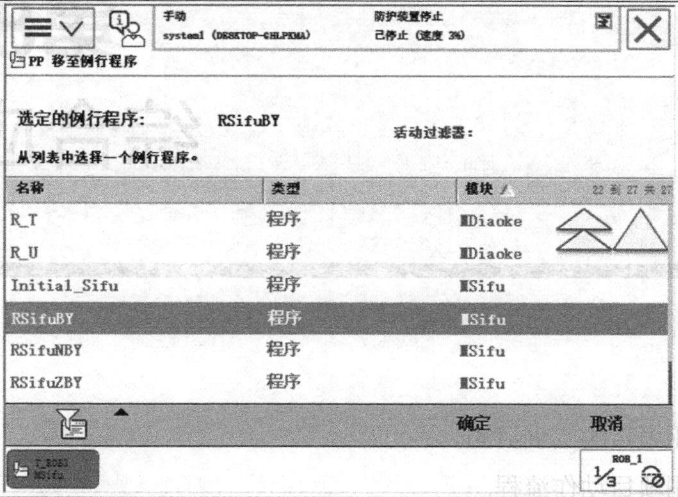手动 system1 (DESKTOP-GHLPKMA) 防护装置停止 已停止 (速度 3%) PP 移至例行程序 选定的例行程序: RSifuBY 活动过滤器: 从列表中选择一个例行程序。 名称 类型 模块 22 到 27 共 27 R_T 程序 Diaoke R_U 程序 Diaoke Initial_Sifu 程序 Sifu RSifuBY 程序 Sifu RSifuNBY 程序 Sifu RSifuZBY 程序 Sifu 确定 取消 ROB_1 1/3	选择“RSifuBY”，单击“确定”
4	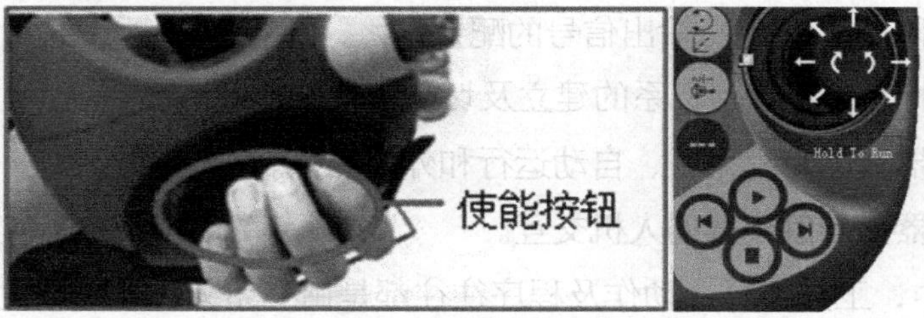使能按钮 Hold To Run	按使能按钮，同时按住步进按键。机器人将进行单步动作
5	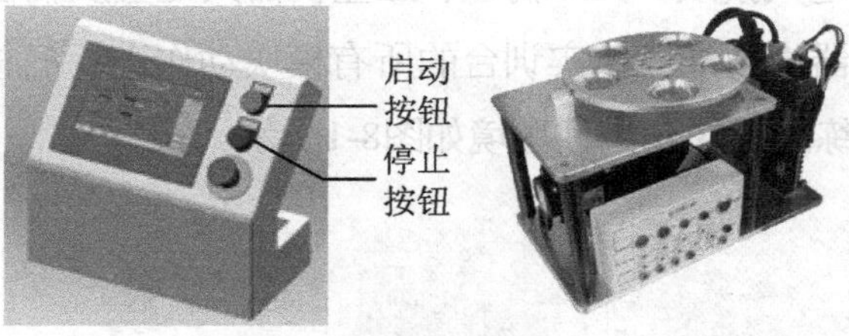启动按钮 停止按钮	单击“停止”按钮，停止伺服电机

第8章 综合应用

【学习目标】

（1）了解综合应用项目的实训目的。

（2）熟悉综合应用项目动作流程。

（3）掌握系统硬件连接及输入/输出信号的配置。

（4）掌握工具坐标系、工件坐标系的建立及切换。

（5）掌握ABB机器人的编程调试、自动运行和外部启停。

（6）了解ABB机器人与触摸屏的人机交互。

在工业实际生产中，工业机器人动作及程序往往都是由一系列程序组成的，这就需要学习者掌握整个实训台的电气接线、PLC编程、工业机器人配置及编程调试、触摸屏组态等内容。本章将工业机器人技能考核实训台的所有模块动作进行汇总，模拟工业生产程序，以达到综合能力训练的目的。实训环境如图8-1所示。

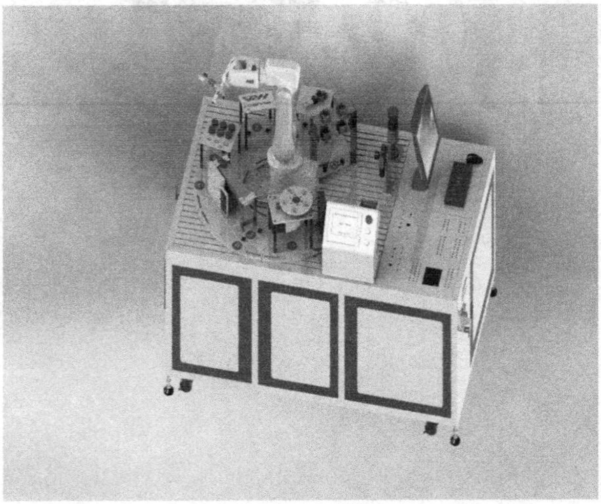

图 8-1　综合应用实训环境

8.1 任务分析

8.1.1 任务描述

微课视频

任务分析（综合）、知识要点和系统组成及配置

本实训项目立体仓库上下层存放方形物料。码垛搬运模块工位1～工位5有物料。工作过程如图8-2所示。

① IRB 120机器人接收到外部启动信号后，首先检测立体仓库中是否存在方形物料半成品，若不存在，则首先进行激光雕刻，然后将圆饼物料从码垛搬运模块搬运到伺服分工位模块，接着执行反向搬运动作，将物料从伺服模块再搬运至码垛搬运模块上，否则执行②、③的任务。

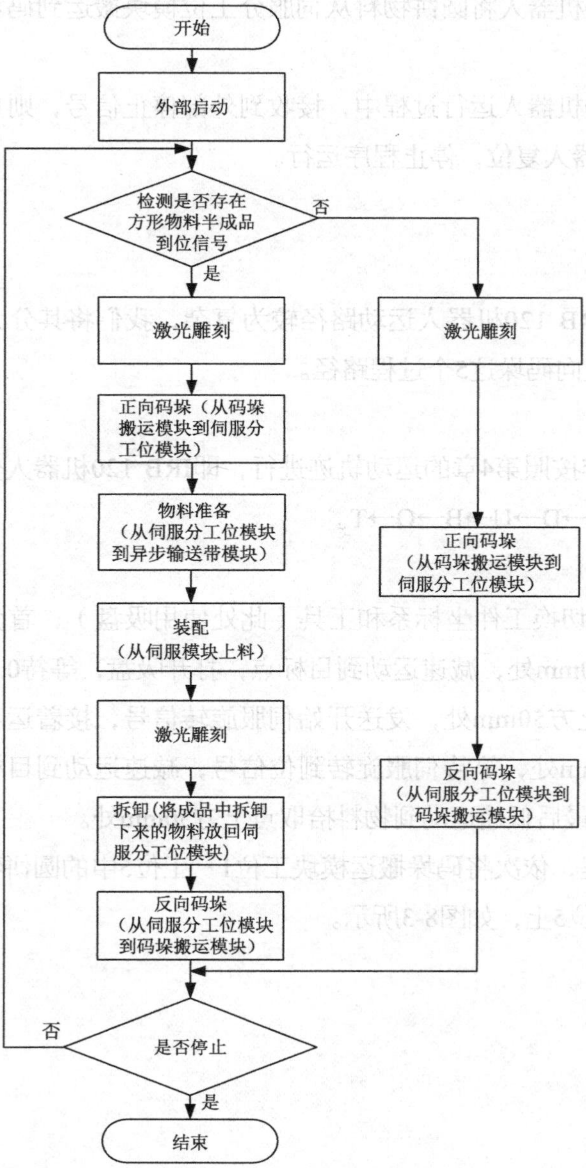

开始
外部启动
检测是否存在方形物料半成品到位信号
否
是
激光雕刻
正向码垛（从码垛搬运模块到伺服分工位模块）
物料准备（从伺服分工位模块到异步输送带模块）
装配（从伺服模块上料）
激光雕刻
拆卸（将成品中拆卸下来的物料放回伺服分工位模块）
反向码垛（从伺服分工位模块到码垛搬运模块）
激光雕刻
正向码垛（从码垛搬运模块到伺服分工位模块）
反向码垛（从伺服分工位模块到码垛搬运模块）
否
是否停止
是
结束

图 8-2 综合应用工作过程

② 若存在方形物料半成品，判断方形物料半成品存在于立体仓库的哪个工位，然后从伺服分工位模块的工位上抓取一个圆饼物料并放置在异步输送带模块上，接着取出方形物料半成品放置于装配定位模块上，再从异步输送带模块上抓取圆饼物料，在装配定位模块完成装配，并将成品放置于立体仓库的对应工位上。按照该过程，完成料仓所有半成品的装配。

③ 料仓所有半成品装配完成后，再进行激光雕刻，然后执行成品拆卸过程，即从料仓中取出方形物料成品放置于装配定位模块，接着用吸盘将圆饼物料从成品中拆除，放置于伺服分工位模块空置工位上，再将方形物料半成品放回到料仓模块上。按照该过程，完成料仓所有成品的拆卸。

④ 然后IRB 120机器人将圆饼物料从伺服分工位模块搬运到码垛搬运模块，直至伺服分工位模块无物料。

⑤ 若在IRB 120机器人运行过程中，接收到外部停止信号，则重新计算减速斜坡并减速后，IRB 120机器人复位，停止程序运行。

8.1.2 路径规划

1. 路径规划

本实训项目中IRB 120机器人运动路径较为复杂，我们将其分为激光雕刻、正向码垛、装配、拆卸、反向码垛这5个过程路径。

（1）激光雕刻

激光雕刻的动作按照第4章的运动轨迹进行，即IRB 120机器人先运动到安全点，然后开始雕刻HRG→E→D→U→B→O→T。

（2）正向码垛

IRB 120机器人切换工件坐标系和工具（此处使用吸盘），首先运动到码垛搬运模块取料拾取点上方50mm处，减速运动到目标点，打开吸盘，等待0.5s，吸附物料，低速运动到物料拾取点上方50mm处，发送开始伺服旋转信号，接着运动到伺服分工位模块物料放置点上方50mm处，等待伺服旋转到位信号，减速运动到目标点，关闭吸盘，等待0.5s，放置物料，最后低速运动到物料拾取点上方50mm处。

按照该运动流程，依次将码垛搬运模块工位1～工位5中的圆饼物料搬运到伺服分工位模块的工位1～工位5上，如图8-3所示。

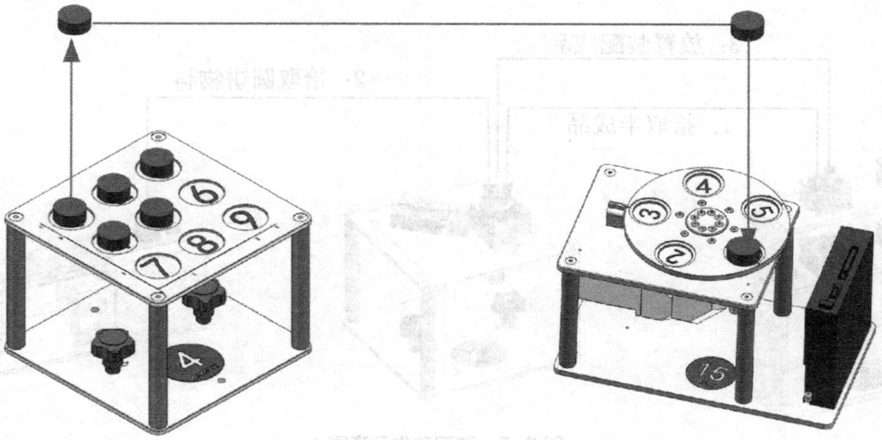
4
3
5
2
6
9
7
8
4
15

图 8-3 正向码垛动作示意图

（3）物料准备

IRB 120机器人将参考坐标系切换到基坐标系，使用吸盘工具，发送伺服开始旋转信号，等待伺服旋转到位信号，然后从伺服分工位模块的某一工位上抓取一个圆饼，放置到异步输送带原理光电开关一侧的传送带上，如图8-4所示。

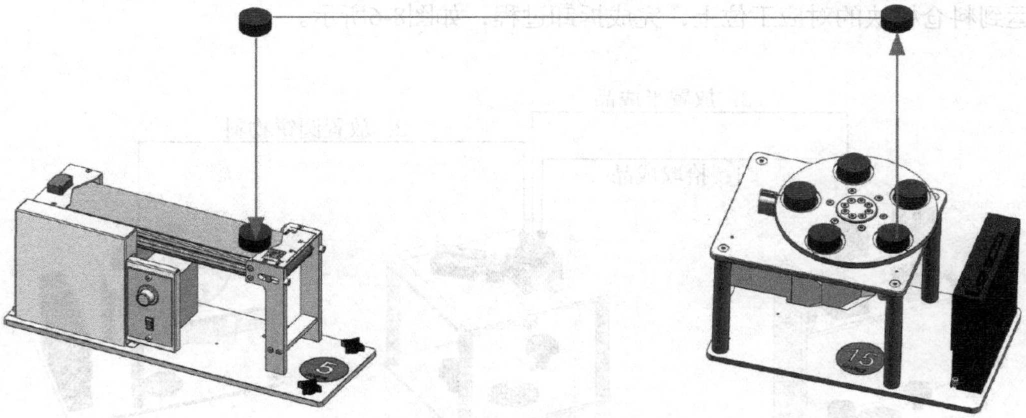
5
15

图 8-4 物料准备动作示意图

（4）装配

IRB 120机器人将工具切换为夹爪，先判断料仓模块中几号工位有物料半成品，根据事先指定的优先级，从料仓模块抓取一个物料半成品，弹开定位模块的气缸，放置在定位模块的工位中，接着等待异步输送带光电开关检测到的物料到位信号，将工具切换为吸盘，从异步输送带上抓取圆饼物料，放置到定位模块半成品的固定孔位中，完成装配过程。最后将装配好的成品从定位模块搬运到料仓的对应工位，如图8-5所示。

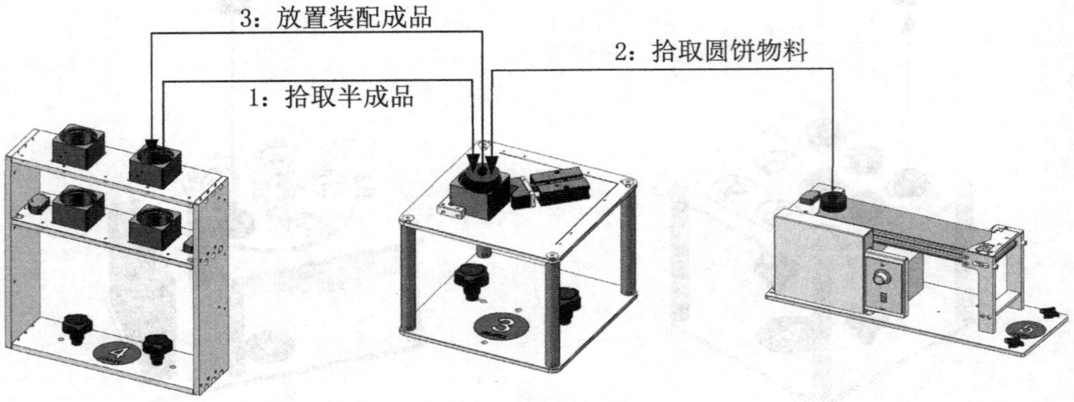
3：放置装配成品
2：拾取圆饼物料
1：拾取半成品

图 8-5　装配动作示意图

（5）拆卸

IRB 120机器人将工具切换为吸盘，先判断料仓模块中几号工位有物料成品，根据事先指定的优先级，从料仓模块抓取一个物料成品，然后弹开定位模块的气缸，放置在定位模块的工位中，接着将工具切换为吸盘，从成品中吸取圆饼物料，放置到伺服分工位模块的闲置工位中，然后将工具切换成夹爪，将拆卸后的物料半成品从装配定位模块搬运到料仓模块的对应工位上，完成拆卸过程，如图8-6所示。

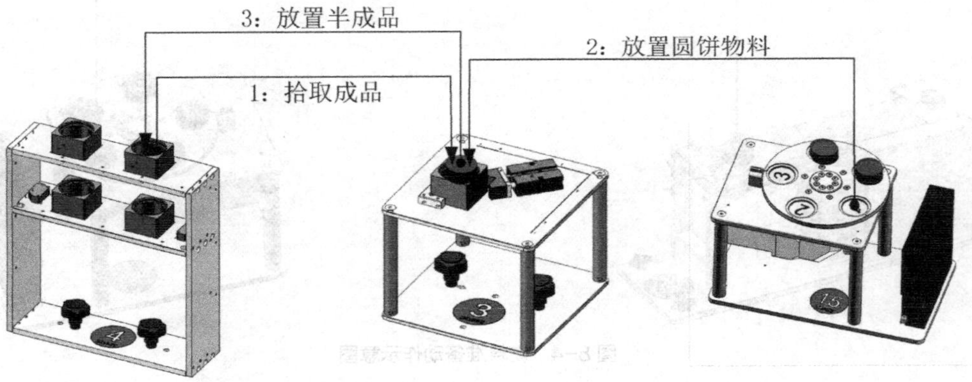
3：放置半成品
2：放置圆饼物料
1：拾取成品

图 8-6　拆卸动作示意图

（6）反向码垛

IRB 120机器人切换工件坐标系和工具（此处使用吸盘），伺服分工位模块复位，首先运动到伺服分工位模块取料拾取点上方50mm处，减速运动到目标点，打开吸盘，等待0.5s，吸附物料，低速运动到物料拾取点上方50mm处，接着运动到码垛搬运模块物料放置点上方50mm处，减速运动到目标点，关闭吸盘，等待0.5s，放置物料，低速运动到物料拾取点上方50mm处。最后发送伺服开始旋转信号，等待伺服转到位信号。

按照该运动流程，依次将伺服分工位模块中的圆饼物料搬运到码垛搬运模块的工位上，如图8-7所示。

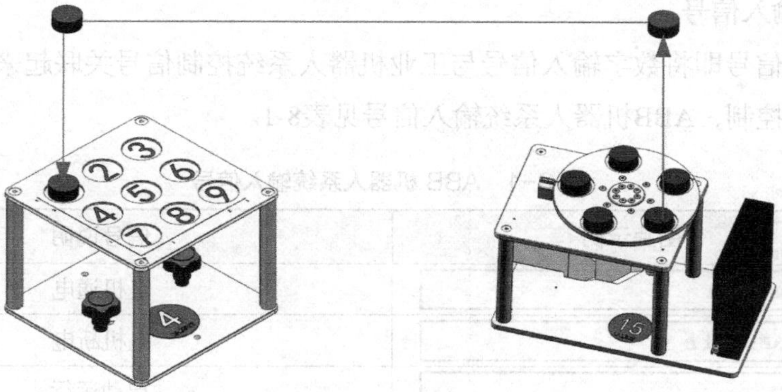

图 8-7 反向码垛动作示意图

2. 要点解析

① 本实训项目分别使用激光、吸盘和夹爪3个工具，因此需要建立3个工具坐标系，方便调试人员切换工具，调整IRB 120机器人的姿态。

② 立体仓库模块工位状态的组输入信号在程序运行过程中实时变化，因此创建一个num型变量保存初始状态下立体仓库的工位状态。

③ 立体仓库物料状态复杂多变，为简化编程，可利用一个一维数组保存4个工位的状态。

④ 实训项目需要外部启动、停止及监控IRB 120机器人运行状态，因此需要进行系统输入/输出的配置。

⑤ 本实训项目中的IRB 120机器人运动轨迹较多，为简化程序，可调用前面章节的例行程序，实现模块化编程。

⑥ 为减少伺服分工位模块的示教点，操作伺服分工位模块之前，需要进行状态复位。

8.2 知识要点

8.2.1 系统I/O

工业机器人输入/输出是用于连接外部输入/输出设备的接口。数字输入/输出信号可分为通用I/O和系统I/O。通用I/O是由用户自定义而使用的I/O，用于连接外部输入/输出设备。系统I/O是将数字输入/输出信号与工业机器人系统控制信号关联起来，通过外部信号对系统进行控制。对于控制器I/O接口，其本身并无通用I/O和系统I/O之分，在使用时，需要用户结合具体项目及功能要求，在完成I/O信号接线后，通过示教器对I/O信号进行映射和配置。

1. 系统输入信号

系统输入信号即将数字输入信号与工业机器人系统控制信号关联起来，通过外部信号对系统进行控制，ABB机器人系统输入信号见表8-1。

表 8-1　ABB 机器人系统输入信号

序号	图片示例	信号说明
1	Motors On	电机通电
2	Motors Off	电机断电
3	Start	启动运行
4	Start at Main	从主程序启动运行
5	Stop	暂停
6	Quick Stop	快速停止
7	Soft Stop	软停止
8	Stop at end of Cycle	在循环结束后停止
9	Interrupt	中断触发
10	Load and Start	加载程序并启动运行
11	Reset Emergency stop	急停复位
12	Motors On and Start	电机通电并启动运行
13	System Restart	重启系统
14	Load	加载程序文件
15	Backup	系统备份
16	PP to Main	指针移至主程序

2. 系统输出信号

系统输出信号即将工业机器人系统状态信号与数字输出信号关联起来，将状态输出，ABB机器人系统输出信号见表8-2。

表 8-2　ABB 机器人系统输出信号

序号	图片示例	信号说明
1	Motor On	电机通电
2	Motor Off	电机断电
3	Cycle On	程序运行状态

续表

序号	图片示例	信号说明
4	Emergency Stop	紧急停止
5	Auto On	自动运行状态
6	Runchain Ok	运行链状态正常
7	TCP Speed	TCP 速度，以模拟量输出当前 ABB 机器人速度
8	Motors On State	电机通电状态
9	Motors Off State	电机断电状态
10	Power Fail Error	动力供应失效状态
11	Motion Supervision Triggered	碰撞检测被触发
12	Motion Supervision On	动作监控打开状态
13	Path return Region Error	返回路径失败状态
14	TCP Speed Reference	TCP 速度参考状态，以模拟量输出当前指令速度
15	Simulated I/O	虚拟 I/O 状态
16	Mechanical Unit Active	激活机械单元
17	TaskExecuting	任务运行状态
18	Mechanical Unit Not Moving	机械单元没有运行
19	Production Execution Error	程序运行错误报警
20	Backup in progress	系统备份进行中
21	Backup error	备份错误报警

3. 系统输入信号配置

下面以配置系统输入信号Di_09_MotorOn为例，介绍系统输入信号的配置步骤。首先应创建数字输入信号Di_09_MotorOn（可参考入门使用教程，此处不再赘述），然后进行系统输入信号的配置，其具体操作步骤见表8-3。

表 8-3　系统输入信号配置过程

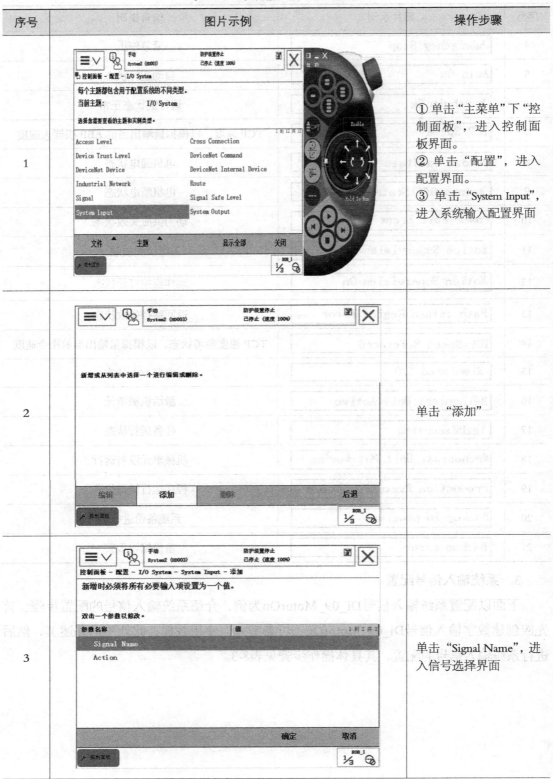

序号	图片示例	操作步骤
1	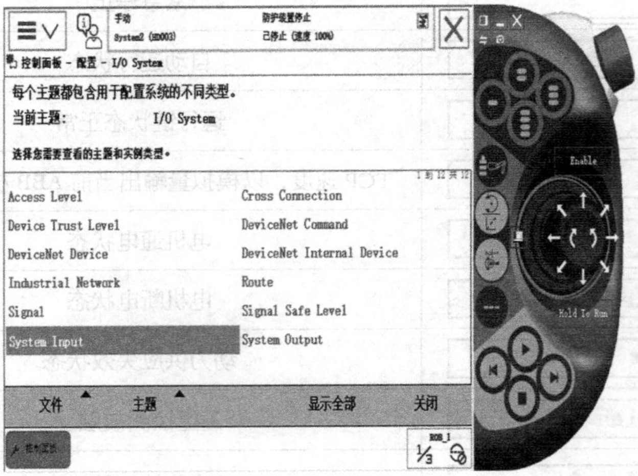手动 System2 (HD003) 防护装置停止 已停止 (速度 100%) 控制面板 - 配置 - I/O System 每个主题都包含用于配置系统的不同类型。 当前主题: I/O System 选择您需要查看的主题和实例类型。 Access Level Cross Connection Device Trust Level DeviceNet Command DeviceNet Device DeviceNet Internal Device Industrial Network Route Signal Signal Safe Level System Input System Output 文件 主题 显示全部 关闭 ROB_1 Enable Hold To Run	① 单击“主菜单”下“控制面板”，进入控制面板界面。 ② 单击“配置”，进入配置界面。 ③ 单击“System Input”，进入系统输入配置界面
2	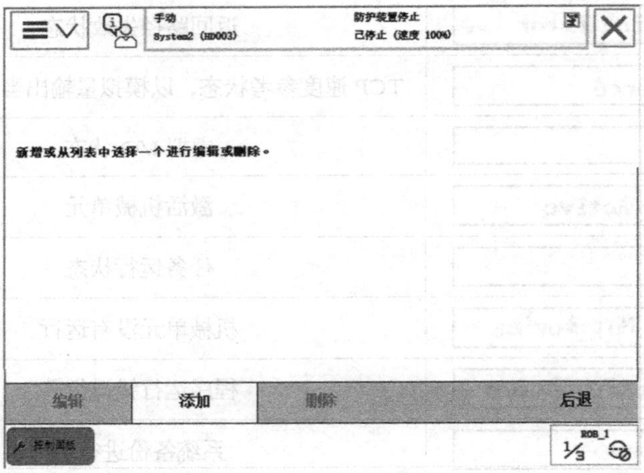手动 System2 (HD003) 防护装置停止 已停止 (速度 100%) 新增或从列表中选择一个进行编辑或删除。 编辑 添加 删除 后退 ROB_1	单击“添加”
3	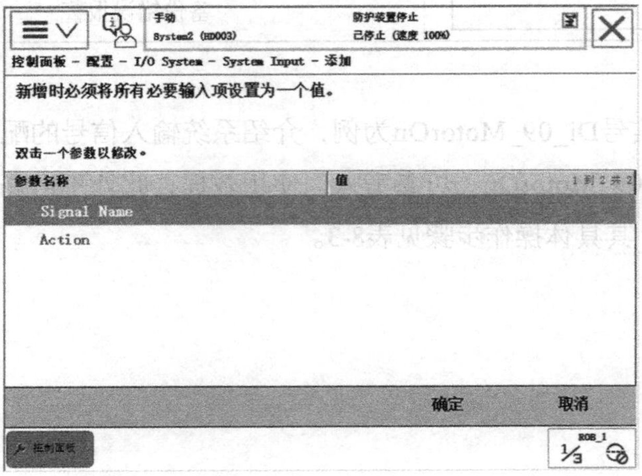手动 System2 (HD003) 防护装置停止 已停止 (速度 100%) 控制面板 - 配置 - I/O System - System Input - 添加 新增时必须将所有必要输入项设置为一个值。 双击一个参数以修改。 参数名称 值 Signal Name Action 确定 取消 ROB_1	单击“Signal Name”，进入信号选择界面

续表

<table>
<tr><th>序号</th><th>图片示例</th><th>操作步骤</th></tr>
<tr><td>4</td><td>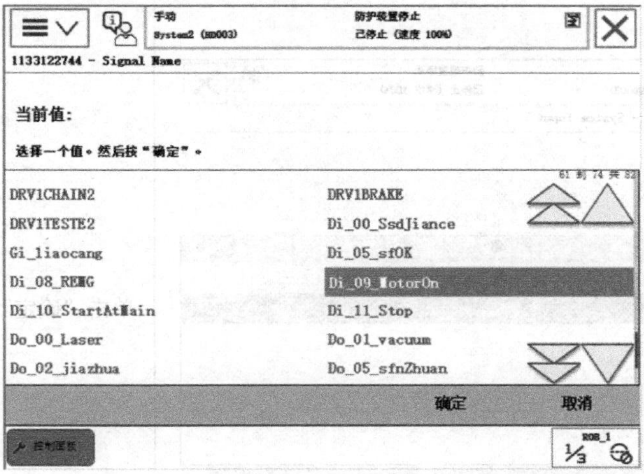
手动
System2 (HD003)
防护装置停止
已停止 (速度 100%)
1133122744 - Signal Name
当前值:
选择一个值。然后按“确定”。
61 到 74 共 82
DRV1CHAIN2
DRV1BRAKE
DRV1TESTE2
Di_00_SsdJiance
Gi_liaocang
Di_05_sfOK
Di_08_REMG
Di_09_MotorOn
Di_10_StartAtMain
Di_11_Stop
Do_00_Laser
Do_01_vacuum
Do_02_jiazhua
Do_05_sfnZhuan
确定
取消
ROB_1
1/3</td><td>选择自定义的输入信号“Di_09_MotorOn”，单击“确定”按钮</td></tr>
<tr><td>5</td><td>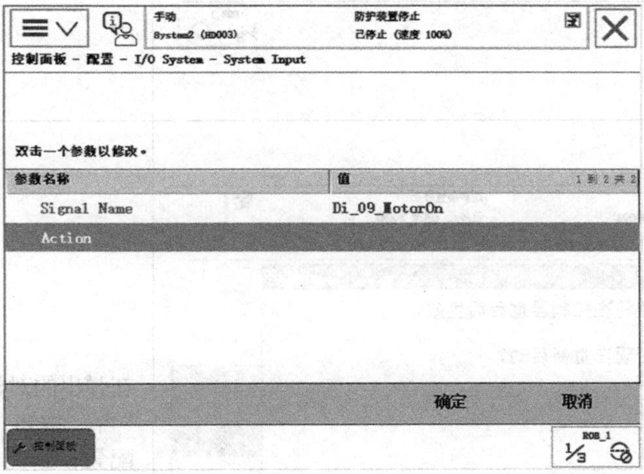
手动
System2 (HD003)
防护装置停止
已停止 (速度 100%)
控制面板 - 配置 - I/O System - System Input
双击一个参数以修改。
参数名称
值
1 到 2 共 2
Signal Name
Di_09_MotorOn
Action
确定
取消
ROB_1
1/3</td><td>单击“Action”，进入系统信号选择界面</td></tr>
<tr><td>6</td><td>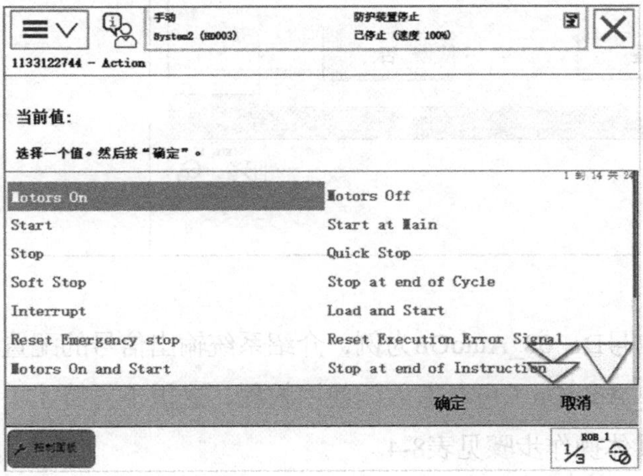
手动
System2 (HD003)
防护装置停止
已停止 (速度 100%)
1133122744 - Action
当前值:
选择一个值。然后按“确定”。
1 到 14 共 24
Motors On
Motors Off
Start
Start at Main
Stop
Quick Stop
Soft Stop
Stop at end of Cycle
Interrupt
Load and Start
Reset Emergency stop
Reset Execution Error Signal
Motors On and Start
Stop at end of Instruction
确定
取消
ROB_1
1/3</td><td>选择“Motors On”，单击“确定”按钮</td></tr>
</table>

续表

序号	图片示例	操作步骤
7	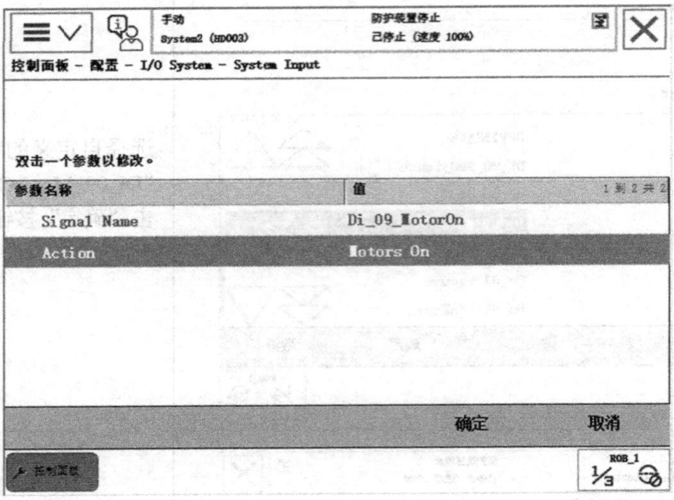手动 System2 (HD003) 防护装置停止 已停止 (速度 100%) 控制面板 - 配置 - I/O System - System Input 双击一个参数以修改。 参数名称 值 1 到 2 共 2 Signal Name Di_09_MotorOn Action Motors On 确定 取消 ROB_1	单击“确定”按钮
8	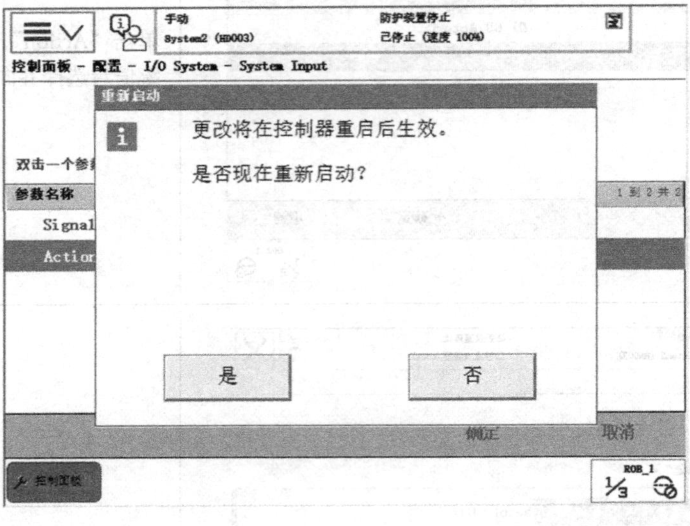手动 System2 (HD003) 防护装置停止 已停止 (速度 100%) 控制面板 - 配置 - I/O System - System Input 重新启动 更改将在控制器重启后生效。 是否现在重新启动？ 是 否 确定 取消 ROB_1	在弹出的对话框中单击“否”按钮，继续后续配置，否则单击“是”按钮，完成配置

4. 系统输出信号配置

下面以配置系统输出信号Do_08_AutoOn为例，介绍系统输出信号的配置步骤。首先应创建数字输入信号Do_08_AutoOn（可参考入门使用教程，这里不再赘述）；然后进行系统输出信号的配置，其具体操作步骤见表8-4。

表 8-4 系统输出信号配置

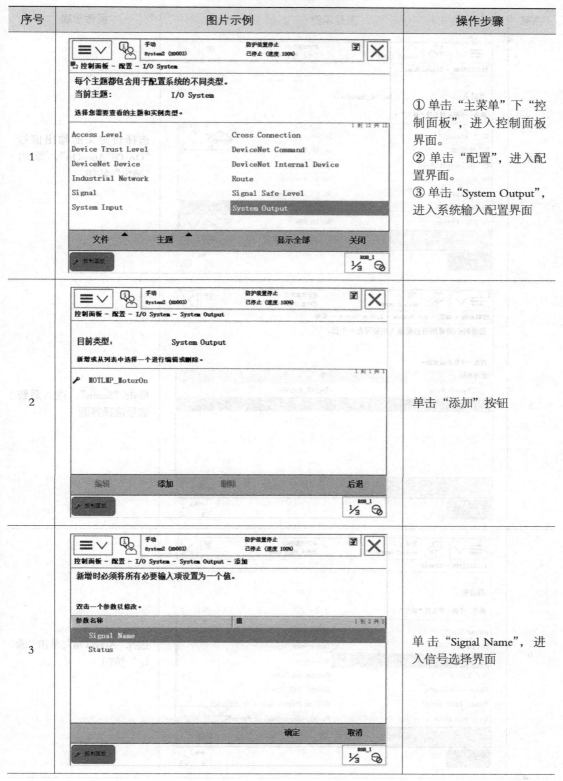

序号	图片示例	操作步骤
1	手动 System2 (HD003) 防护装置停止 已停止 (速度 100%) 控制面板 - 配置 - I/O System 每个主题都包含用于配置系统的不同类型。 当前主题: I/O System 选择您需要查看的主题和实例类型。 1 到 12 共 12 Access Level Cross Connection Device Trust Level DeviceNet Command DeviceNet Device DeviceNet Internal Device Industrial Network Route Signal Signal Safe Level System Input System Output 文件 主题 显示全部 关闭 ROB_1	① 单击“主菜单”下“控制面板”，进入控制面板界面。 ② 单击“配置”，进入配置界面。 ③ 单击“System Output”，进入系统输入配置界面
2	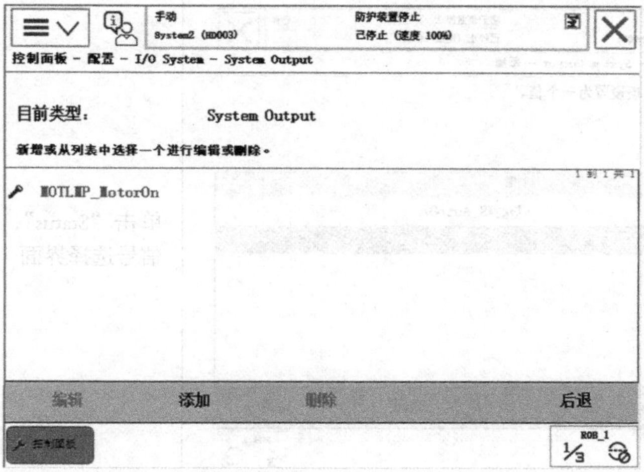手动 System2 (HD003) 防护装置停止 已停止 (速度 100%) 控制面板 - 配置 - I/O System - System Output 目前类型: System Output 新增或从列表中选择一个进行编辑或删除。 1 到 1 共 1 MOTLMP_MotorOn 编辑 添加 删除 后退 ROB_1	单击“添加”按钮
3	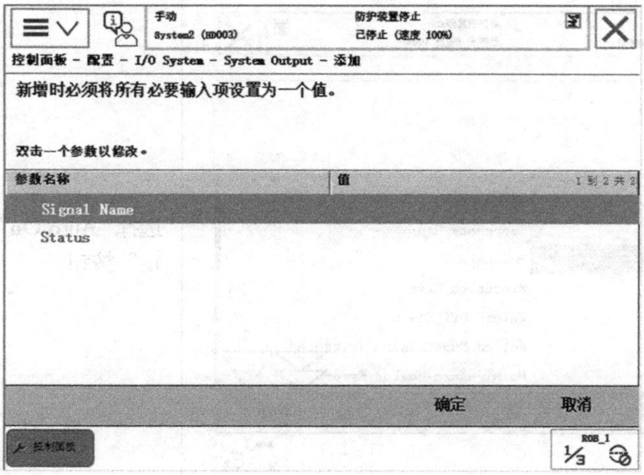手动 System2 (HD003) 防护装置停止 已停止 (速度 100%) 控制面板 - 配置 - I/O System - System Output - 添加 新增时必须将所有必要输入项设置为一个值。 双击一个参数以修改。 参数名称 值 1 到 2 共 2 Signal Name Status 确定 取消 ROB_1	单击“Signal Name”，进入信号选择界面

续表

序号	图片示例	操作步骤
4	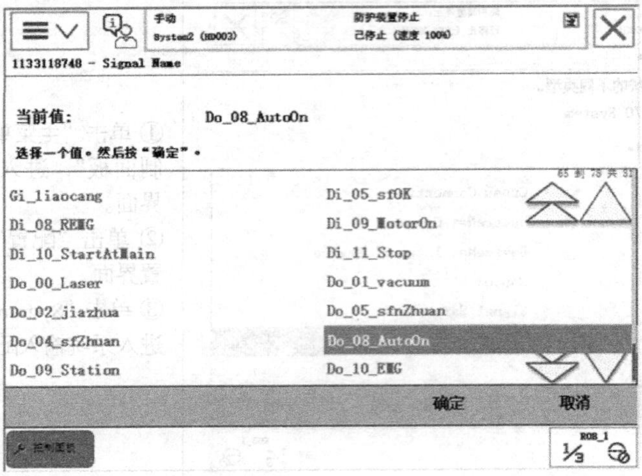手动 System2 (HD003) 防护装置停止 已停止 (速度 100%) 1133118748 - Signal Name 当前值: Do_08_AutoOn 选择一个值。然后按“确定”。 Gi_liaocang Di_05_sf0K Di_08_REMG Di_09_MotorOn Di_10_StartAtMain Di_11_Stop Do_00_Laser Do_01_vacuum Do_02_jiazhua Do_05_sfnZhuan Do_04_sfZhuan Do_08_AutoOn Do_09_Station Do_10_EMG 确定 取消 ROB_1 1/3	选择自定义的输出信号“Do_08_AutoOn”，单击“确定”按钮
5	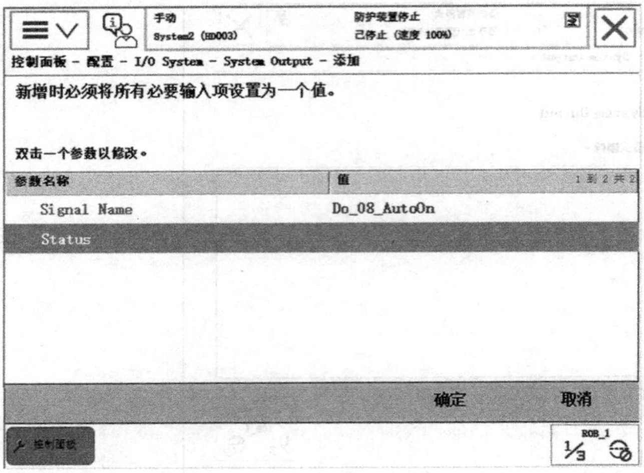手动 System2 (HD003) 防护装置停止 已停止 (速度 100%) 控制面板 - 配置 - I/O System - System Output - 添加 新增时必须将所有必要输入项设置为一个值。 双击一个参数以修改。 参数名称 值 1 到 2 共 2 Signal Name Do_08_AutoOn Status 确定 取消 ROB_1 1/3	单击“Status”，进入系统信号选择界面
6	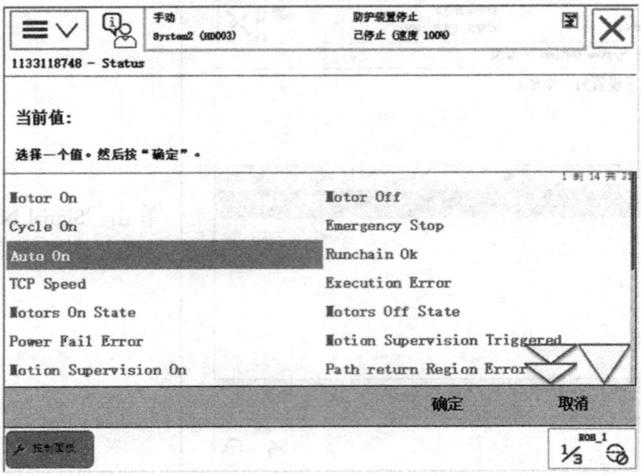手动 System2 (HD003) 防护装置停止 已停止 (速度 100%) 1133118748 - Status 当前值: 选择一个值。然后按“确定”。 1 到 14 共 23 Motor On Motor Off Cycle On Emergency Stop Auto On Runchain Ok TCP Speed Execution Error Motors On State Motors Off State Power Fail Error Motion Supervision Triggered Motion Supervision On Path return Region Error 确定 取消 ROB_1 1/3	选择“Auto On”，单击“确定”按钮

续表

序号	图片示例	操作步骤
7	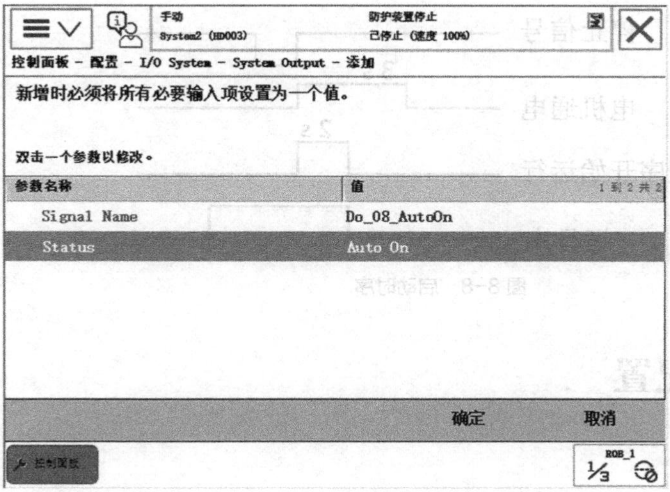手动 System2 (HD003) 防护装置停止 已停止 (速度 100%) 控制面板 - 配置 - I/O System - System Output - 添加 新增时必须将所有必要输入项设置为一个值。 双击一个参数以修改。 参数名称 值 1 到 2 共 2 Signal Name Do_08_AutoOn Status Auto On 确定 取消 控制面板 ROB_1 1/3	单击“确定”按钮
8	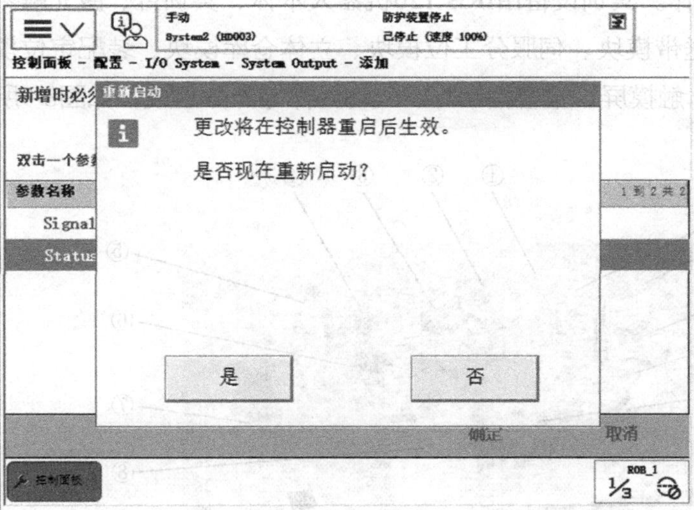手动 System2 (HD003) 防护装置停止 已停止 (速度 100%) 控制面板 - 配置 - I/O System - System Output - 添加 新增时必 重新启动 更改将在控制器重启后生效。 是否现在重新启动？ 双击一个参 参数名称 1 到 2 共 2 Signal Status 是 否 确定 取消 控制面板 ROB_1 1/3	在弹出的对话框中单击“否”按钮，继续后续配置，否则单击“是”按钮，完成配置

8.2.2 时序

基于外部PLC控制的ABB机器人启动时序如图8-8所示，ABB机器人切换到自动模式，按下启动按钮后，该工业机器人接收到启动信号后，工业机器人电机通电，通电3s后，机器人从主程序开始运行。2s后自动断掉机器人电机通电和从主程序开始运行信号。得到外部停止信号后，机器人不是立刻停止，而是重新计算减速斜坡并减速后停在相关路径上。

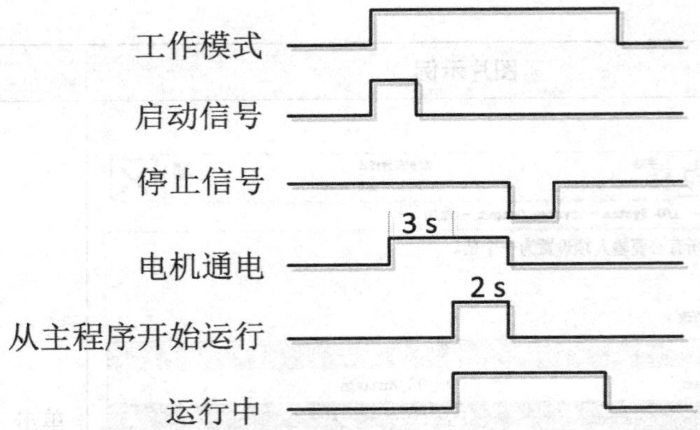
工作模式
启动信号
停止信号
3 s
电机通电
2 s
从主程序开始运行
运行中

图 8-8　启动时序

8.3 系统组成及配置

8.3.1 系统组成

本节以HRG-HD1XKA型工业机器人技能考核实训台（专业版）为例，来学习ABB IRB 120机器人编程与操作。实训设备由IRB 120机器人本体、实训台、激光雕刻模块、码垛搬运模块、异步输送带模块、伺服分工位模块、立体仓库模块、装配定位模块、末端执行器、编程计算机、触摸屏、报警指示灯、气动元件等部分组成，如图8-9所示。

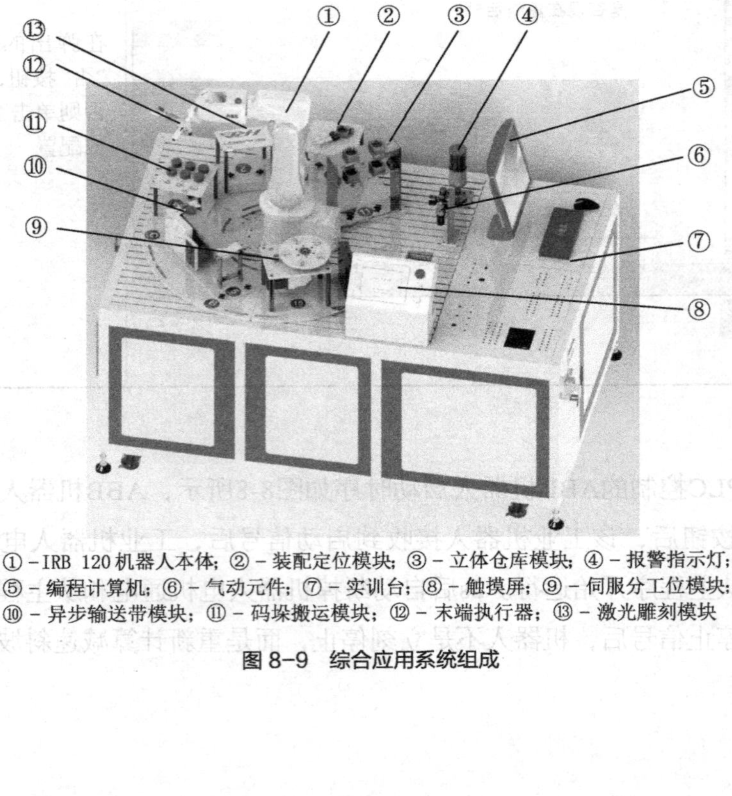
①
②
③
④
⑤
⑥
⑦
⑧
⑨
⑩
⑪
⑫
⑬

①－IRB 120机器人本体；②－装配定位模块；③－立体仓库模块；④－报警指示灯；
⑤－编程计算机；⑥－气动元件；⑦－实训台；⑧－触摸屏；⑨－伺服分工位模块；
⑩－异步输送带模块；⑪－码垛搬运模块；⑫－末端执行器；⑬－激光雕刻模块

图 8-9　综合应用系统组成

综合应用模块组成见表8-5。

表 8-5 综合应用模块组成

序号	模块名称	图片示例	功能说明
1	激光雕刻模块	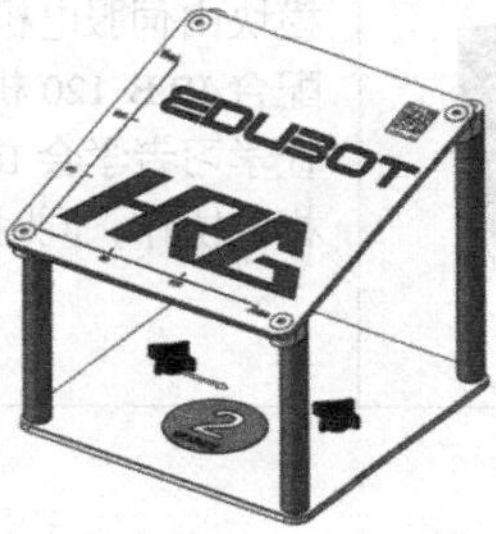	夹具沿着面板的痕迹（EDUBOT HRG）运行，固定的雕刻顶板与实训台台面成一定角度，凸显 IRB 120 机器人进行工件坐标系标定时与其他模块的工件坐标系标定操作有所区别；激光雕刻夹具是由套筒固定的激光头组成，在 IRB 120 机器人控制下沿着面板的痕迹运行全程，以模拟激光雕刻的动作
2	码垛搬运模块		模块顶板上有 9 个（三行三列）圆形槽，各孔槽均有位置标号，演示工件为圆饼工件。将圆饼随机置于顶板的 5 个孔洞中，使用吸盘将其吸起搬运至另一指定孔洞中；由排列组合可知有多种搬运轨迹
3	异步输送带模块	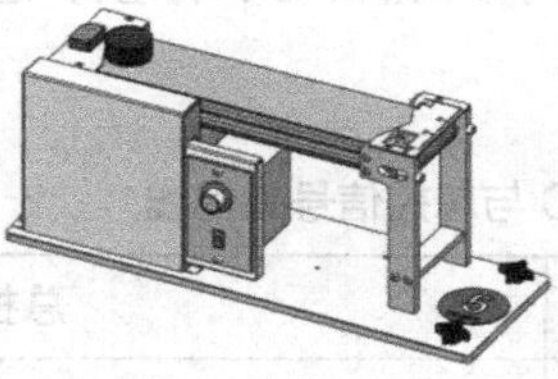	通电后，输送带转动，尼龙圆柱工件从皮带一端运行至另一端，端部单射光电开关感应到工件并反馈，IRB 120 机器人收到反馈抓取工件移动放至指定位置。皮带机为异步电机驱动，传动方式可采取同步带或链轮传动
4	立体仓库模块	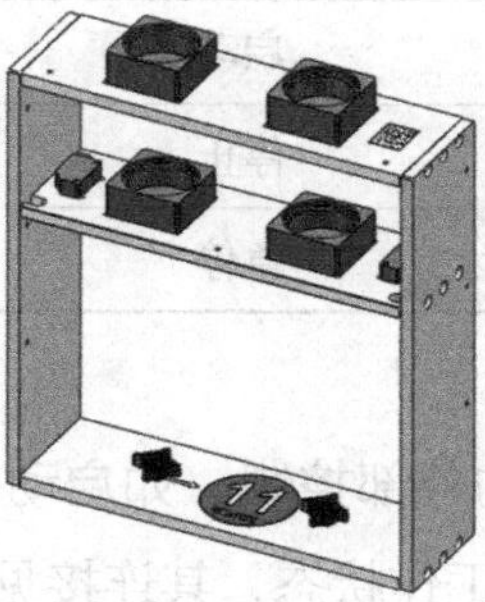	仓库顶板和中板上各有 2 个细线槽围成的方形区域，其中仓库 1 和仓库 2 位于搬运顶板，槽内分别装有微动开关进行感应；仓库 3 和仓库 4 位于搬运中板，中板两侧分别装有单射开关进行感应
5	装配定位模块	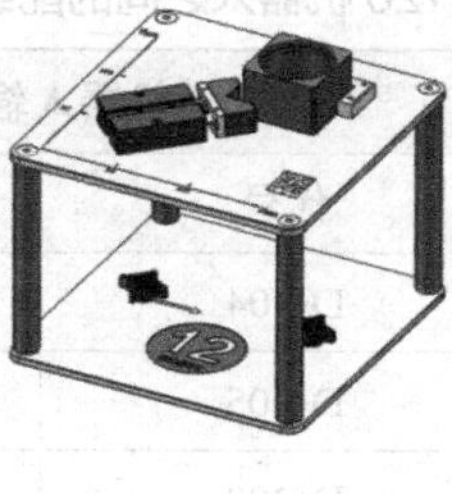	通电后，夹具将半成品从料仓夹至面板的指定位置，再由定位气缸夹紧定位，吸盘吸取圆饼物料开始装配，装配完成后气缸松开复位

续表

序号	模块名称	图片示例	功能说明
6	伺服分工位模块	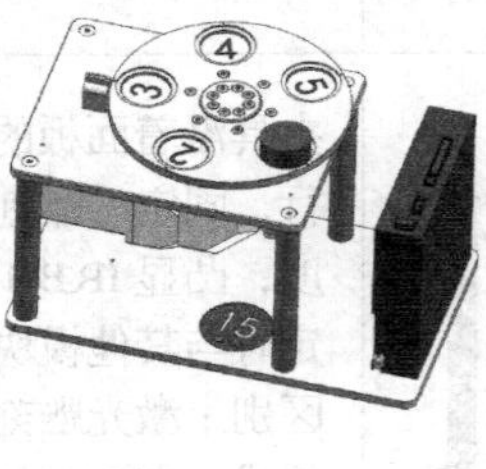	模块由伺服电机驱动转盘，转盘分 5 个工位，配合 IRB 120 机器人的需要设定旋转角度，让学习者学会 IRB 120 机器人与伺服转盘的相互协作，同时掌握伺服驱动的相关知识

注：气路组成与第 6 章相同，不再赘述。

8.3.2 硬件配置

综合应用中涉及激光雕刻模块、码垛搬运模块、伺服分工位模块、异步输送带模块等，其系统配线除前面章节介绍的配线外，还包括PLC与总控信号的配线、PLC与IRB 120机器人之间的配线。

（1）PLC与总控信号的配线

系统通过外部按钮与PLC之间的连接来实现启动、停止、急停及状态指示的功能，其配线见表8-6。

表 8–6　PLC 与总控信号的配线

PLC 控制区		总控信号	
代号	功能	代号	功能
I0.0	外部启动	启动	启动按钮
I0.1	外部停止	停止	停止按钮
I0.2	外部急停	急停	急停按钮

（2）PLC与IRB 120机器人之间的配线

该配线主要用于实现IRB 120机器人的外部控制，如启动、停止、电机通电、报警复位等，同时检测IRB 120机器人的运行或工作状态，其连接见表8-7。

表 8–7　PLC 与 IRB120 机器人之间的配线

PLC 控制区		机器人输入 / 输出信号	
代号	功能	代号	功能
I0.4	伺服开始旋转	DO04	伺服开始旋转
I0.5	伺服开始反向旋转	DO05	伺服开始反向旋转
I0.6	工作模式	DO08	工作模式

PLC 控制区		机器人输入 / 输出信号	
代号	功能	代号	功能
I0.7	IRB 120 机器人运行状态	DO09	IRB 120 机器人运行状态
I1.0	IRB 120 机器人报警	DO10	IRB 120 机器人报警
Q0.5	伺服旋转到位	DI05	伺服旋转到位
Q0.6	IRB 120 机器人 Motor On	DI09	IRB 120 机器人 Motor On
Q0.7	Start at main	DI10	Start at main
Q1.0	IRB 120 机器人停止	DI11	IRB 120 机器人停止

8.3.3 I/O信号配置

综合应用需要整合第4章～第7章的I/O信号配置表，除此之处IRB 120机器人综合应用中还需要进行的I/O信号配置见表8-8。

表 8-8 IRB 120 机器人系统 I/O 信号配置

序号	名称	信号类型	物理地址	功能	系统状态
1	Di_08_REMG	系统输入	8	IRB 120 机器人报警复位	Reset Emergency Stop
2	Di_09_MotorOn	系统输入	9	IRB 120 机器人 Motor On	Motors On
3	Di_10_StartAtMain	系统输入	10	IRB 120 机器人 Start at main	Start at main
4	Di_11_Stop	系统输入	11	控制 IRB 120 机器人停止	Stop
5	Do_08_AutoOn	系统输出	8	工作模式	Auto On
6	Do_09_Station	系统输出	9	IRB 120 机器人运行状态	Cycle On
7	Do_10_EMG	系统输出	10	IRB 120 机器人警报输出信号，关联系统急停信号	Emergency Stop

8.4 编程与调试

微课视频

编程与调试（综合）

8.4.1 初始化程序

初始化程序用于设置IRB 120机器人运行速度，并进行I/O信号的复位：关闭吸盘、闭合夹爪、闭合定位机构，IRB 120机器人运动到安全点等操作。

```
PROC Initial( )
AccSet 100, 100;! 设置加速度为 100%，加速度变化率 100%
VelSet 100, 1000;! 设置速度为 100%，最大速度 1000mm/s
Reset Do_00_Laser;! 关闭激光
Reset Do_01_vacuum;! 关闭吸盘
Reset Do_02_jiazhua;! 夹爪复位
Reset Do_03_Dingwei;! 定位机构复位
MoveJ phome_HRG, v500, z50, tool_Laser\WObJ:=wobj_diaoke;! 回到安全点
ENDPROC
```

8.4.2 动作程序

综合应用中的动作程序包括激光雕刻子程序、伺服搬运子程序、仓储模块物料装配子程序和成品拆卸子程序，其中伺服搬运子程序和激光雕刻子程序可直接调用第7章的RSifuZBY（伺服正向搬运例行程序）及RSifuNBY（伺服逆向搬运例行程序）和第4章的R_HRG和R_EDUBOT例行程序，仓储模块物料装配子程序和成品拆卸子程序中会调用第6章的PickObj（方形物料拾取）、AssemObj（圆饼装配）、PlaceObj（方形物料放置）以及第7章的SF_Pick（圆形物料拾取）、SF_Place（圆形物料放置）子程序。

（1）仓储模块物料装配子程序

仓储模块物料装配子程序用于实现仓储模块半成品与伺服模块圆饼物料的装配过程。IRB 120机器人首先发送伺服正向旋转信号，等待伺服旋转到位信号，然后根据输入的索引号，从仓储模块的固定工位上取出半成品方形物料置于定位模块上，定位机构夹紧后，从伺服分工位模块拾取物料放置于输送带上，进行圆饼物料的检测，确保物料装配有效性。然后等待圆饼物料到位信号后，抓取输送带上的圆饼在定位模块完成装配过程，最后，将装配好的成品放置于仓储模块的对应工位上。

```
PROC zuzhuang(num index)
Set Do_04_sfZhuan;! 设置伺服正向旋转信号
WaitDI Di_05_sfOK,1;! 等待伺服正向旋转到位信号
PickObj index;! 将方形物料半成品从立体仓库搬运到定位模块
SF_Pick pSFpick;! 工业机器人从伺服分工位模块的执行工位上抓取圆饼物料
SF_Place pSSDPlace1;! 将圆饼物料放置于输送带上远离光电传感器的一侧：
WaitDI Di_00_SsdJiance,1;! 等待输送带上光电传感器物料到位信号
AssemObj;! 抓取输送带上的圆饼物料，在定位模块完成装配
PlaceObj index;! 将装配成品放置于立体仓库中的指定工位上
Reset Do_04_sfZhuan；！ 复位伺服正向旋转信号
WaitTime 0.3
ENDPROC
```

（2）成品拆卸子程序

成品拆卸子程序用于实现仓储模块成品的拆卸，并将圆饼物料重新放回伺服模块中。IRB 120机器人首先根据输入的索引号，从仓储模块的固定工位上取出装配成品置于定位模块上，定位机构夹紧后，接着从成品中拆除圆饼物料，将其从定位模块搬运到伺服分工位模块，完成拆卸过程，接着将拆卸后的半成品方形物料放回仓储模块的对应

工位上。最后，发送伺服反向旋转信号，等待伺服反向旋转到位信号。

```
PROC chaixie(num index)
PickObj index;! 将装配成品从立体仓库搬运到定位模块
SF_Pick pDWposY1;! 工业机器人从装配成品中抓取圆饼物料：
SF_Place pSFpick;! 将圆饼物料放置于伺服分工位模块的指定工位上
PlaceObj index;! 将方形物料半成品放回立体仓库中
Set Do_05_sfnZhuan;! 设置伺服反向旋转信号
WaitDI Di_05_sfOK, 1;! 等待伺服反向旋转到位信号
Reset Do_05_sfnZhuan; ! 复位伺服反向旋转信号
WaitTime 0.3
ENDPROC
```

8.4.3 主程序

主程序通过调用各模块的动作例行程序，来实现完整的工作流程。首先进行初始化，判断立体仓库的各个工位上是否存在半成品物料，如果没有物料，则仅执行激光雕刻及伺服搬运的工作任务，如果存在半成品物料，则判断立体仓库各个工位的状态并用一个一维数组来保存该状态。IRB 120机器人首先进行激光雕刻，然后执行伺服正向搬运动作，接着将立体仓库中所有的半成品物料均进行装配任务，再执行一次完整的激光雕刻动作后，将立体仓库中所有装配的成品进行拆卸任务，最后执行伺服反向搬运动作，按照该动作流程循环执行。

```
PROC main()
Initial;
PosStation:=Gi_liaocang;! 保存初始状态下立体仓库的工位状态
IF Gi_liaocang>0 THEN
R_HRG; ! 执行激光雕刻的动作任务
R_EDUBOT;
RSifuZBY;! 工业机器人正向搬运：将圆饼物料从搬运模块的 1-5 工位搬运到伺服分工位模块的对应工位上
! 判断立体仓库的工位状态
TEST(PosStation)
CASE 1:! 将立体仓库的工位物料状态保存在数组 gongweiSet 中。若该工位存在物料，则记录该工位的代号，
即数组元素的数值代表该工位有物料，0 表示无物料，不做处理
gongweiSet{1}:=1;gongweiSet{2}:=0;gongweiSet{3}:=0;gongweiSet{4}:=0;
CASE 2:
gongweiSet{1}:=0;gongweiSet{2}:=1;gongweiSet{3}:=0;gongweiSet{4}:=0;
CASE 3:
gongweiSet{1}:=1;gongweiSet{2}:=1;gongweiSet{3}:=0;gongweiSet{4}:=0;
CASE 4:
gongweiSet{1}:=0;gongweiSet{2}:=0;gongweiSet{3}:=1;gongweiSet{4}:=0;
CASE 5:
gongweiSet{1}:=1;gongweiSet{2}:=0;gongweiSet{3}:=1;gongweiSet{4}:=0;
CASE 6:
gongweiSet{1}:=0;gongweiSet{2}:=1;gongweiSet{3}:=1;gongweiSet{4}:=0;
CASE 7:
gongweiSet{1}:=1;gongweiSet{2}:=1;gongweiSet{3}:=1;gongweiSet{4}:=0;
CASE 8:
gongweiSet{1}:=0;gongweiSet{2}:=0;gongweiSet{3}:=0;gongweiSet{4}:=1;
CASE 9:
```

```
gongweiSet{1}:=1;gongweiSet{2}:=0;gongweiSet{3}:=0;gongweiSet{4}:=1;
CASE 10:
gongweiSet{1}:=1;gongweiSet{2}:=1;gongweiSet{3}:=0;gongweiSet{4}:=1;
CASE 11:
gongweiSet{1}:=1;gongweiSet{2}:=1;gongweiSet{3}:=0;gongweiSet{4}:=1;
CASE 12:
gongweiSet{1}:=0;gongweiSet{2}:=0;gongweiSet{3}:=1;gongweiSet{4}:=1;
CASE 13:
gongweiSet{1}:=1;gongweiSet{2}:=0;gongweiSet{3}:=1;gongweiSet{4}:=1;
CASE 14:
gongweiSet{1}:=0;gongweiSet{2}:=1;gongweiSet{3}:=1;gongweiSet{4}:=1;
CASE 15:
gongweiSet{1}:=1;gongweiSet{2}:=1;gongweiSet{3}:=1;gongweiSet{4}:=1;
DEFAULT:
TPWrite” Bunker is empty,digroup=” + ValTostr(Gi_liaocang);
EXIT;
ENDTEST
FOR i FROM 1 TO 4 DO! 遍历保存立体仓库工位物料状态的数组
IF gongweiSet{i}>0 THEN! 若数组元素不为零，则表示该数值对应的工位上存在半成品物料
zuzhuang i;! 工业机器人将执行装配任务
ENDIF
ENDFOR
R_HRG;! 装配完成后，工业机器人再次执行激光雕刻的动作
R_EDUBOT;
FOR i FROM 1 TO 4 DO! 遍历保存立体仓库工位物料状态的数组
IF gongweiSet{i}>0 THEN! 若数组元素不为零，则表示该数值对应的工位上存在装配成品
chaixie i;! 工业机器人将运行拆卸任务
ENDIF
ENDFOR
RSifuNBY;! 工业机器人反向搬运：将圆饼物料从伺服分工位模块的 1-5 工位搬运到搬运模块的对应工位上
ELSE
R_HRG; ! 工业机器人进行激光雕刻
R_EDUBOT;
RSifuZBY;! 工业机器人正向搬运
RSifuNBY;! 工业机器人反向搬运
ENDIF
ENDPROC
```

8.4.4 PLC相关程序

控制IRB 120机器人启动的PLC程序见表8-9。

表 8-9　控制 IRB 120 机器人启动 PLC 程序

序号	图片示例	说明
1	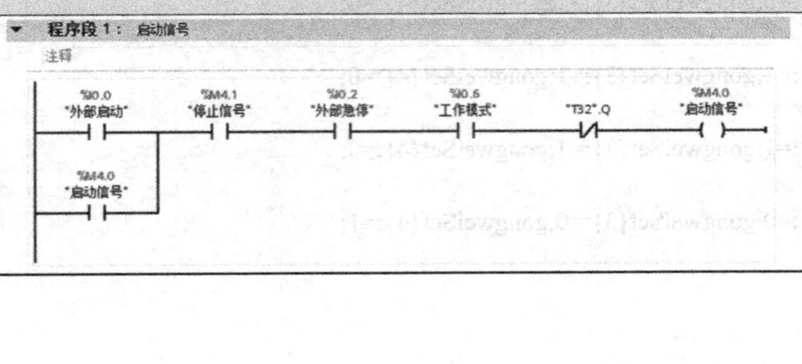程序段 1：启动信号 注释 %I0.0 "外部启动" %M4.1 "停止信号" %I0.2 "外部急停" %I0.6 "工作模式" "T32".Q %M4.0 "启动信号" %M4.0 "启动信号"	在自动模式下，按下启动按钮，IRB 120 机器人启动信号 M4.0 得电

续表

序号	图片示例	说明
2	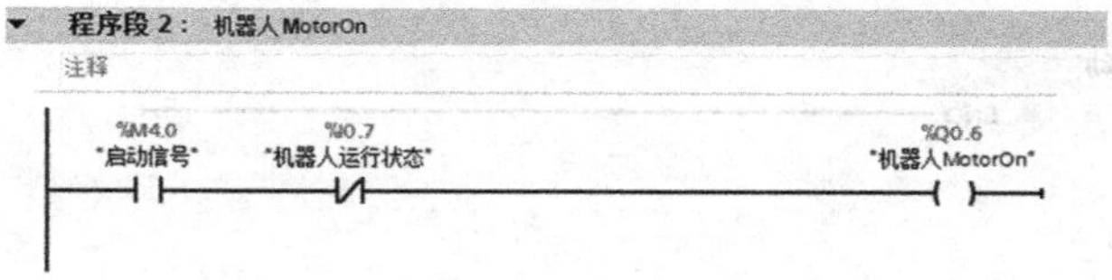程序段 2： 机器人MotorOn 注释 %M4.0 "启动信号" %I0.7 "机器人运行状态" %Q0.6 "机器人MotorOn"	IRB 120机器人先进行MotorOn
3	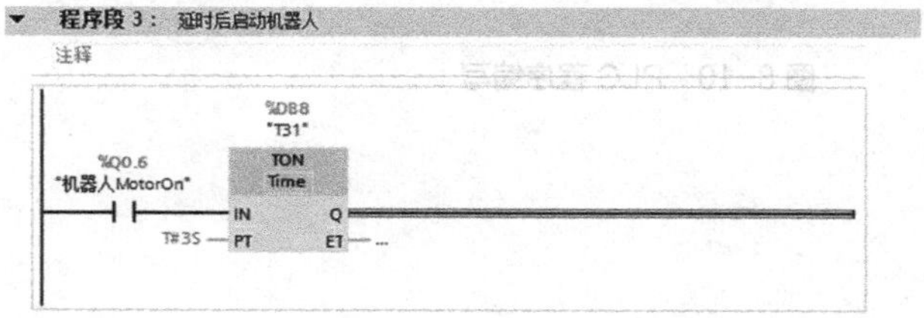程序段 3： 延时后启动机器人 注释 %DB8 "T31" TON Time %Q0.6 "机器人MotorOn" IN Q T#3S PT ET	IRB 120 机 器 人 MotorOn信号得电后延时3s
4	程序段 4： 机器人start 注释 "T31".Q %Q0.7 "机器人StartAtMain"	3s 后 PLC 发 送 给 IRB 120机器人启动信号
5	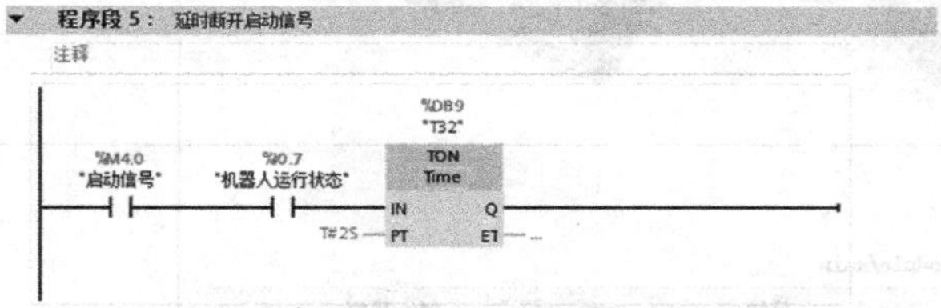程序段 5： 延时断开启动信号 注释 %DB9 "T32" TON Time %M4.0 "启动信号" %I0.7 "机器人运行状态" IN Q T#2S PT ET	当IRB 120机器人处于运行中时，延时一端时间断开IRB 120机器人启动信号
6	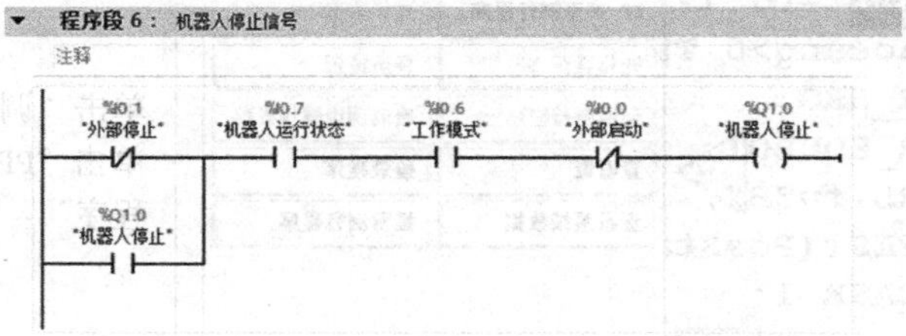程序段 6： 机器人停止信号 注释 %I0.1 "外部停止" %I0.7 "机器人运行状态" %I0.6 "工作模式" %I0.0 "外部启动" %Q1.0 "机器人停止" %Q1.0 "机器人停止"	按 下 停 止 按 钮，PLC 给IRB 120机器人发出停止信号，IRB 120机器人停止后，利用IRB 120机器人运行中信号断开Q1.0

在主程序中调用建立好的两个子程序，如图8-10所示，其中“伺服运行”程序块采用第7章的PLC程序。

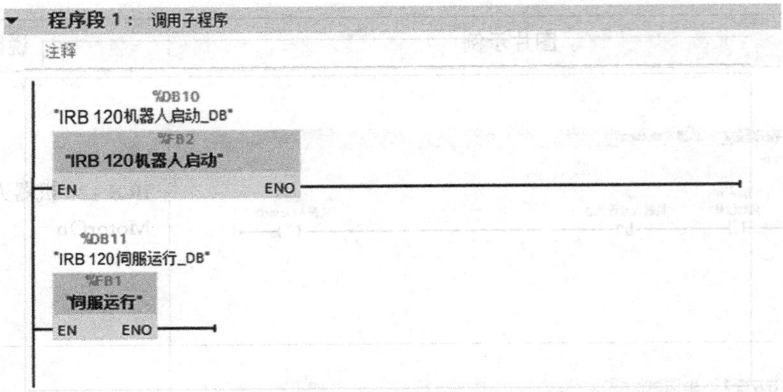
程序段 1： 调用子程序
注释
%DB10
"IRB 120机器人启动_DB"
%FB2
"IRB 120机器人启动"
EN
ENO
%DB11
"IRB 120伺服运行_DB"
%FB1
"伺服运行"
EN
ENO

图 8-10　PLC 程序编写

8.4.5 综合调试

1. 机器人程序调试

所有程序编写完成后，需要进行调试，综合调试操作步骤见表8-10。

表 8-10　综合调试操作步骤

序号	图片示例	操作步骤
1	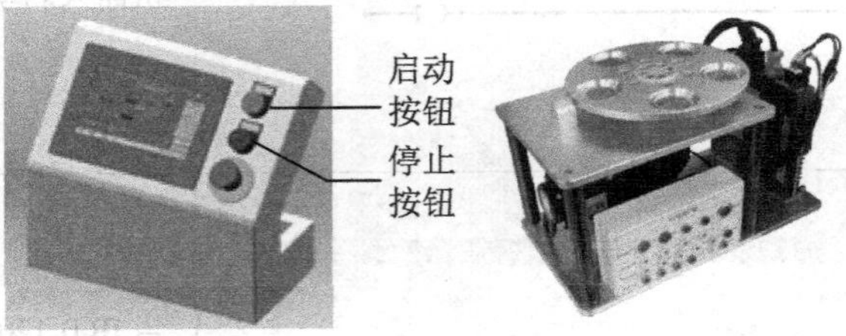启动按钮 停止按钮	单击“启动”按钮，启动伺服电机
2	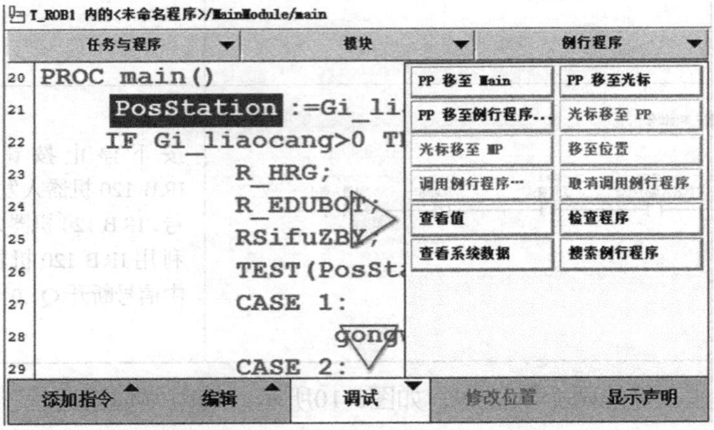T_ROB1 内的<未命名程序>/MainModule/main 任务与程序 模块 例行程序 PROC main() PosStation :=Gi_li IF Gi_liaocang>0 T R_HRG; R_EDUBOT; RSifuZBY; TEST(PosSt CASE 1: CASE 2: PP 移至 Main PP 移至光标 PP 移至例行程序... 光标移至 PP 光标移至 MP 移至位置 调用例行程序… 取消调用例行程序 查看值 检查程序 查看系统数据 搜索例行程序 添加指令 编辑 调试 修改位置 显示声明	单击“调试”，然后单击“PP 移至例行程序”

续表

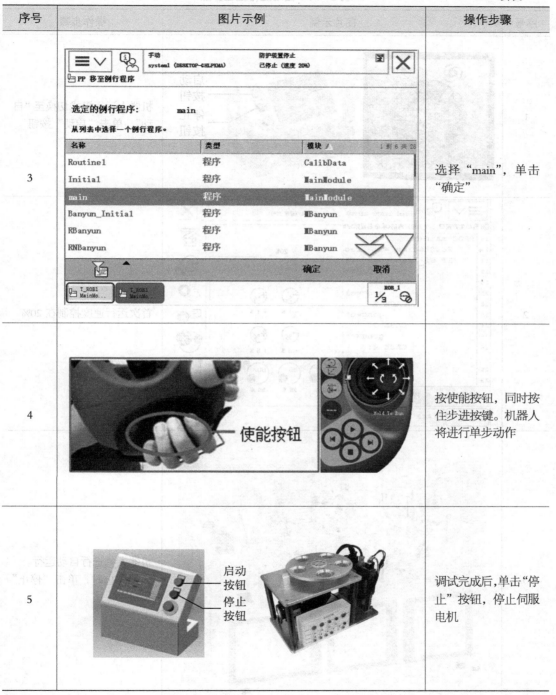

序号	图片示例	操作步骤
3	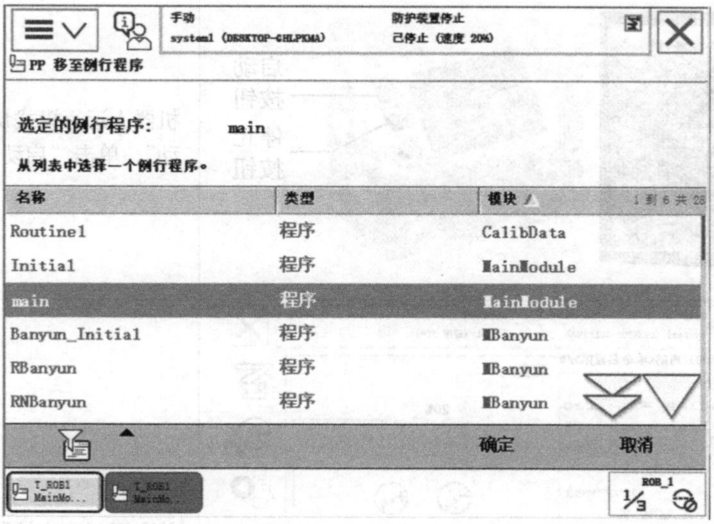手动 system1 (DESKTOP-CHLPKMA) 防护装置停止 已停止 (速度 20%) PP 移至例行程序 选定的例行程序:　main 从列表中选择一个例行程序。 名称　类型　模块 1 到 6 共 28 Routine1　程序　CalibData Initial　程序　MainModule main　程序　MainModule Banyun_Initial　程序　MBanyun RBanyun　程序　MBanyun RNBanyun　程序　MBanyun 确定 取消 T_ROB1 ROB_1	选择“main”，单击“确定”
4	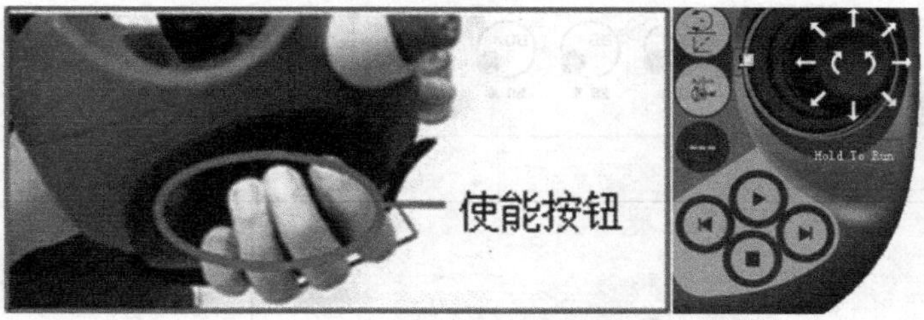使能按钮 Hold To Run	按使能按钮，同时按住步进按键。机器人将进行单步动作
5	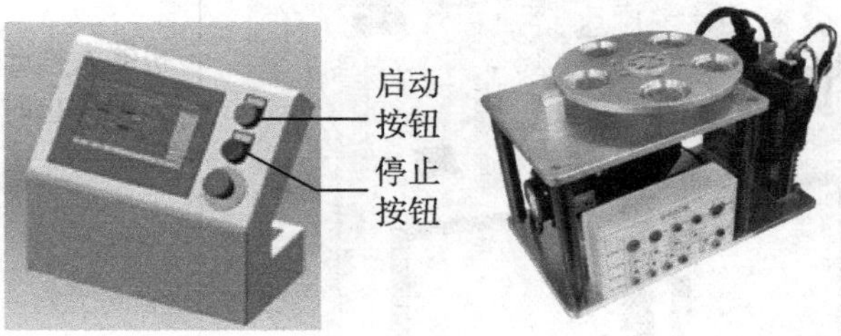启动按钮 停止按钮	调试完成后，单击“停止”按钮，停止伺服电机

2. 自动运行验证

在手动试运行main程序无误后，需要进行远程自动运行验证，以达到机器人自动运行的目的，自动运行验证步骤见表8-11。

表 8-11　自动运行验证步骤

序号	图片示例	操作步骤
1	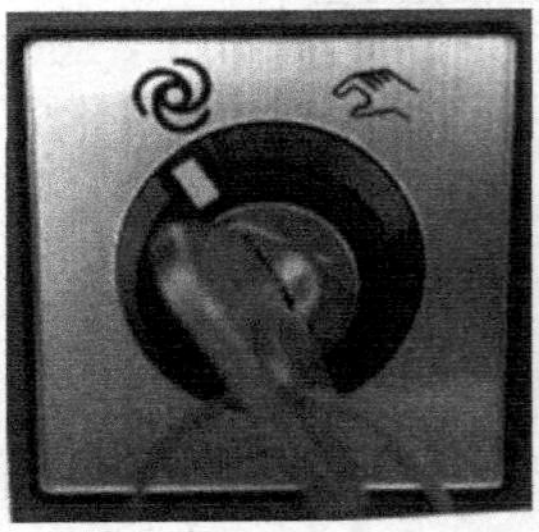 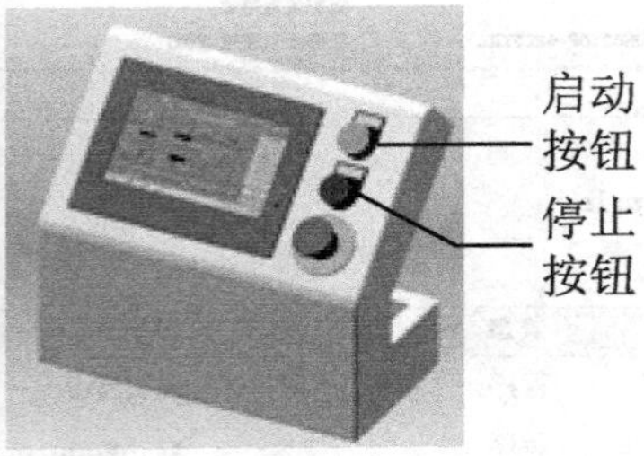 启动按钮 停止按钮	机器人运行模式切换至“自动”，单击“启动”按钮
2	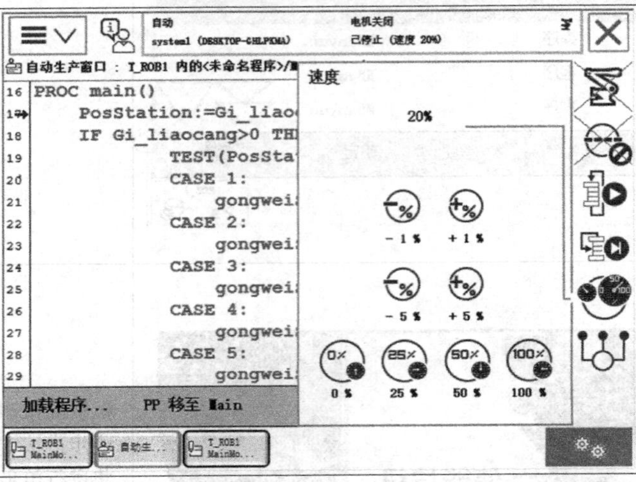 自动 system1 (DESKTOP-6HLPKMA) 电机关闭 已停止 (速度 20%) 自动生产窗口 : T_ROB1 内的<未命名程序>/ PROC main() PosStation:=Gi_liao IF Gi_liaocang>0 TH TEST(PosSta CASE 1: gongwei CASE 2: gongwei CASE 3: gongwei CASE 4: gongwei CASE 5: gongwei 速度 20% -1% +1% -5% +5% 0% 25% 50% 100% 加载程序... PP 移至 Main T_ROB1 MainMo... 自动生... T_ROB1 MainMo...	首次运行速度控制在 20%
3	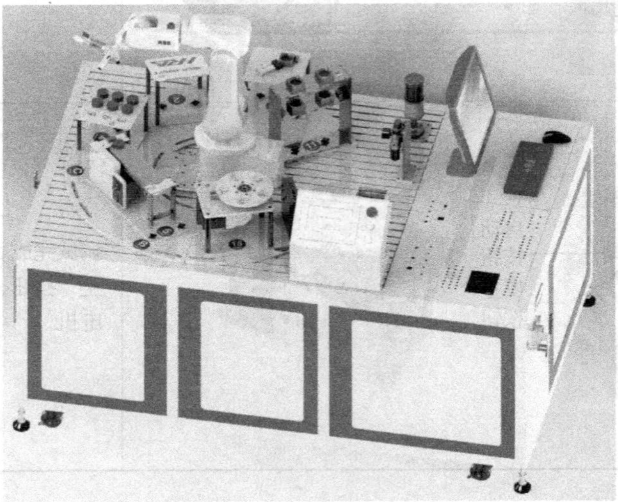	机器人将进行自动运行。需要停止时，单击“停止”按钮

参考文献

[1] 张明文. ABB六轴机器人入门实用教程[M]. 哈尔滨：哈尔滨工业大学出版社，2017.

[2] 张明文. 工业机器人编程及操作（ABB机器人）[M]. 哈尔滨：哈尔滨工业大学出版社，2017.

[3] 张明文. 工业机器人技术人才培养方案[M]. 哈尔滨：哈尔滨工业大学出版社，2017.

[4] 张明文. 工业机器人技术基础及应用[M]. 哈尔滨：哈尔滨工业大学出版社，2017.

教学课件下载步骤

步骤一

登录“工业机器人教育网”

www.irobot-edu.com，菜单栏单击【学院】

EduBot
哈工海渡教育集团
首页
资讯
商城
学院
社区
大赛

步骤二

单击菜单栏【在线学堂】下方找到您需要的课程

EduBot
哈工海渡教育集团
在线学堂

步骤三

课程内视频下方单击【课件下载】

EduBot
哈工海渡教育集团
工业机器人入门实用教程（ABB机器人）
课程目录
课程简介
课程目录
课件下载
课程评价

咨询与反馈

尊敬的读者：

感谢您选用我们的教材！

本书有丰富的配套教学资源，凡使用本书作为教材的教师可咨询有关实训装备事宜。在使用过程中，如有任何疑问或建议，可通过邮件（edubot@hitrobotgroup.com）或扫描右侧二维码，在线提交咨询信息，反馈建议或索取数字资源。

（教学资源建议反馈表）

全国服务热线：400-6688-955